우리나라 봄꽃의 모든 것!
야생화·정원화·꽃 나무를 꽃의 색깔별로 수록

봄에 피는 꽃

국립생물자원관
현진오·나혜련·이병윤

21세기사

들어가는 말

　지구상에 살고 있는 식물은 선태류와 관다발식물을 포함하여 28만종쯤 된다. 이것은 현재까지 지구에 살고 있는 것으로 밝혀진 생물 150만종 가운데 19%에 해당한다.

　현재 우리나라의 보고되어있는 국내 야생화의 수는 205과 1,158속 4,939종이다. 일반인들이 이해하기 쉽게 꽃이 피는 시기와 꽃의 색에 따라 계절별로 분류하였다.

1. 봄 야생화는 대체적으로 3월에서 5월 사이에 개화하는 야생화들을 봄 야생화로 분류한다. 대표적으로 얼레지, 노루귀, 애기똥풀 등이 있다.
2. 여름 야생화는 꽃이 피는 시기가 6월에서 8월 사이인 야생화들을 여름 야생화로 분류한다. 비비추, 동자꽃, 곰취 등이 있다.
3. 가을 야생화는 9월에서 11월 사이에 꽃이 피는 야생화들을 가을 야생화로 분류한다. 구절초, 꿩의비름, 투구꽃 등이 대표적이다.
4. 겨울 야생화는 다른 계절에 비해 그 수가 현저히 적지만 12월에서 2월 사이에도 꽃을 피우는 야생화들이 있다. 겨울 야생화로 분류하며, 동백과 솜다리등이 있다.

　이들 가운데는 세계적으로 우리나라에만 자라는 종도 있는데 이것을 한국 특산종 또는 한국 고유종이라고 부른다. 설악산의 금강초롱꽃, 소백산의 모데미풀, 지리산의 히어리, 한라산의 구상나무, 울릉도의 섬시호 등이 이런 식물인데, 남북한을 합쳐서 400종쯤 된다. 특산식물은 우리나라에서의 멸종이 지구상에서의 멸종을 의미하므로 우리가 보전해야 할 의미와 가치가 높은 종이므로 많은 관심을 부탁드린다.

차 례

노란색 꽃(연두색, 녹색 포함) ·············· 7

하얀색 꽃 ·············· 159

빨간색 꽃(분홍, 자주, 보라색 포함) ·············· 305

파란색 꽃 ·············· 463

갈색 꽃 ·············· 481

수목 편 ·············· 507

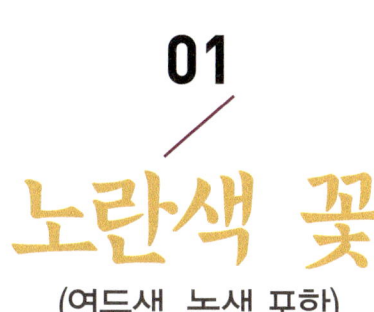

01
노란색 꽃
(연두색, 녹색 포함)

가락지나물

🍁 잎

근생엽은 긴 엽병끝에 5출장상복엽이 달리고 줄기에 잎이 3개씩 달리며 엽병이 위로 올라갈수록 짧아진다. 소엽은 거꿀피침모양 또는 달걀모양이고 둔두예저이며 길이 1~5cm, 폭 8~20mm로서 표면은 털이 성글게 있거나 없으며 뒷면 맥 위에는 복모가 있고 가장자리에 톱니가 있다.

꽃

» 꽃은 5~7월에 피며 지름 8~10mm로서 황색이고 줄기나 가지 끝의 취산꽃차례에 많이 달리며 꽃자루는 길이 5~20mm로서 위를 향한 백색털이 있다.
» 부악편은 선형이고 꽃받침조각은 달걀모양 또는 난상 피침형이며 예두로서 모

두 겉에 털이 약간 있고 꽃잎은 거꿀심장모양이며 넓은 예저로서 각각 5개씩이며 수술과 암술은 많다.

🍒 열매

꽃턱은 가장자리에 짧은 털이 있으며 수과는 달걀모양이고 황갈색이며 길이 0.5mm가량이고 털이 없으며 세로로 약간 주름이 지며 6~7월에 익는다.

🌳 줄기

높이 20~60cm이고 하반부가 비스듬히 자라며 잎겨드랑이에서 가지가 옆으로 뻗고 끝이 위를 향하며 위로 향한 털이 있다.

뿌리

줄기의 마디에서 뿌리가 나기도 한다.

분포

전국 각처에 분포한다.

🌱 생태

여러해살이풀이다. 낮은 지대의 약간 습기가 있는 곳에서 자란다.

💡 이용방안

》 어린 순을 나물로 한다.
》 전초 및 뿌리가 달린 전초를 사함이라 하며 약용한다.

가새잎개갓냉이

잎
뿌리잎은 길이 10~15cm, 꽃이 필 때 시든다. 줄기잎은 잎자루가 짧으며, 길이 3~15cm, 폭 2~5cm, 깃꼴로 깊게 갈라지고, 갈래조각은 3~6쌍이다.

꽃
» 꽃은 5~8월에 핀다. 노란색으로 피며, 줄기와 가지 끝에서 총상꽃차례를 이룬다.
» 꽃받침잎은 타원형으로 길이 2~3mm이다. 꽃잎은 주걱형 또는 도란형으로 길이 3~6mm, 폭 2mm쯤이다.

🍒 열매

» 열매는 가는 원통형으로 길이 1~2cm이다.
» 씨는 적갈색으로 길이 0.6~0.9mm이다.

🌳 줄기

줄기는 다소 누워서 자라며 높이 15~80cm, 아래쪽에서 가지가 많이 갈라진다.

분포

강원도

생태

여러해살이풀이다. 길가, 들판, 강가의 습한 곳에서 자란다

💡 이용방안

어린잎은 식용하며, 전초를 약용한다.

가지복수초

🍁 잎

어긋나기하며 삼각상 넓은 달걀모양이고 길이 3~10cm로서 2회 우상으로 잘게 갈라지며 최종열편은 피침형이고 긴 엽병 밑에 잘게 갈라진 녹색 탁엽이 있다.

🌼 꽃

4월 초순에 피며 지름 3~4cm정도의 황색이고 원줄기 끝에 1개씩 달리며 가지가 갈라져서 2~3개씩 피는 것도 있다. 꽃받침조각은 흑자색으로서 여러 개이고 꽃잎은 20~30개로서 꽃받침보다 길며 수평으로 퍼지고 거꿀피침모양이고 꽃잎에 꿀샘이 없으므로 별개의 속으로 분류된다. 수술은 많으며 꽃밥은 전체가 둥글게 보이고 짧은 털이 있다.

🍒 열매

길이 3~4mm의 수과이며 꽃턱에 모여 달려서 전체가 둥글게 보이며 짧은 털이 있다.

🌳 줄기

높이 10~30cm로서 털이 없으나 때로는 윗부분에 털이 약간 있고 밑부분이 얇은 막질의 잎으로 싸인다.

🌱 뿌리

짧고 굵으며 흑갈색 잔뿌리가 많이 나온다.

🗺 분포

전국 각처에 분포한다.

🌾 생태

숙근성 여러해살이풀로 관화식물이다.

💡 이용방안

» 이른 봄철에 가장 먼저 피는 밝은 노란색 꽃이 관상가치가 뛰어나므로 낙엽성 교목의 하부식재용으로 좋다.
» 뿌리가 달린 전초를 복수초라 하며 약용한다.

개구리자리

 잎

뿌리잎은 모여나기하며 긴 엽병이 있고 엽신은 길이 1~4cm, 폭 1~5cm로서 신원형이며 3개로 깊게 갈라지고 밑부분은 벌어진 심장저(心臟底) 또는 쐐기 모양이다. 측열편은 2개로 갈라지며 중앙열편은 쐐기 모양으로서 끝이 둔하고 다소 갈라지며 둔한 톱니가 있고 줄기잎은 어긋나기하며 밑부분이 막질로서 퍼지고 위로 갈수록 엽병이 짧아져 없어지며 3개로 완전히 갈라지고 열편은 피침형이며 끝이 둔하다.

꽃

꽃은 4~5월에 피고 황색이며 줄기나 가지끝에서 지름 6~8mm의 꽃이 1송이씩 달려 취산꽃차례를 이룬다. 꽃자루는 길이 1~2.5cm이고 꽃받침조각은 5개이며 타원형이고 길이 3.5~4cm로서 뒷면에 털이 있으며 젖혀진다. 꽃잎도 꽃받침과 형태 및 크기가 같고 밑부분에 꿀샘이 있으며 수술은 10여개로 많고 수술대는 길이 1.8mm로서 털이 없으며 암술은 여럿이다.

열매

수과는 100여개에 이르며 길이 1mm가량으로서 넓은 거꿀달걀모양이고 털이 없다. 취과(聚果)를 이루며 7~8월에 익는다.

줄기

줄기는 높이가 50cm에 달하며 곧추서고 비교적 털이 없어 매끈하며 윤채가 있고 속이 비었다.

뿌리

흰색의 수염뿌리가 뭉쳐난다.

분포

전국 각처에 분포한다.

생태

두해살이풀이다. 논두렁이나 습지에서 흔하게 자란다.

이용방안

전초는 석룡예, 과실은 석룡예자라 하며 약용한다.

개소시랑개비

🍁 잎
잎은 어긋나기하고 우상복엽이며 소엽은 5~9개이고 엽병이 길다. 소엽은 타원형 또는 피침형으로 양끝이 좁고 가장자리에 결각상 톱니가 있으며 탁엽은 난상 피침형으로 끝이 뾰족하다.

꽃
꽃은 5~7월에 황색으로 피고 가지 끝이나 잎겨드랑이에 취산꽃차례로 달린다. 꽃받침조각은 달걀모양으로 끝이 뾰족하고 부악편은 난상 장 타원형이며 꽃잎은 꽃받침보다 짧고 각각 5개이다. 암술과 수술은 많고 꽃턱에 털이 있다.

🍒 열매
과실은 수과로 털이 없다.

🌳 줄기
줄기는 모여 나고 밑부분이 비스듬하게 옆으로 자라다가 곧줄기는 모여 나고 밑부분이 비스듬하게 옆으로 자라다가 곧추 선다. 높이 50cm에 달한다.

🗺 분포
충청북도, 강원도, 경기 이북

🌱 생태
여러해살이풀이다. 들에서 자란다.

💡 이용방안
어린순은 식용한다.

개속새

🍁 잎
엽초는 엉성하게 원줄기를 둘러싸며 열편과 더불어 길이 7~15㎜이고 녹색이지만 열편은 흑갈색으로서 좁은 피침형이며 윗부분이 잘 떨어진다.

🍒 열매
포자낭수는 원줄기 때로는 가지 끝에 달리고 대가 없으며 길이 1~2㎝로서 긴 타원형이고 끝이 약간 뾰족하다.

줄기

높이 30~100cm, 지름 3~5mm이며 땅속줄기 끝에서 여러 개가 갈라져 모여나기 하는 것처럼 보인다. 지상경은 흰빛이 도는 녹색이며 능선 위에 전점이 있거나 옆으로 주름이 진다. 가지가 있는 것과 없는 것이 있고 밑부분 또는 중앙부에서 불규칙하게 가지가 돋는다.

뿌리

땅속줄기는 옆으로 길게 뻗으며 흑색이고 끝에서 여러 개로 갈라진다.

분포

전국 각처에 분포한다.

생태

여러해살이풀이다. 냇가, 해변가의 양지바른 모래땅에서 자란다.

이용방안

전초를 필통초라 하며 약용한다.

개쑥갓

🍁 잎

잎은 어긋나기하고 육질이며 불규칙하게 우상으로 갈라지고 열편은 부드러우며 털이 없거나 약간 있고 불규칙한 톱니가 있다. 밑부분의 잎은 엽병이 있으며 윗부분의 잎은 길이 3~5cm, 나비 1~2.5cm로서 엽병이 없고 밑부분이 다소 원줄기를 감싸며 윗면은 짙은 녹색이고 광택이 있다.

🌼 꽃

꽃은 거의 연중 피며 머리모양 꽃차례는 원줄기 끝과 가지 끝에 산방상으로 달리고 보통 통상화이지만 때로는 혀꽃도 약간 나타나며 황색이다. 총포는 끝이 좁아진 원주형으로서 길이 7mm정도이고 밑에 있는 총포조각이 안쪽의 긴 총포편을 받치고 있다. 꽃부리는 5개로 갈라지며 암술머리에 젖꼭지모양의 돌기가 있고 씨방에 털이 약간 있다.

열매

수과는 털이 없고 원통형이며 길이 1.5~2.5mm이고 종선이 있다. 순백색 관모는 떨어지기 쉽다.

줄기

높이 10~40cm이고 적자색이 돌며 수분이 많고 털이 있다.

분포

전국 각처에 분포한다.

생태

한해두해살이풀이다. 도시나 농촌의 길가, 빈터에서 흔하게 자란다.

이용방안

» 전초는 월경통에 효염이 있다.
» 염료식물~식물체를 갈아 끓여서 염액을 얻는다. 매염제, 특히 구리에 대한 반응이 뛰어나다.

개제비란

🍁 **잎**

잎은 긴 타원형 또는 넓은 피침형이고 길이 4~10cm, 넓이 1.5~4cm로서 끝이 둔하지만 위로 올라갈수록 뾰족해진다.

🌼 **꽃**

꽃은 5~7월에 피며 연한 녹색 바탕에 갈색이 돌고 줄기 끝의 총상꽃차례는 길이 4~12cm로서 꽃이 많이 달리며 포는 꽃보다 길고 피침형이며 길이 1~4cm로서 녹색이다. 꽃받침조각은 좁은 달걀모양이고 끝이 둔하며 길이 5~7mm이고 5~7맥이 있으며 꽃잎은 선상 피침형으로서 1맥이 있고 꽃받침보다 짧다. 입술모양꽃부리는 홍자색을 띠며 아래로 처지고 길이 5~7mm이며 3개로 갈라지고 중앙부의 것이 짧다. 거(距)는 길이 3mm 로서 좁은 달걀모양이다.

 줄기
높이 15~30cm이며 2~8개의 잎이 어긋나기한다.

 뿌리
뿌리의 일부분이 굵어지고 갈라지며 흰육질의 수염뿌리가 있다.

 분포
한라산 고지대에 분포

 생태
» 여러해살이풀이다.
» 그늘에서 자란다.

이용방안
덩이뿌리를 수장삼이라 하며 약용한다.

갯괴불주머니

잎

잎은 어긋나기하고 넓은 난상 삼각형이며 길이와 나비가 각각 10~25㎝로서 대개 엽병이 있고 2~3회 3출우상엽이며 열편은 난상 쐐기모양이고 결각(缺刻)이 있다.

꽃

꽃은 4~5월에 피며 길이 15~20㎝로서 황색이고 한쪽이 순형(脣形)으로 벌어지며 다른 한쪽은 거(距)로 되고 총상꽃 차례는 길이 5~10㎝이며 끝에 달린다. 포는 피침형으로서 꽃자루와 길이가 거의 비슷하고 수술은 6개이며 2개로 갈라진다.

🍒 열매
» 삭과의 길이가 2cm정도이고 지름이 3~4mm이다.
» 종자가 2줄 또는 거의 2줄로 배열된다.

🌳 줄기
높이 40~60cm이다.

분포
울릉도

생태
2년생 초본이다. 바닷가 모래땅에서 자란다.

갯씀바귀

🍁 잎

잎은 어긋나기하고 긴 엽병이 땅속에서 나오며 삼각상 또는 오각상 심장형이고 길이와 지름이 각각 3~5cm로서 장상으로 3~5개씩 깊게 또는 중앙까지 갈라지거나 3개로 완전히 갈라지며 열편은 넓은 타원형이고 원두이며 다소 2~3개로 얕게 갈라지거나 희미한 치아모양톱니가 있다.

🌼 꽃

4~10월에 화경이 근생엽에서 액생하여 높이가 3~15cm에 달하고 가지가 갈라져서 2~5개의 꽃이 달리며 잎이 없으나 가장 밑에 있는 포는 다소 잎같고 머리모양 꽃차례는 지름이 약 3cm이다. 총포는 길이 11~14mm이며 안쪽 포는 6~8

개이다.

열매

수과는 길이 5mm 정도이며 관모는 길이 5~6mm이고 백색이다.

뿌리

근경이 옆으로 길게 자라면서 잎이 달린다.

분포

울릉도를 제외한 전국에 분포한다.

생태

여러해살이풀이다. 바닷가의 모래땅에서 자란다.

특징

자르면 흰즙을 분비한다.

고들빼기

잎

근생엽은 꽃이 필 때까지 남아 있거나 없어지며 엽병이 없고 긴 타원형이며 둔두이고 길이 2.5~5cm, 나비 14~17mm로서 양면에 털이 없으며 표면은 녹색, 뒷면은 분백이고 가장자리가 빗살처럼 갈라진다. 줄기잎은 어긋나기하고 달걀모양 또는 난상 긴 타원형이며 길이 2.3~6cm로서 예두이고 밑부분이 넓어져서 원줄기를 크게 감싸며 불규칙한 결각상의 톱니가 있고 위로 올라갈수록 작아진다.

꽃

꽃은 5~10월에 피고 연황색의 머리모양 꽃차례는 가지 끝에 산방상으로 달리며 화경은 길이 5~9mm이고 포는 길이 0.5~0.7mm로서 2~3개이다. 총포는 길이

5~6mm, 중앙부의 지름 3mm이며 외포편은 1줄로 배열되고 긴 타원형이며 길이 0.5~1.5mm로서 둔두이다. 꽃부리는 황색이고 길이 7~7.5mm, 나비 1.5mm로서 5개로 갈라지며 판통은 길이 1.5~2mm이고 잔털이 다소 있다.

열매

수과는 흑색이며 편평한 원뿔모양이고 길이 2.5~3mm로서 12줄이 있으며 관모는 길이 3mm정도이고 백색이다.

줄기

높이 12~80cm에 달하고 곧게 자라며 가지가 많이 갈라지고 자줏빛이 돌며 전체에 털이 없다.

분포

전국 각처에 분포한다.

생태

두해살이풀이다. 산과 들의 겉흙이 깊고 물빠짐이 잘되는 사질양토나 양토에서 자란다.

이용방안

» 고들빼기의 쓴맛은 입맛을 돋굴뿐 아니라 건위소화제의 역할도 해준다. 봄의 어린싹은 섬유질이 적고 단백질, 탄수화물, 회분, 지방 등의 성분이 있어 겉절이도 하고 살짝 데쳐서 물에 담그어 우려낸 뒤 나물로 초무침이나, 볶아서 조리한다. 잎을 자르면 흰 유즙이 나오지만 독이 없으므로 먹을 수 있으나 유즙이 쓴 맛을 낸다.
» 어린싹을 고접자라 하며 약용한다.

노란색 꽃(연두색 · 녹색 포함)

골풀

잎
줄기 밑부분에는 엽포가 퇴화되어 길이 10~20cm정도 크기로 비늘 모양으로 붙어 있다.

꽃
꽃차례는 원줄기 끝의 측편으로 달리고 첫째 포는 원줄기에 연속해서 길이 10~20cm정도 자라므로 줄기의 끝부분 처럼 보인다. 꽃은 1개씩 달리며 녹갈색이고 화피열편은 6개이며 길이 2~3mm로서 피침형이다. 수술은 3개이며 꽃밥과 수술대는 길이가 서로 비슷하고 각각 화피 길이의 2/3정도이다.

🍒 열매

삭과는 달걀모양이거나 거꿀달걀모양이며 길이 2~3mm로서 갈색이 돌고 3실이며 종자는 길이 0.5mm정도이다.

🌳 줄기

원줄기는 높이 25~100cm, 1.5~4mm로서 원주형이며 마디가 없고 뚜렷하지 않은 종선이 있다.

뿌리

근경은 옆으로 뻗고 짧으며 마디사이가 짧고 수염뿌리가 많이 뻗는다.

분포

전국의 각처에 분포한다.

생태

숙근성 여러해살이풀로 관경식물이다. 습지에서 흔히 자란다.

💡 이용방안

» 원줄기로 돗자리를 만든다.
» 경수(莖髓) 또는 전초는 등심초, 뿌리 및 근경은 등심초근이라 하며 약용한다.

괭이밥

🍁 잎

잎은 어긋나기하며 긴 엽병 끝에서 3개의 소엽이 옆으로 퍼져 있으나 광선이 없을 때는 오므라든다. 소엽은 거꿀심장 모양이고 길이와 나비가 각 1~2.5cm로서 가장자리와 뒷면에 원줄기와 더불어 털이 약간 있으며 가장자리에 톱니가 없다.

🌼 꽃

꽃은 지름 8mm로서 황색이고 5~8월에 피며 잎겨드랑이에서 긴 화경(花梗)이 곧게 나와 그 끝에 1~8개의 꽃이 우상 모양꽃차례로 달린다. 꽃받침조각은 5개, 꽃잎은 5개이며 긴타원모양이다. 수술은 10개이며 씨방은 5실이고 5개의 암술대가 있다.

열매

삭과는 원주형이고 6릉(六稜)이며 길이 15~25mm로서 익은 후 다수의 종자가 분포한다. 종자는 양쪽이 볼록하며 양쪽에 옆으로 주름살이 진다. 열매는 9월에 결실한다.

줄기

높이 약 10~30cm이다. 많은 대가 나와 옆으로 또는 위를 향해 비스듬이 자라며 전체에 잔털이 있고 줄기는 가지가 많이 갈라진다.

뿌리

원뿌리는 깊이 땅속으로 들어가고 그 위에서 많은 대가 나온다.

분포

제주도, 전라북도, 경상남도, 경상북도, 강원도, 경기도

생태

여러해살이풀이다. 밭이나 길가에 난다.

이용방안

» 식물체는 신맛이 있고 그대로 먹을 수 있다.
» 전초를 작장초라 하며 약용한다.

구슬갓냉이

🍁 잎

잎은 어긋나기하며 긴 타원형으로서 밑부분의 잎은 하반부가 우상으로 갈라지고 엽병이 길며 엽신 밑부분이 흘러서 날개처럼 되고 기부에서는 특히 넓어져서 원줄기를 감싸며 가장자리에 열편과 더불어 톱니가 있다. 윗부분의 잎은 거꿀피침모양 또는 선형으로서 톱니는 거의 없다.

🌼 꽃

꽃은 5~7월에 피고 황색으로서 줄기나 가지 끝에 총상꽃차례로 달리며 꽃자루는 길이 10mm정도로서 수평으로 퍼지고 털이 없다. 꽃받침조각은 4개이며 길이 2mm정도로서 타원형이다. 꽃잎도 4개이고 보다 얇으며 길이가 약 2mm로서 서로 비슷하고 수술은 길이 1.5mm정도이며 6개 수술 중 4개는 길고, 1개 암술이 있다.

열매

열매는 거의 둥근 모양의 각과로서 길이 2.5mm이고 끝에 0.5mm정도의 암술대가 있다.

줄기

높이가 60cm에 달하며 줄기는 곧게 서고 윗부분에는 털이 거의 없으며, 윗부분에서 많은 가지가 갈라진다.

분포

충청북도 단양 이북

생태

여러해살이풀이다. 산록이나 풀밭, 냇가에서 자란다.

금난초

잎

잎은 털이 없으며 길이 8~15cm, 폭 2~4.5cm로서 긴 타원상 피침형이며 주름이 진다.

꽃

꽃은 4~6월에 피고 황색이며 이삭꽃차례에 3~12개의 꽃이 달리고 포는 막질이며 길이 2mm정도로서 삼각형이다. 꽃받침조각은 난상 타원형이고 길이 14~17mm 로서 끝이 둔하며 꽃잎은 꽃받침보다 짧지만 거의 비슷하고 3개이며 달걀모양상 이다. 입술모양꽃부리는 화피열편으로 싸여 있고 밑부분이 부풀며 3개로 갈라 진다. 측열편은 삼각 형으로서 자웅예합체와 이합하고 중앙열편은 원심형으로서 밑부분이 좁아지며 안쪽에 종선이 있고 꽃잎보다 낮아지며 윗부분이 젖혀진다. 자웅예합체는 길이 8~11mm이다.

🌳 줄기
곧게 서고 높이 40~70cm이며 매끄럽고 털이 없으며 6~8개의 잎이 어긋나기한다.

분포
울릉도 및 경기도 이남에 분포.

생태
여러해살이풀이다. 산지의 나무 그늘에서 자란다.

💡 이용방안
관상용으로 심는다.

꼬마은난초

🍁 잎
은난초보다 잎이 작거나 거의 없다.

🌸 꽃
꽃은 4~5월에 피며 화피편은 서로 약간 떨어진다.

🍒 열매
열매는 곧게 서며 길이 약 2cm이다.

줄기
높이 40~60cm이며 곧게 서고 털이 없으며 3~6개의 잎이 어긋나기한다.

분포
강원도 삼척시, 경상북도 울릉군, 경상남도 남해군, 제주도

생태
여러해살이풀이다. 산지의 숲 속 응달에서 자란다.

이용방안
관상용으로 심을만하다.

꽃다지

🍁 잎

근생엽은 많이 나와서 방석처럼 퍼지고 주걱모양 비슷한 긴 타원형이며 길이 2~4cm, 폭 8~15mm로서 톱니가 약간 있고 밑부분이 좁아져서 엽병처럼 된다. 줄기잎은 어긋나기하며 좁은 달걀모양 또는 긴타원모양이고 길이 1~3cm, 폭 8~15mm로서 둔두 예저이며 톱니가 약간 있다.

🌼 꽃

꽃은 황색으로 4~6월에 피며 원줄기나 가지 끝의 총상꽃차례에 많은 꽃이 달리고 꽃자루는 길이 1~2cm로서 비스듬히 옆으로 퍼진다. 꽃받침조각은 4개이며 타원형으로서 길이 1.5mm정도이다. 꽃잎은 4개이고 넓은 주걱모양이며 길이

3mm정도이다. 6개의 수술중 4개는 길고 암술은 1개이다.

열매

짧은 각과(角果)로서 편평하며 긴타원모양이고 길이 5~8mm, 폭 2mm로서 전체에 털이 있다. 종자를 정력자라고 한다.

줄기

높이가 20cm에 달하고 줄기는 곧추서며 흔히 가지가 갈라지고 하부에 단모(單毛), 분지모(分枝毛), 별 모양 털이 있다.

분포

전국 각처에 분포한다.

생태

2년생 초본이다. 햇빛이 잘 드는 산과 들, 논과 밭에 난다.

이용방안

» 어린 순을 나물로 식용한다.
» 다닥냉이, 콩다닥냉이, 꽃다지, 재쑥의 종자를 정력자라 하며 약용한다.

넓은잎천남성

🍁 잎

위경(僞莖) 꼭대기에서 1개의 잎이 난다. 소엽은 11개이며 난상 피침형 또는 도란상 피침형이고 길이 10~20cm로서 가장자리에 톱니가 없으며 엽병은 길다.

꽃

꽃은 암수딴그루로서 5~7월에 피며 육수꽃차례고 정생하며 잎보다 짧다. 웅주(雄株)의 육수축은 세소(細小)하고 여러 개의 수꽃이 달리며 자주(雌株)에 녹색의 씨방이 달린다. 포는 판통의 길이가 8cm정도로서 녹색이고 윗부분이 모자처럼 앞으로 꼬부라지며 난상 긴 타원형이고 끝이 뾰족하다. 꽃차례의 연장부는 곤봉형이다.

열매

열매는 장과로서 육수축에 옥수수알처럼 다소 달리고 적색으로 익는다.

줄기

원줄기의 겉은 녹색이며 때로는 자주색 반점이 있고 높이 15~30cm로서 1개의 잎이 달린다.

뿌리

알줄기는 납작한 구형이며 지름 2~4cm이고 주위에 2~3개의 작은 알줄기가 달리며 수염뿌리가 사방으로 퍼진다. 위 경(僞莖)은 곧게 선다. 알줄기 위의 비늘 조각은 얇은 막질이다.

분포

울릉도를 제외한 전국 각처에 분포한다.

생태

» 여러해살이풀이다.
» 산지의 음지나 습지에 난다.

노란장대

🍁 잎

잎은 어긋나기하고 엽병에 날개가 있다. 밑부분의 잎은 엽병이 길며 타원형이고 우상으로 깊이 갈라지며이 모양의 톱니가 있다. 중앙 이상의 잎은 달걀모양 또는 난상 피침형이고 엽병이 짧으며 끝이 뾰족하고 길이 8~12cm, 폭 35cm로서 밑부분이 갑자기 좁아지며 가장자리에 불규칙한 물결모양의 톱니가 있고 양면에 백색 털이 있다.

🌼 꽃

» 꽃은 5~6월에 피며 황색이고 총상꽃차례는 원줄기 끝에 달리며 꽃이 진다.
» 길게 자라고 꽃받침조각은 넓은 선형이며 길이 7mm정도이고 꽃잎은 주걱모

양이며 길이 10~13mm이다. 꽃자루는 길이 12~15mm로서 비스듬히 선다.

열매

열매는 각과로서 선형이며 길이 8~10cm이고 암술머리는 길이 2mm정도로서 2개로 갈라진다. 종자는 긴 타원형이며 길이 1.7mm정도이다.

줄기

높이 80~120cm이고 백색 털이 있다.

뿌리

뿌리는 굵으며 깊이 들어간다.

분포

전국 각처에 분포한다.

생태

여러해살이풀이다. 석회암 지대에서 자란다.

노랑꽃창포

🍁 잎

잎은 나비 2~3cm로서 길이가 1m에 달하는 것도 있고 이열로 배열하며 양면에 융기한 주맥이 있다.

🌼 꽃

» 꽃은 5월에 피고 황색이며 꽃 밑에 2개의 큰 포가 있고 외꽃덮이는 3개로서 넓은 달걀모양이며 밑으로 처지고 밑부분이 좁아지며 내꽃덮이는 3개이고 긴 타원형으로서 선다. 암술대는 기부가 좁으나 갑자기 넓어져 3개로 갈라진다.

» 3개의 수술은 암술대가 갈라진 밑부분과 접해 있다. 씨방은 하위로서 원통형이며 황색이다.

🍒 열매

삭과는 다소 밑으로 처지며 길이 6~7cm이고 삼각상 타원형이며 끝이 뾰족하고 3개로 갈라져서 갈색 종자가 나온다.

크기

잎의 길이가 1m에 달하는 것도 있으며 나비 2~3cm이다.

분포

전국 각처에 분포한다.

생태

여러해살이풀이다. 개울가나 습지에서 자란다.

이용 및 활용

연못이나 호수에 관상용으로 심으며, 지하경은 약용한다.

노랑복주머니란

🍁 잎
잎은 밑부분의 3~4개는 잎몸이 없으며 원줄기를 감싸고 중앙부의 2~3개는 넓은 타원형으로서 가장 크며 윗부분의 1~3개는 포로서 잎같고 꽃이 달린다.

🌼 꽃
꽃은 5~6월에 피며 위꽃받침조각은 난상 피침형으로서 끝이 뾰족하고 옆꽃받침조각은 2개가 합쳐져서 끝만 다소 갈라지며 내화열편 2개는 선상 피침형으로서 끝이 뾰족하고 다소 꼬인다. 입술모양꽃부리는 큰 주머니 같으며 황색으로 밑부분에 적색 반점이 있다.

노란색 꽃(연두색·녹색 포함)

줄기
전체에 잔털이 있고 높이가 40cm정도에 달한다.

뿌리
근경이 옆으로 뻗고 각 마디에서 뿌리가 내린다.

분포
북부지방

생태
여러해살이풀이다. 산지에서 자란다.

특징
개불알꽃과 비슷하지만 꽃이 황색이며 1~3개씩 피는 것이 다르다.

노랑붓꽃

잎

창 모양, 3~4장, 근경에서 자란 잎은 밑부분에서 줄기를 싸고, 길이는 35㎝, 나비는 1.3㎝로서 10~14맥이 있으며 밑 부분이 화경을 둘러싸고 겉에 마른잎이 남아있으며 꽃이 핀 다음에 자라서 꽃대보다 길어지고 꽃대에 달린 잎은 짧으며 맥이 있다.

꽃

노랗고 1~2송이가 2개의 포초 밖으로 나온다. 길이는 2~2.5㎝이고 외꽃덮이와 내꽃덮이로 갈라진다. 꽃받침은 황색으로 거꿀달걀모양이며 꽃잎은 타원형으로서 끝이 파지고 곧추서며 황색이다. 포는 피침형이고 씨방은 긴 타원상 방추형이고 암술머리는 뒤로 젖혀지며 뾰족하고 옆에 줄이 있다.

열매
삭과로 둥근모양이다.

줄기
땅속줄기는 가늘며, 옆으로 길게 뻗고 원줄기는 드문드문 나온다.

분포
전라북도 부안군, 정읍시, 전라남도 장성군, 경상북도 칠곡군

생태
여러해살이풀이다. 건조한 곳이나 습한 곳에서 자란다.

이용방안
관상용이다.

노랑할미꽃

잎
잎은 깃모양겹잎이고 뿌리에서 모여나기한다.

꽃
꽃은 4월에 화경 끝에 1개씩 피고, 꽃이 만개하면 고개를 숙인다. 처음 꽃이 필 때는 연노랑색이지만 후에 주황색으로 변한다.

열매
과실은 수과끝의 암술대가 4cm길이의 털로 덮여 있다.

노란색 꽃 연두색·녹색 포함

 **줄기**
높이는 30~40cm정도 큰다.

 **뿌리**
뿌리는 굵고 흑갈색이다.

분포
경기도(도봉산)

생태
무덤 근처의 양지바른 곳에 핀다.

이용방안
뿌리는 약용으로 이용된다.

다닥냉이

🍁 잎

근생엽은 엽병이 길고 짙은 녹색이며 한군데에서 많이 나와 방석같이 퍼지고 길이 3~8cm로서 우상복엽이다. 줄기잎은 어긋나기하며 엽병이 없고 밑부분에서 위로 가면서 홀수깃모양겹잎 및 도피침상의 단엽을 거쳐 선형으로 되며 길이 1.5~5cm, 폭 2~10mm이고 가장자리에 톱니가 있다.

🌼 꽃

꽃은 5~7월에 피며 흰색이고 가지 끝과 원줄기 끝에 작은 십자모양꽃부리가 총상꽃차례로 많이 달린다. 꽃받침조각은 4개로 녹색이며 같은 수의 꽃잎은 거의 퇴화된다. 6개의 수술중 4개는 길며 1개의 암술은 자라서 지름 3mm정도로 되고 끝이 오목하게 파진 원반모양의 열매로 된다.

열매

단각과는 길이 2.5~3mm, 폭 2mm정도로서 타원상 원형이며 납작하고 끝은 약간 오목한 2실이며 2개의 연한 홍갈색 종자가 있으며 6~7월에 성숙한다. 종자는 적갈색으로서 작으며 원반 모양이고 가장자리에 있는 백색 막질의 날개가 젖으면 점질로 된다.

줄기

높이 30~60cm이며 털이 없고 줄기는 곧추서며 상부에서 많은 가지를 쳐 빗자루 모양으로 된다.

분포

전국 각처에 분포한다.

생태

2년생 초본이다. 산비탈 메마른 모래자갈 땅이거나 암석지에서 자란다.

이용방안

» 어린 순을 나물로 한다.
» 다닥냉이, 콩다닥냉이, 꽃다지, 재쑥의 종자를 정력자라 하며 약용한다.

대황

🍁 잎

뿌리잎은 여러 장이 모여 나며, 난형 또는 삼각상 난형으로 길이 15~70cm, 폭 12~50cm, 가장자리는 물결 모양이다. 잎자루는 길며 자줏빛이 돈다. 줄기잎은 뿌리잎보다 작으며 밑부분이 줄기를 반쯤 감싼다. 잎맥은 5~7개이다.

🌼 꽃

꽃은 5~6월에 피며, 줄기 끝에서 원추꽃차례로 달리고 흰빛 또는 노란빛이 도는 녹색이다.

🍒 열매
열매는 수과, 삼각형이고 능선이 3개 있다.

🌳 줄기
줄기는 곧게 자라며, 높이 0.6~1.5m, 세로줄이 있고 속은 비어 있다.

🌱 뿌리
뿌리는 굵고 나무질로 된다.

🗺 분포
전국 각처에 분포한다.

🌾 생태
건조한 산지에 자라거나 심어 기르는 여러해살이풀이다.

💡 이용방안
근경은 대황, 줄기 또는 눈묘는 대황경이라 하며 약용한다. 염료로 사용하며, 잎은 가축먹이로 한다.

돌나물

🍁 **잎**

잎은 3개씩 돌려나기하며 엽병이 없으며 긴 타원형 또는 거꿀피침모양이고 윗부분이 다소 넓어졌다가 좁아져 둔하게 끝나며 밑부분은 점점 좁아져서 직접 원줄기에 달리고 길이 1.5~2cm, 폭 3~6mm로서 가장자리가 밋밋하고 황록색이다.

 꽃

꽃은 5~6월에 피며 지름 6~10mm로서 5수이고 높이 15cm정도의 꽃대가 곧추자라 그 끝에 많은 황색꽃이 취산꽃 차례로 달린다. 꽃받침조각은 타원상 침형이며 둔두로서 꽃받침보다 길며 황색이고 수술은 10개이다.

🍒 열매

골돌은 비스듬히 벌어진다.

🌱 줄기

길이는 15cm가량되며, 줄기는 땅 위로 뻗고 밑에서 가지가 갈라져서 지면으로 뻗고 마디에서 뿌리가 내린다.

🌿 뿌리

지면으로 뻗은 줄기의 마디에서 뿌리가 내린다.

분포

전국 각처에 분포한다.

생태

여러해살이풀이다. 습기가 많은 곳에서 적은 곳까지 다양한 곳에서 잘 자라며, 특히 가뭄에 강하다.

💡 이용방안

연한 순을 나물로 먹거나 물김치를 담가 먹는다.

동의나물

🍁 잎
근생엽은 모여 나며 신원형 또는 난상심원형으로 길이와 나비가 각각 5~10cm이고 물결모양의 둔한 톱니가 있으며 자루가 길다. 줄기잎은 자루가 없다.

꽃
꽃은 4~5월에 황색으로 피며 줄기 끝에 대개 2개씩 달리고 꽃자루는 5~11cm이다. 꽃은 꽃잎이 없고 5~6개의 꽃받침조각으로 되어 있으며 수술은 많다.

열매

과실은 골돌이다. 골돌은 4~16개이고 끝에 암술대가 남아 짧은 부리모양을 한다.

줄기

줄기는 곧추서거나 비스듬히 올라가고 때로 분지하다.

뿌리

백색의 굵은 뿌리가 많다.

분포

제주를 제외한 전국에 분포한다.

생태

다년초로 여러해살이풀이다. 산지의 습지나 물가에서 자란다.

땅채송화

🍁 잎

잎은 어긋나기하고 길이 3~6mm, 지름 1.5~2.5mm로서 원주상 거꿀달걀모양 또는 타원형이며 원두이다.

🌼 꽃

꽃은 5~7월에 피고 원줄기 끝에는 꽃이 달리지 않으며 줄기 상단에서 갈라진 가지 끝에 3~10개의 노란 꽃이 취산꽃 차례로 달린다. 꽃받침조각은 길이 3~4mm로서 난상 타원형이고 원두이다. 꽃잎은 길이 4~5mm로서 넓은 피침형이며 끝이 뾰족하고 황색이며 꽃받침과 더불어 각각 5개이다. 수술은 10개이며 꽃잎보다 짧고 안쪽의 5개는 꽃잎 밑에 달리며 심피는 5개로서 다소 곧추서지만 성숙

함에 따라 비스듬히 눕는다. 심피 밑부분에 있는 비늘조각은 짧고 도란상 타원형이다. 암술은 5개이다.

열매

열매는 골돌로 5개이며 곧게 서지만 익으면 옆으로 비스듬히 퍼진다.

줄기

줄기가 옆으로 뻗고 가지가 갈라지며 원줄기 윗부분과 가지가 모여 곧게 서고 높이 5~12cm이며 군생한다.

분포

중부 이남의 바닷가

생태

바닷가, 햇볕이 잘 들고 암반으로 이루어진 경사면 또는 바위 위에 약간의 토양이 있는 곳에서 자란다.

이용방안

암석원 또는 경사지 녹화용 소재로 유망하며 척박지 녹화용으로 식재하여도 좋다. 초물분재 소재로 이용하여도 좋다.

떡쑥

잎
근생엽은 꽃이 필 때 쓰러지며 줄기잎은 어긋나기하고 주걱모양 또는 거꿀피침모양이며 끝이 둥글거나 뾰족하고 길이 2~6cm, 나비 4~12mm로서 밑부분이 좁아져 원줄기로 흐르며 가장자리가 밋밋하다.

꽃
꽃은 5~7월에 피고 원줄기 끝의 편평꽃차례에 쌀알같은 황색의 꽃이 달리며 총포는 구상 종형이고 길이 3mm, 나비3.5mm정도이며 비늘잎은 3줄로 달리고 누른빛이 돌며 길이 0.5mm정도로서 달걀모양 또는 긴 타원형이다.

🍒 열매

열매는 수과이고, 관모는 길이 2.5mm정도로서 황백색이고 밑부분이 완전히 합쳐지지 않는다.

🌳 줄기

높이 15~40cm이고 전체가 백색 털로 덮여 있어 흰빛이 돌며 곧게 서고 땅 가까이에서 많은 가지가 갈라져 포기를 이룬다.

분포

전국 각처에 분포한다.

생태

두해살이풀이다. 밭 근처에서 자란다.

💡 이용방안

» 어린순은 식용으로 쓰인다.
» 전초를 서국초라 하며 약용한다.

만주붓꽃

🍁 잎

잎은 칼 모양으로 폭 1~1.5㎝이다.

꽃

엽초 모양의 포 안에서 2송이의 노란꽃이 솟아 나와 피며, 꽃의 지름은 5~6㎝이다. 외꽃덮이는 숟가락 모양이며, 길이 4㎝이고 안쪽 중앙부에 4㎜가량의 황색 샘털 돌기가 밀포하고, 측맥은 검은 자색이다. 내꽃덮이는 서고 노란색이며, 진한 자색의 가는 맥이 있고, 수술은 3개, 꽃밥은 9㎜이다. 암술대는 3갈래이고 암술머리는 꽃잎 모양이며 2갈래이다.

🍒 열매
열매는 삭과이고 세모지고 방추형이다. 길이는 5㎝정도이다.

🌳 줄기
키는 20㎝가량이다.

🌱 뿌리
근경은 옆으로 뻗으며, 키는 20㎝가량이다.

🗺 분포
북부 지방

🌿 생태
여러해살이풀이다. 산지에서 자란다.

💡 이용방안
관상용으로 심는다.

노란색 꽃·연두색·녹색 포함

머위

잎

근생엽은 엽병이 길며 콩팥모양이고 지름 15~30cm로서 표면에 꼬부라진 털이 있으나 없어지며 가장자리에 불규칙한 치아모양톱니가 있다. 엽병은 길이 60cm, 지름 1cm로 자라고 윗부분에 홈이 생기며 녹색이지만 밑부분은 자줏빛이 돈다.

꽃

이른봄에 높이 5~45cm의 꽃대가 나오고 평행한 맥이 있는 포가 화경에서 어긋나기한다. 꽃은 지름 7~10mm로서 편평꽃차례에 다닥 다닥 달리고 포가 밑부분을 둘러싸며 화경은 길이 1~2.5cm이다. 총포는 통형이고 길이 6mm, 지름 7~8mm이며 포편은 2줄로 배열되고 평행한 맥이 있으며 털이 없다. 양성의 낱꽃은 모두 결실하지 않고 자화서(雌花序)는 양성화서와 같으나 꽃이 핀다. 길이 70cm정도로 길어져서 총상으로 된다. 꽃대의 높이는 5~45㎝이다.

열매

수과는 원통형이고 길이 3.5mm, 지름 0.5mm정도로서 털이 없으며 관모는 길이 12mm정도이고 백색이다.

뿌리

땅속줄기가 사방으로 뻗으면서 번식하며 땅 위에는 줄기가 없다.

분포

전국 각처에 분포한다.

생태

여러해살이풀이다. 산지와 길가 습지에서 자란다.

이용방안

근경을 봉두채라 하며 약용한다.

메감자

🍁 잎

탁엽은 잎같으며 반원형 또는 원형으로서 원줄기를 완전히 둘러싼다. 잎은 1개가 달리고 1cm정도에서 3개로 갈라진 다음 다시 3개씩 갈라지는 2회3출복엽이며 작은잎자루는 길이 4~5cm이다. 소열편은 중앙부의 것은 엽병이 있고 옆의 것은 엽병이 거의 없으며 중앙열편은 타원형이고 길이가 6~7cm, 폭2~3cm로서 길이 5~10mm의 엽병이 있으며 가장 자리가 밋밋하고 원두이다.

🌼 꽃

꽃은 5월에 피며 원줄기 끝에 총상꽃차례로 많은 황색 꽃이 핀다. 첫째 꽃자루는 길이가 3cm이지만 위로 올라갈수록 짧아진다. 잎겨드랑이에서 나온 꽃은 꽃자루의 길이가 3~4cm로서 끝에 1개의 꽃이 달린다. 포는 잎 같으며 거의 둥글고 밑부분의 것은 길이와 폭이 각 10mm정도이다.

열매

열매는 둥글다.

줄기

높이 30~40cm이고 전체에 털이 없다.

뿌리

뿌리는 땅속 깊이 곧추 들어가고, 알줄기가 달린다. 이 식물의 뿌리는 마치 콩나물처럼 생긴 긴 새뿌리 끝에 둥근 감자 모양의 덩이뿌리가 달려 있는데 이것이 본 뿌리이며 좀처럼 발견하기가 쉽지 않다.

분포

강원도 동해시, 인제군, 정선군, 태백시

생태

여러해살이풀이다. 계곡의 사면에서 자란다. 햇볕이 잘드는 양지의 부식질이 풍부하고 비옥한 토양에서 자란다.

이용 및 활용

덩이뿌리를 먹거나 약재로 쓴다. 민간에서 폐결핵 치료약으로 쓴다.

물솜방망이

🍁 잎

근생엽은 꽃이 필 때까지 남아 있으며 사방으로 퍼지고 선상 주걱모양 또는 피침형이며 길이 8~17cm, 나비 6~18mm로서 밑부분이 좁아져서 엽병의 날개로 되고 양면에 거미줄 같은 털이 있으며 가장자리가 밋밋하거나 불규칙한 톱니가 있다. 밑부분의 잎은 근생엽과 같고 중앙부의 잎은 선형이며 밑부분이 좁아지지 않는다.

꽃

꽃은 5~6월에 피고 황색이며 머리모양 꽃차례는 7~30개가 산방상으로 달리고 화경은 길이 3~9cm로서 포가 없다. 총포는 컵모양이며 길이 6~7mm이고 포편은 1줄로 배열되며 피침형이고 녹색으로서 털이 없으며 가장자리가 막질이다.

열매
수과는 원뿔모양이고 10개의 능선이 있으며 길이 3.5mm정도로서 털이 없다.

줄기
높이 55~65cm이고 곧추 자라며 가지가 없고 처음에는 거미줄 같은 털이 있다.

뿌리
짧고 굵은 근경 끝에서 잔뿌리가 나와 사방으로 퍼진다.

분포
한라산, 지리산의 고산지대

생태
다년초본이다. 높은 지대의 습지 근처에서 자란다.

이용방안
솜방망이/물솜방망이의 전초는 구설초, 뿌리는 구설초근이라 하며 약용한다.

미나리아재비

🍁 잎

근생엽은 모여나기하고 엽병이 길며 오각상 원심장형으로서 3개로 깊게 갈라지고 중앙열편은 흔히 다시 3개로 갈라 지며 측열편도 다시 2개로 갈라지고 길이 2.5~7cm, 폭 3~10cm로서 가장자리에 톱니가 없다. 줄기잎은 엽병이 없으며 3개로 갈라지고 열편은 선형으로서 톱니가 없다.

꽃

꽃은 5~6월에 피며 지름 12~20mm이고 취산상으로 갈라진 꽃자루에 1개씩 달리며 5개의 꽃받침조각은 타원형으로서 겉에 털이 있고 수평으로 퍼지며 안으로 오목해진다. 꽃잎도 5편으로서 꽃받침보다 2~2.5배 길고 도란상 원형이며 밑부분에 소비 늘 조각이 있고 윤채가 있으며 황색이고 기부에 1개의 꿀샘이 있다. 수술과 암술이 많고 암술대는 거의 없으며 꽃턱은 짧고 털이 없다.

🍒 열매

열매가 모여서 원형의 취과를 형성한다. 수과는 도란상 원형이고 약간 편평하며 털이 없고 길이 2~2.5mm로서 끝에 짧은 돌기가 있다.

🌳 줄기

줄기는 높이가 50cm에 달하고 흰털이 밀생하며 속은 비어있고 곧게 서며 가지가 갈라진다.

뿌리

짧은 근경에서 가늘고 긴 뿌리와 뿌리잎이 뭉쳐난다.

분포

전국 각처에 분포한다.

🌱 생태

여러해살이풀이다. 습기가 있는 양지에서 자란다. 산지의 볕이 잘 드는 풀밭이나 논·밭둑에서 자란다.

💡 이용방안

》 독성이 있으나 잎을 생약으로 사용하기도 하며 어릴 때는 식용으로도 한다.
》 전초 및 뿌리를 모간이라 하며 약용한다.

특징

독초로서, 유럽과 미국에서는 소나 말 등이 먹고 죽은 예가 있다.

민눈양지꽃

🍁 잎

근생엽은 모여나며, 줄기잎은 어긋나기하고, 엽병이 길며 3출복엽이고 소엽은 엽병이 없으며 사각상 달걀모양이고 길이 1.5~4cm, 폭1.2~3cm로서 가장자리에 깊고 뾰족한 톱니가 있으며 엽병과 더불어 백색 복모가 있고 탁엽은 막질이다.

꽃

꽃대는 높이 10~20cm로서 2~3개로 갈라져 짧은 꽃자루 끝에 꽃이 1개씩 달리며 꽃은 5~6월에 피고 지름 15~20mm로서 황색이다. 꽃받침조각은 넓은 피침형이며 끝이 뾰족하고 부악편도 5개로서 이와 비슷하지만 3개로 갈라 지기도 한다. 꽃잎은 5개이며 넓은 거꿀심장모양이고 끝이 파지며 꽃받침보다 1.5배정도 길고 수평으로 퍼지며 꽃턱 주변에 털이 있다.

🍒 열매
열매는 수과로 털이 없고 암술대는 길이 2mm정도이다.

🌿 줄기
높이 10~20cm이고 줄기는 가늘며, 기는줄기가 길게 뻗고 전체에 긴 털이 있다.

📍 분포
중부 이남

🌱 생태
여러해살이풀이다. 산지의 반음지에서 자란다.

노란색 꽃 연두색·녹색 포함

민대극(붉은대극)

잎

잎은 어릴 때 붉은빛을 띤다. 줄기잎은 어긋나기하고 긴 타원형이며 끝이 뭉뚝하고 길이 9~10cm, 폭 1.5cm이다.

꽃

» 줄기 끝의 잎겨드랑이에서 측지가 나와 등잔모양꽃차례(杯狀花序)가 달린다.
» 수꽃에는 소포편이 없고 씨방의 표면에 사마귀같은 돌기가 없다.

열매

열매는 삭과로서 표면에 사마귀같은 돌기가 없다.

줄기
높이는 40~50cm이고 가지가 줄기 끝에서 산형으로 퍼져 난다.

 뿌리
땅속줄기는 통통하다.

 분포
울릉도

 생태
여러해살이풀이다.

민들레

 잎

» 도피침상 선형이며 길이 6~15cm, 나비 1.2~5cm로서 무우잎처럼 깊게 갈라지고 열편은 6~8쌍으로서 털이 약간 있으며 가장자리에 톱니가 있다. 잎은 둥글게 배열되며 대개 땅에 누워서 자란다.

» 5~6월이 되면 꽃이 시든 자리에서 씨앗의 날개가 돋아나 하얗고 둥근 모양으로 부푼다. 수과는 갈색이 돌고 긴 타원형이며 길이 3~3.5mm, 나비 1.2~1.5mm로서 윗부분에 뾰족한 돌기가 있고 표면에 6줄의 홈이 있으며 부리는 길이6~8mm이고 관모는 길이 6mm로서 연한 백색이다.

꽃

꽃은 4~5월에 피고 잎보다 짧은 화경이 나와서 그 끝에 1개의 꽃이 달리며 백색 털로 덮여 있지만 점차 없어지고 바로 꽃 밑에만 밀모가 남는다. 총포는 꽃이 필 때는 길이 12mm이지만 15mm로 자라며 지름 25~27mm이고 외포편은 선상 피침형 또는 간혹 긴 타원상 피침형으로서 곧추서며 뿔같은 소돌기가 있다. 꽃 부리는 황색으로서 가장자리의 것은 길이 15mm, 나비 2~2.5mm이고 판통은 길이 5mm내외이며 털이 없다.

열매

육질로서 길며, 포공영근(蒲公英根)이라 한다.

줄기

원줄기가 없이 잎이 모여나고 옆으로 퍼진다.

분포

전국에 각처에 분포한다.

생태

여러해살이풀이다. 양지에 흔히 자란다.

이용방안

» 어린 잎을 나물로 한다.
» 민들레 및 동속 근연식물의 뿌리 달린 전초를 포공영이라 하며 약용한다.

민뱀딸기

🍁 잎
잎은 3출겹잎으로 작은잎은 난형 또는 타원형, 길이 2~4cm, 폭 1.5~3cm, 끝은 둔하고 가장자리에 거친 톱니가 있다. 잎 앞면에는 털이 없고 뒷면에는 잎맥에만 긴 털이 있다.

꽃
» 꽃은 5~6월에 피며, 잎겨드랑이에서 1개씩 달리며, 노란색이다. 꽃받침잎은 5장, 좁은 난형으로 끝은 뾰족하고 가장자리는 밋밋하다. 꽃잎은 5장, 도란형이다.

» 수술은 20개 이상이다.

열매
열매는 수과로 둥글며, 6~7월에 붉게 익는다.

줄기
줄기는 누워 뻗으며, 길이 30~100cm, 전체에 긴 털이 있다.

분포
전국 각처에 분포한다.

생태
» 여러해살이풀이다.
» 저지대 풀밭, 경작지 주변, 길가에 자란다.

이용방안
민간에서 열매를 복통, 고열, 뱀에 물린데 쓰며, 식물체를 위암, 자궁경부암, 폐암, 피부병, 창독 등에 약재로 쓴다.

뱀딸기

🍁 잎
잎은 어긋나며 3출엽이다. 소엽은 달걀모양 또는 달걀모양의 원형이며 둔두, 예저이고 길이 2~3.5cm, 너비 1~3cm이다. 표면은 털이 거의 없으나 뒷면은 잎맥을 따라 긴 털이 있다.

꽃
꽃은 4~5월에 황색으로 피고 잎겨드랑이에서 자라는 긴 꽃대에 1개씩 달리고, 겉꽃받침조각은 5개로서 끝이 얕게 3개로 갈라지며 꽃받침보다 크고 꽃받침과 더불어 털이 있다.

🍒 열매

열매는 둥글고 지름 10mm정도이다. 연한 홍백색 바탕에 붉은빛이 도는 수과가 점처럼 흩어져 있다.

🌳 줄기

줄기는 긴 털이 있고, 꽃이 필 때는 작으나 열매가 익을 무렵에는 마디에서 뿌리가 내려 길게 뻗는다.

분포

전국 각처에 분포한다.

생태

여러해살이풀이다.

💡 이용방안

열로 인한 구내염, 인후염, 종기 및 뱀이나 독충에 물렸을 때에 복용하거나, 환부에 바르면 효과가 있다. 지혈작용이 있어서 코피, 토혈, 각혈, 자궁출혈에 활용되며, 이질에도 잎에 물을 넣고 달여서 복용한다.

번행초

🍁 잎

잎은 어긋나기하고 두꺼운 난상 삼각형이며 둔두이고 넓은 예저 또는 절저이며 길이 4~6cm, 폭 3~4.5cm로서 밑으로 흐르고 엽병은 길이 2cm이다. 털은 없고 명아주처럼 표피세포가 우둘투둘하여 까실하다.

🌼 꽃

» 개화기가 길어서 4월부터 11월까지 계속 피며 제주도에서는 1년 내내 꽃이 핀다. 꽃은 종모양꽃부리의 꽃받침조각으로 된 노란색 꽃이 잎겨드랑이에 1~2개씩 피고 화경은 짧고 굵다. 꽃받침통은 길이 4mm정도이지만 자라서 7mm에 달하며 어깨 근처에 4~5개의 가시같은 돌기가 있다. 꽃받침열편은 넓은 달

갈모양으로서 겉은 녹색이고 안쪽은황색이며 꽃잎은 없고 수술은 9~16개로서 황색이다.
» 씨방은 하위이며 거꿀달걀모양으로서 4~6개로 갈라지는 암술대가 있다.

열매

꽃이 지면 시금치 씨처럼 4~5개의 딱딱한 뿔같은 돌기와 더불어 꽃받침이 붙어 있는 열매가 달린다. 열매 속에 여러개의 종자가 들어 있다.

줄기

» 줄기가 땅에 기듯 뻗어가면서 자라는데 가지를 많이 쳐서 포기가 커진다.
» 줄기와 잎이 다함께 다육성으로 부러지기쉽다. 털이 없으나 사마귀 같은 돌기가 있다.
» 높이가 60㎝이다.

분포

중부이남의 해안가에 분포

생태

여러해살이 풀이지만 추운 곳에서는 한해살이풀이되어 겨울에 말라 죽는 경우가 많다. 햇볕이 잘 드는 곳에서 더 잘 자라며 반그늘에서도 잘 자란다.

이용방안

» 연한 잎은 식용한다.
» 전초를 번행이라 하며 약용한다.

87

벋음씀바귀

잎

근생엽은 로제트형으로 퍼지며 꽃이 필 때까지 남아 있고 거꿀피침모양 또는 주걱 비슷한 타원형이며 엽병이 길고 둔두 원저이며 엽병과 더불어 길이 6~20cm, 나비 1.5~3cm로서 가장자리가 밋밋하고 하반부에 톱니가 약간 있다.

꽃

꽃은 5~7월에 피며 지름 2.5~3cm로서 1~6개가 끝에 달리고 꽃대는 높이 10~35cm로서 잎이 없거나 1개의 잎이 달린다. 총포는 통형이며 길이 12mm, 지름 6~7mm이고 외포편은 달걀모양이며 길이 2.5~3mm이고 내포편은 8개로서 긴 타원상 피침형이다. 낱꽃은 23~24개이며 길이 15.5mm, 나비 3mm로서 황색이다. 꽃대의 높이 10~35cm이다.

🍒 열매

수과는 좁은 방추형이고 길이 7~8mm로서 흑갈색이고 10개의 능선이 있으며, 관모는 흰색이고 길이 7mm정도이다.

🌱 뿌리

근경이 옆으로 길게 뻗고 마디에서 잎이 나와 번식한다.

분포

전국 각처에 분포한다.

🌿 생태

여러해살이풀이다. 논뚝같이 약간 습기가 있는 곳에서 자란다.

💡 이용방안

» 이른 봄에 뿌리와 어린 순을 나물로 한다. 전초를 전도고라 하며 약용한다.

벌씀바귀

잎

근생엽은 꽃이 필 때까지 남아 있거나 그 전에 없어지고 선상 피침형이며 예두 또는 둔두이고 길이 12~17cm, 나비 3~8mm로서 밑부분이 좁으며 가장자리에 톱니가 약간 있거나 밋밋하다. 중앙부의 잎은 피침형이고 끝이 뾰족하며 길이 6~17cm, 나비 10~17mm로서 밑부분이 이저이고 원줄기를 둘러싸며 윗부분의 잎은 작고 피침형 이저로서 엽병을 감싸며 밑으로 흐른다.

꽃

꽃은 5~7월에 피고 혀꽃만으로 이루어진 연한 황색의 머리모양 꽃차례는 지름

약 1.2cm로서 여러 개가 원줄기 끝에 산방상으로 달리며 꽃이 핀다. 처지고 화경은 길이 6~28mm로서 1~2개의 포가 있다. 총포는 꽃이 필 때는 원통형이며 길이 5~7mm, 나비 2.5~3.5mm이지만 꽃이 핀 다음에는 밑부분이 넓어지고 외포편은 작으며 길이 0.5mm로서 달걀모양이고 내포편은 8개로서 난상 피침형이다. 낱꽃은 20~25개이며 꽃부리는 길이 8~8.5mm, 나비 1mm정도이고 판통은 길이 3.5~4mm로서 10개의 능선이 있다.

열매
수과는 짙은 갈색이며 길이 4~5mm이고, 관모는 백색이며 길이 3.5~4mm이다.

줄기
높이 15~40cm이고 곧게 자라지만 흔히 밑에서도 가지가 나오며 털이 없고 자르면 흰 유액을 분비한다.

분포
전국 각처에 분포한다.

생태
두해살이풀이다. 밭두렁이나 산기슭의 풀밭에서 자란다.

이용방안
어린 순은 나물로 이용한다.

복수초

잎
잎은 어긋나기하며 삼각상 넓은 달걀모양이고 길이 3~10cm로서 2회 우상으로 잘게 갈라지며 최종열편은 피침형이고 긴 엽병 밑에 잘게 갈라진 녹색 탁엽이 있다.

꽃
4월 초순에 피며 지름 3~4cm정도의 황색이고 원줄기 끝에 1개씩 달리며 가지가 갈라져서 2~3개씩 피는 것도 있다. 꽃받침조각은 흑자색으로서 여러 개이고 꽃잎은 20~30개로서 꽃받침보다 길며 수평으로 퍼지고 거꿀피침모양이고 꽃잎에 꿀샘이 없으므로 별개의 속으로 분류된다. 수술은 많으며 꽃밥은 전체가 둥글게 보이고 짧은 털이 있다.

🍒 열매

열매는 길이 3~4mm의 수과이며 꽃턱에 모여 달려서 전체가 둥글게 보이며 짧은 털이 있다.

🌳 줄기

원줄기는 높이 10~30cm로서 털이 없으나 때로는 윗부분에 털이 약간 있고 밑부분이 얇은 막질의 잎으로 싸인다.

뿌리

근경은 짧고 굵으며 흑갈색 잔뿌리가 많이 나온다.

분포

전국 각처에 분포한다.

생태

숙근성 여러해살이풀로 관화식물이다. 낙엽활엽수림에서 자란다.

💡 이용방법

뿌리가 달린 전초를 복수초라 하며 약용한다.

산괴불주머니

🍁 잎

잎은 어긋나기하고 엽병이 있으며 2회 우상으로 갈라지고, 길이 10~15cm, 폭 4~6cm이다. 열편은 달걀모양이며 다시 우상으로 갈라지고 최종 열편은 선상 긴 타원형으로 예두이다.

🌼 꽃

꽃은 4~6월에 피고 길이 3~10cm로서 황색이며 총상꽃차례는 원줄기와 가지 끝에 달리고 포는 난상 피침형이며 때로는 갈라진다. 꽃부리는 길이 2cm로서 한쪽이 순형(脣形)으로 벌어지고 다른 한쪽은 다소 구부러진 거(距)로 되며 6개의 수술은 각각 2개로 갈라진다

열매

열매는 삭과로서 길이 2~3cm이며 선형이고 염주같이 잘록하게 10~15개의 마디가 생기고, 마디마다 종자가 있다. 종자는 흑색이고 둥글며 오목하게 파인 점이 있다.

줄기

줄기는 곧게 서며 가지가 갈라지고 높이 50cm에 달하며 전체에 분백색이 돌고 줄기 속은 비어 있다.

뿌리

많은 잔뿌리가 사방으로 뻗어 있다.

분포

전국 각처에 분포한다.

생태

두해살이풀, 관화식물이다. 산지에서 비교적 흔히 자라며, 부식질이 많은 사질양토에서 잘 자란다.

이용방안

꽃의 관상가치가 높고 환경적응성이 뛰어나므로 가로변이나 사면지의 지피식물, 화단용 소재로 이용하면 좋다.

산둥굴레

🍁 잎

잎이 대나무와 유사하다. 어긋나기엽은 한쪽으로 치우쳐서 퍼지며 긴 타원형이고 길이 5~10㎝, 폭 2~5㎝로서 엽병이 없다. 잎 뒷면에 유리조각같은 돌기가 있다.

🌼 꽃

꽃은 5월에 피며 줄기의 중간부분부터 1~2개씩 잎겨드랑이에 달리고 길이 20~25mm로서 밑부분은 백색, 윗부분은 녹색이며 꽃자루는 밑부분이 합쳐져서 꽃대로 된다. 6개의 수술이 판통 윗부분에 붙고 수술대에 잔돌기가 있으며 꽃밥은 길이 4mm로서 수술대와 길이가 거의 같다.

🍒 열매

꽃이 지면 둥근 장과를 맺으며 9~10월경에 흑숙(黑熟)한다.

🌱 줄기

높이 30~60cm정도이며 6줄의 능각이 있고 끝이 처지며 육질의 근경은 점질이고 옆으로 뻗는다. 줄기가 곧게 서는데 윗부분으로 가면서 약간 구부러지고 가지는 없다.

🌿 뿌리

» 뿌리는 대나무처럼 옆으로 뻗으며 굵은 육질로 황백색을 띠고 단맛이 있다.
» 근경에 수염뿌리가 난다.

🗾 분포

전국 각처에 분포한다.

🌾 생태

여러해살이풀이다. 둥글레는 양지바른 곳을 좋아하지만 산이나 들의 반그늘 지역에서도 자란다.

💡 이용방안

어린 순을 식용, 근경은 식용 및 약용한다.

산민들레

🍁 잎

뿌리에서 잎이 나와 사방으로 퍼진다. 잎은 거꿀피침모양이며 예두 또는 둔두이고 밑부분이 좁아져서 엽병으로 흐르기도 하며 길이 9~20cm, 나비 2~5cm이지만 간혹 길이 36cm, 나비 7cm에 달하는 것이 있고 양면에 털이 있으며 가장자리가 밑을 향해 4~5쌍으로서 갈라진다.

꽃

» 꽃은 5~6월에 피고 화경은 꽃이 핀다. 훨씬 길어지며 꽃 밑에 밀모가 있다.

» 총포는 길이 13~15mm에서 15~20mm로 자라고 외포편은 곧으며 길이 5~8mm로서 내포편보다 짧고 끝부분에 자줏빛이 돌며 털이 약간 있고 끝에

돌기가 없다.
» 가장자리의 꽃부리는 황색이며 길이 13~19mm, 나비 1.8~2mm이고 판통은 길이 3.5~5mm이다.

열매

수과는 갈색이 돌고 긴 타원형이며 길이 3~3.5mm, 지름 1mm정도로서 줄이 많고 윗부분에 뾰족한 돌기가 있으며 부리는 길이 8~11.5mm이고 관모는 길이 7~8mm로서 회갈색이다.

줄기

원줄기가 없다.

분포

전국 각처에 분포한다.

생태

여러해살이풀이다. 산지의 약간 습기가 있는 곳에서 자란다.

이용방안

어린 잎을 나물로 한다.
민들레 및 동속 근연식물의 뿌리가 달린 전초를 포공영이라 하며 약용한다.

산제비란

🍁 잎

잎은 보통 2개이며 드물게 1~3개가 어긋나기한다. 잎은 피침형, 긴 타원형 또는 선상 긴 타원형이고 길이6~12cm, 폭 1~2.5cm로서 끝이 둔하며 밑부분의 것이 가장 크며 점차 작아져서 포와 연결된다. 기부는 어느 정도 줄기를 감싼다.

❀ 꽃

» 꽃은 5~7월에 피고 연한 녹색이며 10개 내외의 작은 꽃이 줄기 끝에서 느슨하게 이삭꽃차례를 이룬다. 꽃차례는 길이 5~12cm이고 포는 피침형으로서 길이 5~20mm이다. 중앙부의 꽃받침조각은 넓은 달걀모양이며 길이 4~5mm로서 3맥이 있고 측열편은 긴 타원형이며 젖혀지고 길이 6~8mm로서 3맥이 있

다. 꽃잎은 사란형(斜卵形)이며 끝이 갑자기 좁아지면서 길어지고 육질이며 중앙부의 꽃받침조각과 길이가 비슷하다. 입술모양꽃부리는 길이 11~15mm로서 넓은 선형이고 끝이 둔하며 거(距)도 길이 2~3cm로서 끝이 둔하고 뒤로 길게 굽는다.

» 꽃술대는 편평하며 꽃가루 덩이는 담황색이다.

줄기
높이 20~40cm이며 곧게 서고 어느 정도 모가 지고 날개는 없다.

뿌리
뿌리는 통통하고 괴근성이다.

분포
전국 각처에 분포한다.

생태
여러해살이풀이다. 산지의 볕이 잘 드는 풀밭이나 숲 가에서 자란다.

특징
북반구 온대 지방에 약 100종, 우리나라에는 6종이 분포한다.

산조풀

잎

잎은 납작하며 안쪽으로 말리고 길이 20~40cm, 폭 3~4mm이며 표면과 가장자리는 거칠고 뒷면은 밋밋하다. 엽설 (葉舌)은 막질로서 길이 5~6mm이고 끝이 뾰족하거나 2개로 갈라졌다.

꽃

꽃은 5~9월에 피고 원뿔모양꽃차례는 길이 15~20cm로서 짧은 가지가 갈라져 소수(小穗)를 밀착하기 때문에 원주형에 가까우며 연한 녹색에 자줏빛이 돈다. 가지는 반윤생하고 소수는 1개의 잔꽃으로 되며 좁은 피침형으로서 길이 5~8mm이고 자주빛을 띤다. 포영은 길이가 거의 같아 6mm정도로서 대개 1맥이 있지만 3맥도 있으며 주맥 위에는 잔 톱니가 있다. 호영은 길이 3mm가량으로 막질이고 3맥이며 뒷면 중앙부에 길이 3.5mm가량의 까락이 달린다. 기반 (基盤)에는 길이 5mm정도의 털이 있다. 내영은 길이 2mm가량이며 2맥이 있고 막질이며 호영보다 짧다.

줄기
높이 60~150cm이고 곧추서며 지름 3mm가량이고 털이 없으며, 가지는 곧게 서거나 비스듬히 벌어진다. 엽초에는 털이 없다.

뿌리
짧은 땅속줄기가 가로 뻗으면서 번식하여 군집을 형성한다.

분포
전국 각처에 분포한다.

생태
여러해살이풀이다. 볕이 잘 드는 풀밭이나 산록, 강가의 모래땅에서 전국에 걸쳐 흔하게 자란다.

이용방안
사료 및 제지원료로 쓰인다.

산쪽풀

잎

잎은 마주나기하고 밑부분의 2~3마디에는 잎이 없으며 난상 긴 타원형 또는 긴 타원형이고 끝이 뾰족하며 밑부분이 둥글고 길이 7~12cm, 폭 2.5~5cm로서 표면과 뒷면 맥 위에 털이 있거나 없으며 가장자리에 둔한 톱니가 있다. 엽 병은 길이 1.5~3cm이고 탁엽은 피침형이며 젖혀지고 길이 3~4mm로서 막질이다.

꽃

꽃은 일가화로서 5월에 피며 녹색이고 소형이며 액생하는 이삭꽃차례에 2~3개씩 모여 달리고 화경이 길고 우화수가 위쪽에 달린다. 수꽃은 3개로 갈라진 꽃받침과 많은 수술이 있으며 암꽃에 3개의 꽃받침조각과 2개의 돌기체 및 1개의 암술이 있고 암술대가 2개로 갈라진다.

🍒 열매
열매는 삭과로 다소 둥글며 겉에 돌기가 있고, 2개로 갈라진다.

🌳 줄기
높이 25~50cm이고 줄기는 네모지며 털이 거의 없다.

🌱 뿌리
근경은 희지만 마르면 자줏빛이 돌고 옆으로 뻗으며 네모가 진다.

분포
남부 도서에 분포

생태
여러해살이풀이다. 섬의 산지에서 자란다.

💡 이용방안
잎은 염료용으로 이용된다.

삼색제비꽃

🍁 잎

잎은 어긋나고 난상 장타원형 또는 피침형, 끝은 둔하고 가장자리에 둔한 톱니가 있으며, 밑은 잎자루로 흘러 좁은 날개로 된다. 턱잎은 잎자루보다 길고 깃꼴로 깊게 갈라진다.

꽃

꽃은 4~5월에 핀다. 꽃은 자주색, 흰색 또는 노란색으로 피며, 잎겨드랑이에서 나온 긴 꽃줄기에 1개씩 옆을 향하여 달린다. 꽃받침조각은 5개로 녹색이며 꽃잎은 5개로 둥글고 옆으로 퍼지며 꽃부리는 짧고 5개의 수술과 1개의 암술이 있다.

🍒 열매

열매는 삭과, 난형이다.

🌳 줄기

줄기는 높이 12~25cm, 가지가 갈라지며 능선이 있고, 녹색이다.

분포

전국 각처에 분포한다.

생태

두해살이풀이다.

💡 이용 및 활용

관상용, 전초를 삼색근이라 하여 약용한다. 자주색 꽃에 루틴이 함유되어 있어 민간에서 피를 맑게 하는데 쓰거나 이뇨제로 사용한다.

서양금혼초

잎
잎은 모두 뿌리잎으로 도피침형, 길이 4~12cm, 폭 1~2cm, 4~8쌍의 깃 모양으로 갈라진다. 잎 양면에 황갈색의 굳은 털이 빽빽하게 있다.

꽃
꽃은 5~6월에 핀다. 꽃은 노란색이고 지름 3cm정도의 머리모양꽃이 줄기 끝에서 1개씩 달린다. 총포편은 3줄로 배열하고 모두 곧추선다. 혀모양꽃은 끝이 5갈래로 갈라진다.

열매

» 열매는 수과, 표면에 가시 모양의 돌기가 빽빽하게 나며, 가는 부리가 있다.
» 관모는 혀모양꽃의 통부 길이의 1/2 정도이다. 1개체가 1년에 2,300립 이상의 종자를 맺는다.

줄기

줄기는 여러 대가 나오며, 높이 30~50cm, 털이 없고 가늘며, 길이 2~10mm의 비늘조각이 듬성하게 난다.

분포

서울, 전라북도, 부산, 제주도

생태

여러해살이풀이다. 목초지, 저지대 빈터에서 자란다.

이용방안

서양금혼초에 함유된 타감물질(alleochemicals)을 이용하여 다른 식물체의 발아, 생장을 억제하는 제초제로 활용할 수 있다.

서양민들레

🍁 잎

잎은 모두 뿌리에서 나며, 타원형 또는 피침 모양으로 길이 10~30cm, 폭 2~6cm이며, 깃꼴로 갈라진다.

🌼 꽃

» 꽃은 3~5월에 피고 머리모양 꽃차례로 달리고 지름 2~5cm이며, 노란색이다.
» 혀모양 꽃으로만 이루어진다. 꽃줄기는 높이 5~10cm이며, 꽃이 진 후에 더 자란다. 모인꽃싸개는 넓은 종 모양으로 길이 1.5~2.0cm이다. 모인꽃싸개조각은 3줄로 붙는데, 바깥쪽 조각은 꽃이 필 때 뒤로 젖혀진다.

열매

열매는 삭과이며 6월에 익는다. 우산털이 있다.

 뿌리

뿌리는 굵고, 깊게 들어간다.

 분포

전국 각처에 분포한다.

 생태

» 여러해살이풀이다.
» 길가나 들판에서 자란다.
» 환경 조건이 나빠지면 꽃가루받이 없이 단위생식으로 씨를 만든다.

이용방안

어린잎은 식용, 뿌리는 약용한다.

섬시호

 잎

잎은 거의 2줄로 배열되어 어긋나기하며 표면은 녹색이고 뒷면은 분백이며 근생엽은 모여나기하고 엽병은 길이 12~18cm로서 밑부분이 넓으며 안쪽에 있는 것과 원줄기를 감싼다. 엽신은 넓은 달걀모양이고 11맥이 있으며 끝이 뾰족 하고 밑부분이 수평이거나 심장저로서 갑자기 좁아지며 길이 6~13cm, 폭 4.5~11cm이고 가장자리는 물결모양이다. 밑의 줄기잎은 짧은 엽병에 날개가 있으며 원줄기를 감싸고 11개의 조선이 있으며 윗부분의 것은 엽병이 없고 긴 타원상 달걀모양이며 완전히 원줄기를 감싼다. 총포와 작은 총포는 각각 5장, 끝이 뾰족하고 밑은 심장형이다.

🌼 꽃

꽃은 황색으로 줄기나 가지끝에 겹우산모양꽃차례로 달린다. 포와 작은포는 각 5개이고 끝이 뾰족하며 밑부분이 심장저이고 꽃자루와 씨방에 털이 없다. 꽃받침은 거의 없으며 꽃잎은 거꿀달걀모양이고 황색으로서 안쪽으로 굽으며 끝이 뾰족하고 5개의 수술은 꽃잎과 어긋나기하며 꽃밥은 달걀모양이고 황색이다.

🌿 줄기

높이가 60cm에 달하고 털이 없으며 세로로 능선이 있다.

뿌리

근경이 갈라진다.

분포

울릉도

생태

여러해살이풀이다. 해안의 숲 속에 난다.

💡 이용방안

뿌리를 시호라 하며 약용한다.

세잎양지꽃

잎

잎은 3출복엽이며 근생엽은 엽병이 길고 줄기잎은 엽병이 짧으며 전체에 털이 있다. 소엽은 긴 타원형, 달걀모양, 또는 거꿀달걀모양이고 원두 또는 둔두이며 예저이고 길이 2~5cm, 폭1~3cm로서 표면은 녹색이고 털이 없으나 뒷면은 맥 위에 털이 있고 자주빛이 돌며 탁엽은 달걀모양이고 가장자리는 밋밋하다.

꽃

3~4월에 길이 15~30cm의 꽃대가 나와서 꽃이 피며 취산꽃차례를 형성하고 꽃은 지름 10~15mm로서 황색이다. 꽃 받침조각은 넓은 피침형이며 예첨두이고 표면 밑부분에 털이 있으며 부악편은 선형이다. 꽃잎은 도란상 원형이고 요두이며

꽃받침보다 1.5배 정도 길고 암술과 수술이 많으며 꽃턱에 털이 약간 있다.

열매

열매는 수과로 털이 없고 길이 1mm정도로서 주름살이 있으며 연한갈색이다.

뿌리

굵고 짧은 뿌리에서 근생엽과 가지가 돋는다.

분포

전국 각처에 분포한다.

생태

여러해살이풀이다. 산기슭의 풀밭이나 밭둑에서 흔히 자란다.

이용방안

어린 잎을 나물로 한다. 전초는 삼엽위릉채, 뿌리는 삼엽위릉채근이라 하며 약용한다.

특징

양지꽃과 비슷하나, 작은 잎이 3장으로 된 겹잎인 점이다.

소리쟁이

잎

근생엽은 모여나기하고 긴 엽병이 있으며 난상 긴 타원형이고 길이 10~25cm, 폭 4~10cm로서 둔두이며 심장저이고 가장자리가 물결모양이다. 줄기잎은 어긋나기하며 위로 올라갈수록 엽병이 짧고 잎도 작으며 전체적으로 털이 없거나 줄기에 털같은 돌기가 있다.

꽃

» 꽃은 양성으로 5~7월에 피고 윗부분 또는 가지 끝의 원뿔모양꽃차례에 많은 낱꽃이 돌려나기하며 연한 녹색이고 군데군데 잎같은 포가 있다. 화피열편과 수술은 6개이며 꽃잎은 없고 암술대는 3개이며 암술머리가 잘게 찢어진다.

» 안쪽 줄의 3개의 화피열편은 자라서 넓은 달걀모양의 열매를 둘러싸고 가장자리에 잔톱니가 있으며 뒷면에 길이 2~2.5mm의 사마귀 같은 돌기가 있다.

열매

수과는 넓은 난상 삼각형이고 길이 2.5mm정도로서 짙은 갈색이며 윤채가 있다. 3조각의 숙존악에 싸여 있고 숙존악은 날개모양이다.

줄기

높이 40~100cm이고 줄기는 녹색이며 곧고 종선이 많다.

뿌리

뿌리는 다소 비대하며 황색이고 땅속 깊이 들어간다. 양제근(羊蹄根)이라 한다.

분포

전국 각처에 분포한다.

생태

여러해살이풀이다.

이용방안

뿌리는 양제, 잎은 양제엽, 열매는 양제실이라 하며 약용한다.

속속이풀

🍁 잎

근생엽은 뭉쳐나 로제트형으로 되고 길이 7~15cm, 폭 15~30mm로서 깊게 우상으로 갈라지며 엽병과 톱니가 있다. 엽병은 길이 6~17cm이다. 꼭대기열편이 가장 크며 달걀모양이고 옆열편은 아래로 점차 없어진다. 줄기잎은 어긋나기하고 엽병이 없으며 밑부분이 이저로서 갈라지거나 갈라지지 않고 톱니가 있으며 피침형이다.

  꽃

꽃은 5~6월에 피고 황색이며 가지 끝과 원줄기 끝에 지름 5mm가량의 십자모양 꽃부리가 총상으로 달리고 꽃차례는 길이 5~15cm이며 꽃자루는 길이 5~7mm

로서 옆으로 퍼지거나 밑으로 약간 젖혀진다. 꽃받침조각은 4개이며 긴 타원형이고 길이 2mm정도이다. 꽃잎도 4개이며 주걱모양으로서 꽃받침보다 약간 길고 황색이며 넷긴수술과 1개의 암술이 있다.

열매

단각과는 긴 타원형 또는 긴 타원상 원주형으로서 길이 4~6mm, 폭 2~2.5mm이고 6~7월에 익는다. 소과경은 열매와 길이가 거의 비슷하며 암술대가 매우 짧다. 종자는 길이 0.5mm가량이고 달걀모양이며 담갈색이다.

줄기

높이 30~60cm이며 전체에 털이 없고 줄기는 곧추서거나 비스듬히 자라며 윗부분에서 가지를 많이 친다.

분포

전국 각처에 분포한다.

생태

2년생 초본이다. 도랑 주변, 논두렁 등 낮은 지대 습윤지에서 자란다.

이용방안

» 어린순을 나물로 식용한다.
» 전초를 풍화채라 하며 약용한다.

솜방망이

🍁 **잎**

근생엽은 로제트형으로 퍼지고 개화기까지 남아 있으며 긴 타원형 또는 도란상 긴 타원형이고 길이 5~10cm, 너비 1.5~2.5cm로서 끝은 둔하며 밑부분이 좁아져서 엽병처럼 되고 가장자리가 밋밋하거나 잔톱니가 있으며 양면에 많은 솜털로 덮여 있기 때문에 솜방망이라고 한다. 줄기잎은 위로 갈수록 점점 작아지고 기부의 잎은 거꿀피침모양이며 둔두이고 길이 7~11cm, 너비 1~1.5cm로서 반 정도 원줄기를 얼싸 안으며 밑으로 흐른다.

 꽃

꽃은 5~6월에 피고 지름 3~4cm로서 3~9개가 산방상 또는 산형 비슷하게 달리며 화경은 길이 1.5~5cm로서 백색 털로 덮여 있다. 총포는 통형이고 길이 8mm, 폭 11mm이며 비늘잎은 끝이 뾰족한 피침형이고, 혀꽃은 1줄로 배열 되는데 길이가 12~16mm, 폭은 2~3mm로 황색이다.

열매
수과는 길이가 2.5mm이며, 원통형이고 털이 밀생한다. 관모는 길이 11mm로 설백색이 난다.

줄기
높이 20~65cm이며 곧게 자라고, 원줄기는 화경상(花莖狀)으로 거미줄같은 백색 털이 밀생하며 자줏빛이 돈다.

뿌리
잔뿌리가 사방으로 내린다.

분포
전국 각처에 분포한다.

생태
여러해살이풀로 관화식물이다. 비교적 토양은 가리지 않는 편이다.

이용방안
어린 순은 식용한다. 솜방망이/물솜방망이의 전초는 구설초, 뿌리는 구설초근이라 하며 약용한다.

쇠채아재비

 잎

잎은 어긋나기하며 선상피침형이고 길이 20~30㎝, 기부는 폭이 1㎝정도로 줄기를 반쯤 둘러싸며 끝부분은 뾰족하고 어릴 때는 솜털이 덮이지만 자라면 털이 없어진다.

꽃

꽃은 5~6월에 가지 끝에 머리모양 꽃차례가 핀다. 머리모양 꽃차례 바로 밑의 꽃대는 넓쩍하게 자란다. 총포는 종형이며 길이 4㎝, 폭 1.3㎝로 8~13개의 같은 모양의 총포조각이 1열로 배열되며 혀꽃보다 길이가 길다. 혀꽃은 담황색이고 길이 2.5~3㎝이다.

열매
수과는 길이 2㎝내외이고 가는 방추형으로 8개정도의 능선이 있고 능선위에 작은 돌기물이 있으며 길이 3㎝정도의 자루 끝에 관모가 붙는다. 관모는 백색이며 우상으로 갈라진다.

줄기
줄기는 높이 30~100㎝로 중공(中空)이다.

뿌리
뿌리는 원뿌리이다.

분포
충청북도 단양

생태
두해살이풀이다.

이용방안
뿌리를 식용한다.

애기금매화

🍁 잎
근생엽은 원심형이며 길이와 폭이 각각 4~12cm로서 털이 없고 5개로 깊게 갈라지며 열편은 거꿀달걀모양이고 가장 자리에 결각상의 톱니가 있으며 원줄기에 엽병이 없는 잎이 2~3개 달리고 근생엽과 비슷하지만 작다.

❀ 꽃
꽃은 5월에 피며 지름 4cm정도로서 황색이고 원줄기나 가지끝에 1개씩 달린다. 꽃받침조각은 5~7개로서 꽃잎같고 옆으로 퍼지며 타원형이고 길이 2~3cm이다. 꽃잎은 선상 피침형이며 수술보다 짧고 수술 및 암술은 많다.

열매

골돌은 여러개가 머리모양으로 모여 달리고 끝에 암술대가 붙어 있으며 암술대는 길이 2.5~4mm이다.

줄기

높이 30~60cm이다.

뿌리

뿌리에서 2~3개의 엽병이 긴 잎이 나온다.

분포

북부 지방

생태

여러해살이풀이다. 고산지대의 습기가 있는 초원에서 자란다.

이용방안

관상용으로 이용한다.

애기노랑토끼풀

🍁 잎

잎은 3소엽으로 잎자루는 2~5㎜이고 소엽은 거꿀달걀모양으로 가볍고 두(頭)와 기부는 쐐기꼴로 길이 6~10㎜이다. 탁엽은 난상피침형이며 예첨두 기부는 줄기를 둘러싼다.

꽃

꽃대는 줄기보다 길고 5~15개의 작은 황색 접형화(蝶形花)가 둥글게 뭉쳐서 핀다. 접형화의 폭은 5㎜이고 길이는 7㎜내외이다. 꽃부리는 길이 3㎜내외로 담황색이고 기변(旗弁)은 긴타원모양으로 5~7개의 뚜렷한 맥이 있다.

줄기

줄기의 길이 20~40㎝로 지면으로 눕거나 비스듬이 자라고 털이 없다.

 분포

서울 한강

 생태

한해살이풀이다.

 특징

박수현에 의해 1992년 서울 한강철교 둔치에서 처음으로 발견되어 미기록종으로 발표된 귀화식물이다(박, 1992). 국내에 분포하는 토끼풀속(Trifolium) 식물 중에서 꽃이 노란색이므로 구분된다.

애기달맞이꽃

🍁 **잎**

잎은 깊게 우상분열 혹은 드물게 얕은 물결모양의 거치이다.

 꽃

꽃은 직경 2㎝이고 꽃받침은 담녹색이고 4장이다. 하부는 길이 2㎝정도의 통으로 되어있다. 꽃잎은 황색으로 시들면 황적색으로 변하고 직경 1㎝내외로 4개이다. 씨방하위고 원주형이며 길이는 2㎝이다. 선단쪽이 크고 얕은 4개의 구 가 있고 비스듬히 선 털이 많다. 화기는 5~6월이다.

열매
종자는 길이 0.5㎝이다.

줄기
줄기는 분지가 많으며 비스듬히 서고 높이 약 40㎝이며 선 털이 많다.

분포
제주도 남쪽 해안가

생태
두해살이풀이다. 바닷가 모래땅에서 자란다.

이용방안
관상용으로 심을만하다.

특징
근래에 도래한 유럽 원산인 식물로 달맞이꽃에 비해 아주 작아서 애기달맞이꽃이라고 한다.

애기 참바디

🍁 잎

근생엽은 원신형이며 폭 3~7cm로서 3개로 갈라지고 양쪽 열편이다. 2개로 갈라지며 열편은 거꿀달걀모양이고 다시 2~3개로 얕게 갈라지며 가장자리에 톱니가 있고 엽병은 길이 5~15cm이다. 줄기잎은 2개가 마주나기하며 엽병이 없고 근생엽보다 작으며 그 사이에서 1~3개의 소산화서가 발달한다.

꽃

꽃은 5월에 피고 백색이며 화경은 길이 1~3cm로서 끝에 소산화서가 달리고 소총포는 선상 피침형이며 길이 4~10mm로서 옆으로 퍼지고 수꽃은 10개 내외이며 길이 2~3mm의 화경이 있고 꽃받침조각보다 2~3배 길다. 꽃받침조각은 피침형이다.

🍒 열매
열매는 1~4개씩 달리고 꽃받침과 더불어 길이 3.5mm정도로서 윗부분에 곧은 가시가 있으나 밑부분의 것은 혹처럼 튀어나올 정도이다.

🌳 줄기
높이 8~20cm이다.

뿌리
근경이 굵고 짧다.

분포
전라남도 완도, 경상남도 통영, 경기도 광릉, 가평

생태
여러해살이풀이다. 산지에 자란다.

염주괴불주머니

🍁 잎
잎은 어긋나기하고 넓은 난상 삼각형이며 길이와 나비가 각 10~25cm로서 대개 엽병이 있고 2~3회 3출우상엽이며 열편은 난상 쐐기모양이고 결각이 있다.

꽃
꽃은 4~5월에 피며 길이 15~20mm로서 황색이고 한쪽이 순형으로 벌어지며 다른 한쪽은 거로 되고 총상꽃차례는 길이 5~10cm이며 끝에 달린다. 포는 피침형으로서 꽃자루와 길이가 거의 비슷하고 수술은 6개이며 2개로 갈라진다.

열매

열매는 삭과로서 넓은 선형이며 길이 25~35mm, 지름3~4mm이고 염주처럼 잘록 잘록하며 종자는 흑색이고 1줄로 배열되며 돌기가 밀생한다.

줄기

전체에 분백색이 돌고 높이 40~60cm이며 자르면 불쾌한 냄새가 난다.

분포

전국 각처에 분포한다.

생태

두해살이풀이다. 바닷가 모래땅에서 자란다.

특징

전체가 분백색, 자르면 불쾌한 냄새가 난다.

옥잠난초

🍁 **잎**

잎은 2개가 전년도의 줄기 옆에서 나오며 타원형 또는 긴 타원형이고 길이 5~12㎝, 나비 2.5~5㎝로서 가장자리에 주름이 지고 밑부분이 엽병의 날개처럼 되어 서로 마주 안는다.

 꽃

꽃은 5~7월에 피고 연한 녹색이지만 자줏빛이 돌며 꽃대는 높이 15~30cm로서 능선에 좁은 날개가 있고 5~15송이의 꽃이 드물게 붙는다. 포는 난상 삼각형이며 길이 1~1.5mm이다. 꽃받침은 길이 5.5~6.5mm로서 끝이 둔하고 좁은 타원형이며 꽃잎은 선형이고 꽃받침과 길이가 거의 비슷하며 아래로 드리워지고 중앙부에 얕은 홈이 있다. 입술 모양꽃부리는 중앙 윗부분에서 뒤로 젖혀지고 판연은 나비 5mm로서 끝이 약간 뾰족하며 자웅예합체는 길이 3mm로서 낮은 능선이 있고 윗부분에 좁은 날개가 있다.

 열매

삭과는 대가 있으며 곧추서고 길이 10~15mm이다.

 줄기

높이 20~31cm이다.

 뿌리

알줄기는 지름 1~1.5cm이다. 가짜 비늘줄기는 난상 구형이며 흔히 지상에 나와 있고 마른 엽병으로 싸여있다.

분포

전국 각처에 분포한다.

생태

여러해살이풀이다. 숲속에서 자란다.

유채

🍁 잎

잎은 피침형이고 끝이 둔하다. 아래쪽 줄기에 달린 잎은 긴 잎자루가 있으며 잎 가장자리는 깊게 갈라진다. 끝이 둔한 치아모양톱니가 있으며 표면은 매끄러우며 녹색이고 뒷면은 흰빛이 돌며 엽병에 자줏빛이 도는 것도 있다. 위쪽 줄기에 달린 잎은 밑부분이 귀처럼 처져서 원줄기를 둘러싸고 넓은 피침형이며 잎자루가 없고 끝은 가늘고 갈라지지 않는다. 서양종의 잎은 두껍고 가죽질이며, 보통종은 연한 녹색이고 잎살이 비가죽질이다. 줄기에는 보통 30~50개의 잎이 붙는다.

꽃

꽃은 3~4월에 원뿔모양꽃차례를 이루며 가지 끝에 달린다. 약 10cm길이의 꽃대를 가진 홑꽃이 핀다. 꽃잎은 끝이 거꿀달걀모양이고 길이 10mm이며, 6개의 수술 중 4개는 길고 2개는 짧으며, 암술은 1개이다. 꽃받침조각은 피침형의 배같고 4개로 갈라지며 길이 6mm이다. 성숙한 이삭 길이는 가지의 위치, 재식방법, 품종 등에 따라 다르나 대개 35~45cm이고 한 이삭에 30~40개의 열매가 달린다.

열매

열매는 각과로서 길이 8cm 가량의 원통 모양이다. 중앙에는 봉선이 있으며 완숙하면 봉선이 갈라져서 종자가 떨어 진다. 속은 2실로 되고 투명한 격막으로 갈라지며, 보통 20개 가량의 짙은 갈색 종자가 들어 있다. 끝에 긴 부리가 있고 원주형이며 익으면 흑갈색 종자가 나온다.

줄기

원줄기에서는 15개 안팎의 1차곁가지가 나오고, 이 가지에서 다시 2~4개의 2차 곁가지가 나온다.

분포

제주도와 남부지방

생태

따뜻한 곳에서 자란다.

이용방안

관상용으로 심으며, 잎과 줄기를 식용하고, 종자는 기름을 짠다. 유채기름은 카놀라유(canola)라 하여 식용하는데, 바이오디젤 원료로서 수요가 늘고 있으며, 중국, 캐나다, 인도 등지에서 대량으로 재배한다.

잔개자리

🍁 잎

잎은 어긋나기하고 엽병이 있으며 우상 3출복엽이다. 소엽은 거꿀달걀모양 또는 원형이며 양끝이 둥글거나 넓은 예저이고 길이 7~17mm, 폭 6~15mm로서 앞뒷면에 털과 샘털이 있고 윗가장자리에 잔톱니가 있다. 탁엽은 반달걀모양이고 가장자리는 톱니가 있거나 밋밋하며 밑부분이 엽병과 이합한다.

꽃

잎겨드랑이에서 긴 화경이 나와서 끝에 많은 꽃이 두상의 총상꽃차례로 달리며 꽃은 5~7월에 피고 길이 2~4.5mm로서 황색이다. 꽃받침은 5갈래며 조각은 피침형으로 꽃받침 통보다 길다. 기꽃잎은 둥글고 끝이 오목하며 날개꽃잎은 기꽃잎보다 짧으나 용골꽃잎과는 길이가 같다.

🍒 열매
협과는 콩팥모양으로서 180°가량 말리며 밋밋하지만 종선이 있고 흑색으로 익으며 1개의 종자가 들어있다.

🌱 줄기
줄기는 가늘어서 눕거나 비스듬히 자라며 부드러운 털과 샘털로 덮인다.

📍 분포
전국 각처에 분포한다.

🌾 생태
1년생 또는 두해살이풀이다.

💡 이용방안
녹비 또는 목초자원용.

젓가락나물

🍁 잎

근생엽은 엽병이 길며 3출복엽으로서 폭 5~8cm이지만 위로 갈수록 엽병이 짧아지고 잎도 작아지며 3개로 완전히 갈라진다. 소엽은 3개로 깊게 갈라지고 다시 2~3개로 갈라지며 최종열편은 거꿀피침모양 예두(銳頭)로서 뾰족한 톱니가 있고 양면에 복모가 있다.

꽃

꽃은 5~8월에 피며 지름 6~8mm로서 황색이고 줄기나 가지끝에서 취산꽃차례로 핀다. 꽃자루에 복모가 있으며 꽃받침조각은 5개이고 좁은 달걀모양으로서 아래로 젖혀지며 뒷면에 거센 털이 있다. 꽃잎도 이와 비슷하며 수평으로 퍼지고 밑부분에 소비늘조각이 있다. 수술과 암술은 여럿이고 암술대는 짧으며 곧다.

열매

수과는 길이 3~3.5mm로서 타원형이며 양쪽 가장자리 근처에 희미한 능선이 있고 여럿이 꽃턱에 달려 길이 10~15mm, 폭 7~8mm의 긴 타원형의 취과(聚果)를 이루며, 6~7월에 익는다. 꽃턱은 길이 6~9mm이고 백색털이 있다.

줄기

전체에 퍼진 털이 있으며 곧게 서고 높이 40~60cm로서 많은 가지가 갈라지며 속은 비어 있다.

뿌리

근경은 짧고 끝에 근생엽이 뭉쳐 난다.

분포

전국 각처에 분포한다.

생태

2년생 초본이다.

이용방안

젓가락풀, 왜젓가락나물의 전초를 회회산이라 하며 약용한다.

좀씀바귀

 잎

잎은 어긋나기하고 난상 원형, 넓은 달걀모양 또는 넓은 타원형이며 양끝이 둥글고 길이 7~20mm, 나비 5~15mm로서 가장자리가 밋밋하거나 톱니가 약간 있으며 엽병은 길이 1~5cm이다.

꽃

» 꽃은 5~6월에 피고, 개화기의 화경은 길이 8~15cm로서 2~3개로 갈라지며 보통 잎이 없고 머리모양 꽃차례는 1~3개이며 지름 2~2.5cm로서 황색이다.
» 총포는 길이 8~10mm이고 내포편은 9~10개이다.

🍒 열매
수과는 좁은 방추형이고 길이 3mm정도로서 좁은 날개 및 같은 길이의 부리가 있으며 관모는 백색이고 길이 5mm정도이다.

🌳 줄기
높이가 10cm 가량으로 줄기가 길게 벋으면서 가지가 갈라진다.

🌱 뿌리
근경이 갈라져 옆으로 뻗으면서 번식한다.

분포
전국 각처에 분포한다.

🌾 생태
여러해살이풀이다. 산 능선을 따라서 또는 길가나 숲 가장자리에 자란다.

💡 이용방안
어린 순을 나물로 먹고, 전초는 열을 내리고 해독 등의 약초로도 이용한다.

좁쌀냉이

잎
잎은 어긋나기하며 엽병이 있고 홀수깃모양겹잎으로 갈라지며 열편에 불규칙한 톱니가 있다.

꽃
꽃은 4~5월에 피고 흰색으로서 가지 끝이나 원줄기 끝에서 낱꽃이 총상꽃차례에 달린다. 꽃받침조각과 꽃잎은 각 4개이며 6개의 수술 중 2개는 짧다.

열매
열매는 장각과, 길이 2cm로서 작은 종자가 많이 들어 있으며 2개로 잘 터진다.

줄기
높이가 20cm에 달하고 곧추 자라며 전체에 털이 있고 가지가 갈라지지만 황새냉이처럼 길게 뻗지는 않는다.

분포
전국 각처에 분포한다.

생태
두해살이풀이다. 건조한 곳에서 자란다.

이용방안
어린 순을 나물로 한다.

죽대

잎

잎은 어긋나기하고 이열로 나며 달걀모양 또는 장 타원형으로 길이 6~11cm이고 양끝이 좁아지며 가장자리는 밋밋하고 양면에 털이 없으며 뒷면은 회백색이고 엽병은 짧다.

꽃

꽃은 5~6월에 피고 누른빛과 푸른빛이 도는 백색이고 잎겨드랑이에 난 화경 기부가 짧게 줄기와 동합하여 잎 뒤로 비스듬히 나가나 꽃의 무게로 활이 밑으로 굽는다. 화통은 길이 15~20mm이고 끝이 6개로 얕게 갈라지며 수술대는 중부까지 화통에 동합하고 다세포의 길고 부드러운 털이 밀생한다.

🍒 열매
장과는 구형이고 흑자색으로 익는다.

🌳 줄기
줄기는 곧추서나 상부는 비스듬히 올라가며 능각이 있다.

🌱 뿌리
근경은 옆으로 뻗고 마디사이가 짧으며 지름 3~8mm이다.

🗺 분포
충청북도(속리산), 경상북도 이남에 분포한다.

🌿 생태
여러해살이풀이다. 산지에 자란다.

참새귀리

🍁 **잎**

편평하고 길이 15~30cm, 폭 3~6mm로서 엽초와 더불어 퍼진 털이 있으며 잎혀는 반원형으로서 길이 1~2.5mm이다. 엽초는 좌우 가장자리가 붙어 통모양이다.

 꽃

꽃은 5~7월에 피고 원뿔모양꽃차례는 길이 10~25cm로서 넓은 달걀모양이며 다소 밑으로 처지고 가지가 각 마디에서 4~6개씩 달린다. 소수는 편평하고 긴 타원형이며 길이 15~25mm, 폭 6~8mm로서 6~10개의 꽃이 들어있고 연한 녹색이다. 포영은 잔점이 있으며 첫째 포영은 길이 5~7mm로서 3맥이 있다. 둘째 포영은 길이 7~8mm이며 7~9맥이 있다. 호영은 포영보다 약간 길고 9맥이 있으며 둔두이고 끝이 얕게 2개로 갈라지며 가장자리와 중앙 윗부분에 둔한 돌기가 있고 끝에서부터 1.5~2.5mm밑에서 까락이 발달하며 밑부분의 것은 길이 2~3mm로서 곧으나 윗부분의 것은 뒤로 젖혀지고 길이 12mm정도이다. 내영은 길이 7~8mm이다.

줄기
높이 30~70cm이며 털이 많고 속이 비어 있다.

분포
전국 각처에 분포한다.

생태
한해살이풀이다. 볕이 잘 드는 빈터나 길가에서 자란다.

이용방안
경엽을 작맥, 종자를 작맥미라고 하며 약용한다.

큰꼭두선이

잎

잎은 4개가 돌려나기하며 달걀모양 예두 원저이고 길이 6~10cm, 폭 2.5~5cm로서 털이 없으며 끝을 향한 5~7맥이 있고 가장자리가 밋밋하며 엽병은 길이 1~2cm이다.

꽃

꽃은 5~6월에 피고 백색이며 원뿔모양꽃차례는 윗부분의 잎겨드랑이와 끝에 달리고 꽃자루가 있으며 꽃받침에 털이 없고 열편은 뚜렷하지 않으며 꽃부리는 5개로 갈라지고 지름 3~4mm이다. 수술은 5개이고 씨방에 털이 없으며 1개의 암술이 있다.

🍒 열매
지름 약 5mm인 장과이며 흑색으로 익는다.

🌳 줄기
높이 30~60cm이고 곧게 서거나 옆으로 비스듬히 넘어지며 가시나 털이 없다.

🌱 뿌리
가는 근경이 있다.

🇰🇷 분포
전국 각처에 분포한다.

🌾 생태
여러해살이풀이다. 깊은 산지에서 자란다.

💡 이용방안
꼭두서니/큰꼭두서니/갈퀴꼭두서니의 뿌리 및 근경을 천초근, 경엽은 천초경이라 하며 약용한다.

큰방가지똥

🍁 잎

근생엽은 로제트형으로 퍼지고 꽃이 필 때 쓰러지며 줄기잎은 어긋나기하고 우상으로 갈라지거나 날카롭고 불규칙 한 톱니가 있으며 밑부분이 둥글고 원줄기를 감싼다.

꽃

꽃은 5~7월에 피며 황색이고 원줄기 끝과 가지 끝에 여러 개의 꽃이 달리며 머리모양 꽃차례는 지름 2cm정도로서 혀꽃으로 된다. 총포는 달걀모양이고 길이 1.2~1.3cm이며 총포조각은 바깥 것이 가장 짧다.

🍒 열매
수과는 난상 타원형이고 편평하며 양쪽에 3개의 능선이 있고 주름이 없으며 길이 7~8mm이고 관모는 약간 흑백색이며 길이 7~8mm이다.

🌱 줄기
높이 40~120cm이며 원줄기는 굵고 속이 비어 있으며 줄이 있고 남색이 도는 녹색이며 자르면 젖같은 백색 유액이 나온다.

분포
전국 각처에 분포한다.

생태
두해살이풀이다. 도시의 빈터 또는 인가 주변에서 자란다.

피나물

🍁 잎

근생엽은 엽병이 길며, 5~7개 갈라진 우상복엽이고 소엽은 넓은 달걀모양이며 작은잎자루가 있고 길이1.5~5cm, 폭1.2~3cm로서 가장자리에 불규칙한 결각상의 거치가 있으며 줄기잎은 어긋나기하고 5개의 소엽으로 되어 있다.

🌼 꽃

4~5월에 선명한 노란색 꽃이 피며, 원줄기 끝의 잎겨드랑이에서 1~3개의 긴 화경 (花莖)이 나오고 끝에 1송이씩 달린다. 화경에 몇 개의 잎이 달린다. 꽃받침 조각은 2개로 달걀모양이며 길이 16mm정도로서 일찍 떨어지고 꽃잎은 4개이며 난상 원형이고 길이 2.5cm로서 윤채가 있는 황색이며 그 속에 많은 수술과 1개

의 암술이 있다.

🍒 열매
삭과로서 길이 3~5cm, 직경 3mm정도이고 많은 종자가 들어 있다.

🌳 줄기
줄기는 30cm정도 자라며, 근생엽과 길이가 거의 비슷하다. 자르면 황적색의 유액이 나오고 다세포로 된 곱슬털이 있다.

🌱 뿌리
근경은 짧으며 굵고 옆으로 자라며 많은 뿌리가 있다.

분포
경기도 이북 지역

생태
여러해살이풀로 관화식물이다. 산지에서 자란다.

💡 이용방안
독성이 있으나, 어린 순은 식용하며, 전초는 약으로 쓰인다.
피나물, 매미꽃의 뿌리를 하청화근이라 하며 약용한다.

회리바람꽃

🍁 잎

근생엽은 없다. 총포조각은 3개로서 돌려나기하며 포는 3개로 완전히 갈라지고 열편은 우상으로 갈라지며 가장자리에 결각상의 톱니가 있고 중앙부의 양면에 흰색의 긴 털이 있으며 양끝이 좁고 길이 3~7cm, 폭 9~25mm로서 피침 형이며 양쪽 열편이다. 2개로 갈라지는 것도 있다.

🌼 꽃

» 근경끝에서 꽃대가 나와 높이 20~30cm정도 자란다. 꽃은 5월에 피고 꽃은 줄기 끝에 1~4개씩 피며, 노란색이다. 꽃자루는 길이 2~3cm이며, 겉에 털이 난다.

» 꽃을 받치고 있는 포엽은 3장이며, 3갈래로 완전히 갈라진다. 꽃받침잎은 5장

이며, 노란색이고, 꽃이 필 때 뒤로 완전히 젖혀지므로 꽃에 노란 수술만 있는 것처럼 보인다. 수술과 암술은 많으며, 암술은 녹색을 띤다.

열매
열매는 수과이다.

뿌리
근경은 지름 2mm정도이고 육질이며 옆으로 자라고 끝에서 1개의 꽃대가 나온다.

분포
중부이남

생태
여러해살이풀이다. 산지 숲 속에서 자란다.

02
하얀색 꽃

가는네잎갈퀴

잎

잎은 4장씩 돌려나기하고 그 중 2개는 정상엽이며 2개는 탁엽이고 긴 타원형 또는 거꿀피침모양으로서 크기가 고르지 않으며 끝이 둥글거나 둔하고 가장자리와 뒷면 맥위에 밑을 향한 짧은 가시가 있다.

꽃

꽃은 5~7월에 피며 백색이고 취산꽃차례는 끝부분의 잎겨드랑이와 원줄기 끝에 드문드문 달리며 꽃자루가 있다. 꽃 부리는 3~4개로 갈라지고 수술은 3~4개이다.

🍒 열매

열매는 7~9월에 익는다. 2개씩 합쳐지고 분과는 거의 둥글며 털도 돌기도 없다. 높이 15~40cm로 자란다.

🌿 줄기

높이 15~40cm이며 줄기는 가늘고, 능선에 밑을 향한 가시가 있으며 밑부분이 옆으로 눕기도 한다.

분포

함경남·북도, 강원도, 전라남도, 제주도

생태

여러해살이풀이다. 산과 들의 습지에서 자란다.

가래바람꽃

잎
줄기잎은 마주나며, 잎자루는 없고 가장자리에는 날카로운 톱니가 있다. 포엽은 2장이 마주 붙으며, 3갈래로 거의 밑부분까지 갈라진다.

꽃
» 꽃은 2갈래로 갈라진 꽃대 끝에 보통 1개씩 핀다. 꽃받침잎은 5장으로 타원형 또는 도란형, 길이 0.7~1.5cm, 폭 7~8mm, 흰색 또는 연한 붉은색이다.
» 꽃잎은 없다. 암술은 30개이다.

열매
열매는 수과, 편평한 난형이다.

줄기
전체에 잔털이 있다. 뿌리줄기는 가늘고 길며 옆으로 뻗는다. 줄기는 곧추서며, 꽃대를 포함한 전체 높이는 40~80cm이다. 줄기 윗부분은 보통 2개씩 가지를 친다. 줄기 밑부분에는 비늘잎이 몇 개 있으며, 뿌리잎은 없다.

분포
북부지방

생태
여러해살이풀이다. 산기슭이나 산골짜기에 자란다.

이용방안
민간에서 전초를 종창, 통증, 염증, 관절염에 약재로 쓴다.

각시둥굴레

잎
잎은 어긋나며, 2줄로 배열되고, 긴 타원형, 길이 4~7cm, 폭 1.5~3cm, 가장자리와 뒷면 맥 위에 돌기 같은 털이 난다.

꽃
꽃은 5~6월에 핀다. 잎겨드랑이에서 난 꽃자루에 1개씩 아래를 향해 피며, 연둣빛을 띤 흰색, 길이 1.5~1.8cm이다. 꽃자루는 길이 7~15mm이다. 화관은 종 모양이며, 끝이 6갈래로 갈라진다. 수술은 6개이며, 수술대에 잔 돌기가 조금 있고, 꽃밥은 삼각상 피침형으로 수술대보다 조금 짧다.

열매
열매는 장과, 둥글고, 검게 익는다.

줄기
뿌리줄기는 가늘고, 길게 옆으로 벋는다. 줄기는 곧추서며, 높이 15~30cm, 곁에 능선이 있다.

분포
중부 이북

생태
여러해살이풀이다. 산속의 경사면, 밭둑에 자란다.

이용방안
갓 자라난 어린줄기와 잎을 나물이나 국거리로 이용한다. 근경을 말린 것을 옥죽(玉竹)이라 하며 혈압강하, 강심, 혈당저하 작용이 있어 생약으로 이용된다.

하얀색 꽃

개구리발톱

잎

잎은 줄기 아래쪽의 뿌리 부근에서 몇 장이 나며, 잎자루가 길고, 3출겹잎이다. 작은잎은 잎자루가 짧고, 3갈래로 깊게 갈라진다. 잎 뒷면은 보랏빛이 조금 돈다.

꽃

꽃은 3~5월에 핀다. 꽃자루가 아래로 구부러져 밑을 향해 피며, 종 모양, 분홍빛이 조금 도는 흰색, 지름 4~5mm, 활짝 벌어지지 않는다. 꽃받침잎은 5장, 길이 5~7mm이다. 꽃잎은 5장, 길이 2.5~3mm, 밑부분이 통처럼 되고 짧은 거가 있다. 수술은 9~14개, 안쪽 몇 개는 납작한 헛수술로 된다. 암술은 3~5개, 암술대가 없다.

열매
열매는 골돌과, 길이 5~6mm이다.

줄기
줄기는 가지가 갈라지며, 높이 13~35cm, 털이 있다.

분포
남부지방, 제주도

생태
여러해살이풀이다. 숲 속에서 자란다.

이용방안
한방에서는 전립선비대증, 요로결석, 림프선염, 치질, 자궁염, 임질, 경기, 간질 등에 사용한다. 또한 민간에서는 뱀이나 벌레 등에 물렸을 때 찧어서 상처에 붙인다.

개머위

잎

근생엽은 콩팥모양이고 길이 3~5.5㎝,나비 5~9㎝이다. 양면에 꼬부라진 털이있고 가장자리에 치아모양톱니가 있으며 엽병은 길이 9~11cm로서 꼬부라진 털이 있다.

꽃

자화서(雌花序)는 꽃이 진 다음 길이 17~32cm로 자라고 거미줄같은 털이 밀생하며 포는 긴 타원형이고 길이 1.52cm로서 밑부분의 것은 끝이 둔하지만 윗부분의 것은 뾰족하다. 머리모양꽃차례는 8~9개이며 화경은 길이 6cm이고 윗부분에 5~6개의 선상 작은포가 있으며 총포는 길이 7mm이고 포편은 2줄로 배열된다. 암꽃의 꽃부리는 길이 7.5~9mm이며 설상부는 길이 1.5mm로서 끝이 2~3개로 갈라지고 판통은 길이 6.5mm이다.

 열매

수과는 긴 타원형이며 길이 3.5mm로서 털이 없고 끝이 수평하며 밑으로 좁아지고 관모는 길이 9~11mm로서 백색 이다.

 뿌리

근경이 옆으로 길게 뻗어있다.

 분포

강원도 이북의 산지에 분포

생태

여러해살이풀이다. 산지의 자갈밭에서 자란다.

개미자리

🍁 잎

잎은 마주나기하며 침형이고 길이 7~18mm, 폭 0.8~1.5mm로서 약간 편평하며 가장자리가 밋밋하고 밑부분은 막질이며 서로 합쳐져서 마디를 둘러싸며 짙은 녹색이다.

🍁 꽃

꽃은 3~6월에 피고 백색이며 줄기 위 잎겨드랑이에서 긴 화경이 나와 화경 끝에 각 1송이씩 달리지만 가지 끝에 취산꽃차례를 형성하고 꽃받침열편은 5개이며 길이 2mm정도로서 타원형이고 끝이 뭉뚝하며 짧은 샘털이 있다. 꽃잎도 5개이며 달걀모양이고 갈라지지 않으며 꽃받침과 길이가 같거나 약간 짧고 원두이다.

수술은 5~10개이며 씨방은 난상 원형으로서 끝에 5개의 암술대가 있다.

열매

삭과는 난상 구형이며 꽃받침보다 약간 길고 5개로 깊게 갈라져서 종자가 나오며 숙존악이 있다. 종자는 작고 넓은달걀모양이며 길이 1/3mm정도로서 전면에 잔돌기가 산포되어있고 짙은 갈색이다.

줄기

높이 2~20cm이고 밑에서 가지가 많이 갈라져서 여러 대가 한 포기로 되며 윗부분에만 짧은 샘털이있고 다른 부분에는 털이 없다.

분포

전국 각처에 분포한다.

생태

1년 내지 두해살이풀이다. 정원의 그늘진 곳이나 햇볕이 잘 쬐는 밭이나 길가에서도 자란다.

이용방안

» 전초를 칠고초라 하며 약용한다.

개별꽃

🍁 잎

잎은 마주나기하며 윗부분의 잎이 특히 커지지 않고 거꿀피침모양이며 길이 10~40mm, 폭 2~4mm로서 예두이고 밑부분이 좁아져서 엽병처럼 된다.

🌼 꽃

꽃은 5월에 피며 꽃자루는 길이 2~3cm로서 한쪽에 털이 줄지어 돋고 1개의 백색 꽃이 위를 향해 달린다. 꽃받침조각은 5개이며 꽃잎도 5개로서 거꿀달걀모양이고 길이 6mm이며 원두 또는 둔한 절두이다. 수술은 10개이고 꽃밥은 황색이며 씨방에 3개로 갈라진 암술대가있고 지면 가까이에 닫힌꽃이 몇 개씩 달리며 대가 있다.

열매
삭과는 난상 원형이고 3개로 갈라져서 세립 종자를 산출한다.

줄기
원줄기는 1~2개씩 나오고 높이 8~12cm로서 줄로 돋은 털이 있으며 가늘고 길며 곧게 선다.

뿌리
방추형의 덩이뿌리가 1~2개씩 달린다. 뿌리를 태자삼(太子蔘)이라 한다.

분포
전라남도, 경상남도, 충청북도, 강원도, 경기도

생태
여러해살이풀이다. 신갈나무 숲 또는 그 가장자리에 자란다.

이용방안
어린 순을 나물로 한다. 덩이뿌리를 태자삼이라 하며 약용한다.

개지치

🍁 **잎**

잎은 흰색의 거센 털이 많고 어긋나기하며 엽병이 없다. 좁은 피침형 또는 넓은 선형이고 길이 1~3cm, 폭 1~3(7)mm로서 끝이 둔하며 1맥이 있고 때로 가장자리가 밋밋하나 뒤로 약간 말린다.

🌼 **꽃**

꽃은 5~6월에 피며 백색으로서 윗부분의 잎겨드랑이에 지름 3~4mm의 꽃이 1개씩 달리고 꽃자루가 극히 짧으며 꽃받침은 5개로 깊게 갈라지고 넓은 선형으로서 끝이 둔하며 판통보다 다소 짧다. 꽃부리는 끝이 5개로 갈라져 수평하게 퍼지고 길이 6~7mm, 지름 3~4mm로서 후부에 돌기가 없으며 수술은 5개이고 꽃통 속에 붙어 있다.

열매
분과는 달걀모양이며 회백색으로서 끝이 둔하고 주름살이 있다.

줄기
높이 20~40cm이고 전체에 백색 복모가 있으며 다소 잿빛이 돌고 곧게 서며 기부에서 많은 가지가 갈라진다.

분포
전국 각처에 분포한다.

생태
2년생 초본이다. 볕이 잘 드는 건조한 풀밭에서 자란다.

이용방안
어린순을 나물로 한다. 반디지치/개지치의 과실을 지선도라 하며 약용한다.

갯까치수염

잎

잎자루는 없다. 잎은 어긋나며 주걱 모양의 피침형으로 길이 2~5cm, 폭 1~2cm 이고, 다육질이다. 잎 가장자리는 밋밋하다.

꽃

꽃은 5~7월에 피고 가지 끝의 총상꽃차례에 달리며 지름 10~12mm이고 흰색으로 핀다. 꽃자루는 길이 1~2cm이다. 꽃받침은 종 모양이며 5갈래로 갈라지고 녹색이다. 화관은 5갈래로 깊게 갈라진다. 수술은 5개이고 암술은 1개다.

열매

삭과이며 둥글고 지름 4~6mm이며 익으면 꼭대기에 작은 구멍이 뚫려 씨가 나온다. 열매는 7~8월에 익는다.

줄기

줄기는 곧추서며 높이 10~40cm이고 붉은빛을 띠며 아래쪽에서 가지가 갈라진다.

분포

충청남도, 전라북도, 전라남도, 경상북도(울릉도), 경상남도, 제주도

생태

두해살이풀이다. 바닷가에서 자란다.

이용방안

관상용으로 이용한다.

갯장대

🍁 잎

근생엽은 모여나기하고 질이 두꺼우며 거꿀피침모양 또는 긴 타원형이고 가장자리에 약간의 톱니가 있으며 밑부분이 좁아져서 넓은 엽병으로 되고 엽병과 더불어 길이 3~7cm, 폭 8~25mm로서 끝이 둥글며 양면에 성모가 밀생한다. 줄기잎은 긴 타원형 또는 난상 타원형이고 길이 2~5.5cm로서 밑부분이 원줄기를 감싸며 가장자리에 불규칙한 치아 모양 톱니가 있다.

꽃

꽃은 4~5월에 피고 백색이며 총상꽃차례는 원줄기 끝에서 곧게 선다. 꽃잎은 백색이고 좁은 거꿀달걀모양이며 길이 7~9mm로서 끝이 파진다. 꽃받침은 길이

3mm, 폭 1~1.5mm이다. 6개의 수술 중 4개는 길며, 암술은 1개이다.

열매
각과는 길이 4~6cm, 폭 1.5~2mm로서 원줄기와 거의 수평으로 달리고 주맥이 뚜렷하지 않으며 종자는 타원형이고 길이 1.2mm정도로서 좁은 날개가 있다.

줄기
높이 20~40cm이고 곧추 또는 비스듬히 서며 가지는 거의 갈라지지 않고 2~3개로 갈라진 흰털이 있다.

분포
제주도, 울릉도

생태
2년생 초본이다. 바닷가 모래땅이나 바위 틈에서 자란다.

거센털꽃마리

 잎

잎 뒷면 및 엽병에 퍼진 털이 있다. 잎은 어긋나기하고 달걀모양, 넓은 달걀모양 또는 긴 달걀모양이며 길이 2.5~5cm, 폭 1~3cm로서 끝이 둥글거나 뾰족하고 밑부분이 둥글거나 얕은 심장저이며 밑부분의 것은 엽병이 길고 윗부분의 것은 짧다.

꽃

4~5월에 개화하고 하늘색으로서 윗부분의 잎겨드랑이에 달리며 꽃자루는 길이 1~2cm이다. 꽃받침은 5개로 깊게 갈라지며 열편은 긴 타원형이고 길이 2~5mm이며 꽃부리는 지름 5~8mm로서 5개로 갈라지고 수술은 5개로서 판통에 붙어

있으며 밖으로 나오지 않는다.

열매
소견과로서 뒷면이 오목하고 가장자리에 갈고리모양의 가시가 있다.

줄기
원줄기 밑부분에 퍼진 털이 나고 자라면 눕게 된다.

분포
전라남도 순창군, 대구시 동구, 수성구, 제주도

생태
여러해살이풀이다. 산이나 들에 난다.

특징
개지치와 비슷하지만 굳은 퍼진 털이 있기 때문에 거센털지치라고 한다.

광대수염

🍁 잎

잎은 마주나기하고 엽병이 있으며 달걀모양이고 끝이 뾰족하며 밑부분이 원저 또는 심장저이고 길이 5~10cm, 나비3~8cm로서 표면과 뒷면 맥위에 털이 드문 드문 있으며 주름살이 지고 가장자리에 톱니가 있다.

꽃

꽃은 5월에 피며 연한 홍색 또는 백색으로서 잎겨드랑이에 5~6개씩 달리므로 돌려나기한 것처럼 보인다. 꽃받침은 종형이며 길이 13~18mm로서 5개로 중열되고 열편은 삼각상 선형으로 끝이 날카로우며 가장자리에 털이 난다. 꽃부리는 통상순형(筒狀脣形)이고 상순은 모자창처럼 앞으로 굽으며 하순이 밑으로 넓게 퍼지고 옆에 선상의 부속체가 있다. 둘긴수술과 1개의 암술이 있다.

열매
분과는 3개의 능선이있고 길이 3mm정도로서 거꿀달걀모양이다.

줄기
높이 30~60cm이고 원줄기는 곧게 서며 네모나고 털이 약간 있다.

분포
제주도, 서울(관악산), 전라남도(지리산), 전라북도, 경상북도(가야산, 팔공산, 금오산, 소백산), 충청남도, 경기도(가평, 인천), 강원도.

생태
여러해살이풀이다. 산이나 들의 약간 그늘진 곳에서 자란다.

이용방안
어린순은 나물로 한다. 전초는 야지마, 뿌리는 야지마근이라 하며 약용한다.

괴불주머니

🍁 잎
잎은 엽병이있고 달걀모양이며 1~2회 우상복엽이다.

🌼 꽃
꽃은 4~7월에 피고 꽃차례는 길이가 3~10cm이며 꽃은 노란색이고 길이가 약 2cm가량이다.

🍒 열매
열매는 삭과로서 선형이고 길이 20~30mm이며 염주 모양으로서 8~9월에 익는다.

줄기

높이 20~50cm이며 연약하고 전체가 백록색이다.

 분포

전국 각처에 분포한다.

 생태

두해살이풀이다.

이용방안

관상용으로 심는다. 괴불주머니, 눈괴불주머니의 뿌리를 국화황련이라 하며 약용한다.

긴개별꽃

잎

잎은 마주나기하고 윗부분에 달려있는 4-5쌍의 잎은 달걀모양 또는 긴 달걀모양이고 끝이 뾰족하며 밑부분이 둥글 고 길이 1.5-3cm, 폭 1-2cm로서 엽병이 없다. 밑부분의 잎은 선형 또는 피침형이며 길이 1.5-2.5cm, 폭 2-7mm 로서 윗부분의 잎과 더불어 양면에 털이 있고 특히 가장자리와 뒷면 맥 위에 긴 털이 있다.

꽃

꽃자루는 윗부분의 잎겨드랑이와 끝에서 1-2개씩 나오며 길이 15mm정도로서 털이 있고 끝에 꽃이 1개씩 달리며, 꽃받침은 4-5장으로 털이 있고 꽃잎은 거꿀달걀모양이며 길이 4-6mm로서 백색이다.

열매

열매는 삭과이다.

줄기

높이 15~30cm이고 줄기에 털이 2줄로 돋는다.

뿌리

밑부분에 덩이뿌리와 잔뿌리가 있다.

분포

강원도 양양군, 평창군

생태

여러해살이풀이다. 숲속에서 자란다.

꽃황새냉이

잎

근생엽은 한군데에서 돋으며 2-3쌍으로 갈라지고 각 열편에 큰 톱니가 있으며 줄기잎은 어긋나기하고 3~7개의 소엽으로 갈라지며 소엽은 피침형으로서 가장자리는 밋밋하거나 거친 이 모양의 톱니가 있다.

꽃

꽃은 4~6월에 줄기 끝의 총상꽃차례에 흰색 또는 붉은 자주색 십자모양꽃부리가 많이 달리고 꽃받침은 4개로서 달걀모양 예두이며 꽃잎도 4개이고 꽃받침보다 길어서 길이 1cm정도이며 거꿀달걀모양이고넷긴수술과 1개의 암술이 있다.

열매
열매는 장각과, 길이는 3cm정도로서 위를 향하며 많은 종자가 들어 있다.

줄기
높이가 70cm에 달하고 곧게 자란다.

분포
경상남도, 경기도, 강원도 및 북부지방

생태
여러해살이풀이다. 숲속에서 자란다.

이용방안
어린 식물은 식용한다.

꿩의바람꽃

잎

근생엽은 꽃이 쓰러진 다음 자라며 길이 4~15cm의 엽병이있고 이회삼출겹잎이며 털이 없거나 긴 털이 성글게있고 총포조각은 3개이며 짧은 엽병이 있다. 소엽은 긴 타원형이며 길이 15~35mm, 폭 5~15mm로서 끝이 둔하고 윗부분에 불규칙하고 둔한 톱니가 있으며 3개로 깊게 갈라지고 털이 없거나 기부에 다소 긴 털이 있을 뿐이다.

꽃

꽃은 4~5월에 피고 지름 3~4cm이며 꽃대는 높이 15~20cm로서 처음에는 긴 털이있고 화경 기부에 3개의 3출엽이 돌려나기하여 총포로 되었다. 꽃대는 길이

2~3cm로서 끝에 1개의 꽃이 달린다. 꽃받침조각은 8~13개이며 긴 타원 형이고 끝이 둔하며 길이 2cm정도로서 백색이지만 겉은 연한 자줏빛이 돈다. 수술은 여럿이고 수술대는 길이 58mm이며 꽃밥은 타원형이고 길이 1mm정도이다. 암술대는 30개에 이르며 씨방에는 잔털이 밀생하고 휘어졌다.

열매

열매는 수과이고 5월에 익으며 암수대가 꼬리모양으로 달린다.

줄기

줄기의 높이는 10~15cm이다.

뿌리

근경은 육질이며 굵고 길이 1.5~3cm로서 방추형이며 옆으로 자라고 갈색이며 선단에 막질의 비늘조각이 몇 개있고 매끈하다.

 분포

중부 이북에 분포

생태

여러해살이풀이다. 숲속, 산기슭이나 숲 가장자리에서 자란다.

이용방안

뿌리를 죽절향부라 하며 약용한다.

나도바람꽃

잎

근생엽이 모여나기하며, 긴 엽병이 있고, 3출엽이다. 소엽은 달걀모양이고 3개로 열편, 결각상 열편, 뒷면은 분백색이며 짧은 털이 있다. 줄기잎은 엽병이 짧아진다.

꽃

꽃대 밑부분에 막질의 초상엽이있고 중앙 윗부분에 1개의 잎이 달린다. 꽃은 5~6월에 피고 백색이며 포는 줄기잎의 소엽과 비슷하고 꽃자루는 길이 3cm로서 원줄기 끝에 산형으로 달린다. 꽃받침조각은 4~5개이며 길이 6mm로서 타원형이고 꽃잎은 없으며 수술은 길이 4mm로서 다수이고, 암술대는 윗부분이 비대하다.

열매
열매는 골돌로서 3~5개이며 타원형이고 길이 3~4.5mm이며 털이 없다.

줄기
기부는 인편형 잎이 있다.

분포
중부, 북부에 분포

생태
여러해살이풀이다. 산지의 음지에서 자란다.

나도수정초

잎

잎은 어긋나기하고 빽빽이 나며 퇴화하여 비늘조각모양이고 좁은 장 타원형 또는 좁은 난상 장 타원형으로 길이 1~2cm, 나비 5~8mm이며 끝은 둔하거나 둥글고 약간 육질이다.

꽃

꽃은 4~8월에 은백색으로 피고 줄기 끝에 1개가 달리며 통상 종형으로 밑을 향하나 과시에는 곧추서고 길이 약 2cm이다. 꽃받침조각은 일찍 떨어지고 꽃잎은 5개이며 씨방은 1실이고 측막태좌이다.

열매
과실은 장과로 타원상 구형이다.

줄기
줄기는 곧추서며 굵고 원주형이며 꽃밑에 약간의 털이 있을 뿐 거의 털이 없다.

분포
전국 각처에 분포한다.

생태
다년생 부생식물이다. 산지의 숲속에서 자란다.

특징
보통 백색이나 건조하면 흑색으로 변한다.

남산제비꽃

잎

잎은 뿌리에서 모여나기하고 3개로 완전히 갈라지며 측렬편이 다시 2개로 갈라져 새발모양을 하고 열편은 다시 2~3개로 갈라지거나 우상으로 깊은 결각을 이루며 최종열편은 어릴때는 선형이고 가장자리와 맥 위에 잔털이 있거나 없으며 밑부분에 엽병이있고 탁엽은 넓은 선형이다.

꽃

꽃은 4~6월에 백색으로 피고 잎 사이에서 화경이 나와 1개씩 달리며 중앙 이하에 포가 있다. 꽃은 좌우 상칭이고 5수 성이며 꽃잎에 자주색 맥이있고 측판에 털이 다소 있으며 꽃받침의 부속체는 4각형 비슷하고 끝에 약간의 톱니가 있으며 거는 짧은 원통형이다.

열매
과실은 삭과로 타원형이다.

줄기
전체에 거의 털이 없다.

분포
전국 각처에 분포한다.

생태
여러해살이풀이다. 산지에 자란다.

특징
잎의 모양이 독특해서 다른 제비꽃과 쉽게 구별이 된다.

하얀색 꽃

냉이

잎

근생엽은 많이 돋아서 지면에 퍼지며 엽병이있고 두대우열(頭大羽裂)되며 길이 10cm이상이고 열편은 좁고 길며 유이편(有耳片) 또는 뭉뚝한 치아 모양톱니가 있다. 줄기잎은 어긋나기하고 위로 갈수록 작아져서 엽병이 없어지며 피침형 이저로서 원줄기를 반 정도 감싸고 가장자리가 근생엽과 마찬가지로 갈라지지만 위로 가면서 큰 치아상으로 된다.

꽃

5~6월에 원줄기 끝에서 백색의 십자모양꽃부리가 많이 달려 총상꽃차례를 형성하며 화경이 있다. 꽃부리는 소형이며 꽃받침조각은 4개로서 긴 타원형이고

길이 1mm정도이다. 꽃잎도 4개이며 거꿀달걀모양으로서 길이 2~2.5mm이고 넷 긴수술과 1개의 암술이 있다.

열매

열매는 편평한 도삼각형이며 길이 6~7mm, 폭 5~6mm로서 요두이고 털이 없으며 종자가 20~25개 들어있고 종자는 거꿀달걀모양이며 길이 0.8mm정도이다. 종자를 제(薺)라 한다.

줄기

높이 10~50cm이고 곧게 서며 전체에 털이 없고, 줄기 상부에서 가지가 많이 갈라진다.

뿌리

땅속에 원뿌리가 자라며, 뿌리는 맛이 달다.

분포

전국 각처에 분포한다.

생태

2년생 초본이다. 적지는 해가 잘 들고 배수가 잘 되는 양토나 사질양토가 이상적이다.

이용방안

건강식품으로서 감기가 몸살을 앓을 때 따끈한 냉이국이 해열제 구실을 하는 것을 알 수 있고 또 소화흡수를 촉진시켜 건위제 역할도 한다. 전초는 제채, 꽃차례는 제채화, 종자는 제채자라 하며 약용한다.

노랑무늬붓꽃

🍁 잎

잎은 검형으로 길이 11~25cm, 너비 0.8~1.1cm이며 중륵은 없고 실 모양의 구엽이 밑에 붙어 있다. 포는 3개이며 막질이고 넓은 피침형으로 길이 3.3~6.2cm, 너비 0.1~0.4cm이다.

🌼 꽃

꽃은 5~6월에 흰색으로 피는데 지름이 3~4cm이고 2개씩 달린다. 꽃줄기는 둘로 분기하고 그 끝에 각각 한 개씩의 꽃이 핀다. 화피통은 사상으로 길이가 매우 짧다. 외화피는 3개로 주걱 모양이고 백색이며 기부는 황색의 무늬가 있다. 내화피는 3개로 도란형이며 백색이다. 화주는 윗부분에서 셋으로 나누어지고 백색으로 선상의 화판상이다.

🍒 열매

열매는 아구형으로 정단부가 짧은 부리 모양이다. 6~7월에 익는다.

🌳 줄기

높이는 12.8~19.9cm이다. 뿌리줄기는 황백색으로 가늘고 길며 땅을 기는데 분기한 수근이 붙어 있다.

분포

강원도 오대산, 경상북도 소백산

🌱 생태

여러해살이풀이다. 산지의 초원이나 삼림에 자란다.

💡 이용방안

관상용으로 심는다.

노루삼

잎

경생옆은 2~3개이며 엽병이 길고 2~4회 3출복엽이며 최종소엽은 달걀모양 또는 좁은 달걀모양이고 끝이 뾰족하며 가장자리에 결각과 톱니가 있고 때로는 3개로 갈라지며 길이 3~7cm, 폭 2~5cm로서 맥에 잔털이 있다.

꽃

꽃은 5~6월에 피고 백색이며 줄기 상부에서 길이 3~5cm의 총상꽃차례로 핀다. 꽃자루는 길이 10~15mm, 지름 1mm정도로서 성숙기에 암적색으로 된다. 꽃받침조각은 4개이며 거꿀달걀모양이고 길이 3mm정도로서 꽃이 피면 곧 떨어진다. 꽃잎은 6개이며 넓은 달걀모양이고 길이 2~2.5mm이다. 수술은 많고 길이

4mm정도이며 수술대는 실모양이고, 암술은 1개이다.

열매

장과는 둥글며 지름 6mm이고 7~8월에 익어 흑자색으로 된다. 소과경은 지름 0.6mm정도이다.

줄기

줄기는 높이 40~70cm이며 기부에 몇개의 갈색 비늘조각이있고 털은 없으나 다만 윗부분 꽃차례 부근에 짧은 권모(卷毛)가 있고 갈라지지 않고 2~3개의 큰 잎이 있다.

뿌리

근경은 굵고 홍갈색이며 수염뿌리가 있다.

분포

전국 각처의 산지에 분포한다.

생태

여러해살이풀이다. 산지의 나무그늘, 숲가장자리, 산비탈 초지에서 자란다.

이용방안

뿌리 및 근경을 녹두승마라 하며 약용한다.

논냉이

잎

잎은 어긋나기하며 우상복엽이고 정소엽이 가장 크며 소엽은 3~13개이고 원형 또는 타원형이며 톱니가 없거나 약간 물결모양이다. 옆으로 뻗는 가지의 잎은 정소엽 뿐이고 원형 아심장저로서 흔히 잎겨드랑이에서 뿌리가 돋는다.

꽃

꽃은 4~5월에 피며 원줄기 끝과 가지 끝에 백색 십자모양꽃부리 10~30개가 총상꽃차례로 달리고 꽃차례는 꽃이 핀 다음 길게 자란다. 꽃받침은 4개이고 긴 타원형으로서 녹색이며 길이 4mm이다. 꽃잎은 넓은 거꿀달걀모양으로서 길이 8~10mm이다. 수술 6개 중 4개는 길며, 암술 1개이다.

🍒 열매

열매는 장각과로서 길이 1~2cm의 대가 있으며 길이 2~3cm, 폭 1mm이고 비스듬하게 위로 퍼지며 털이 없다. 종자 둘레에는 날개가 있다.

🌱 줄기

높이 30~50cm이고 꽃이 필 때까지는 곧게 서지만, 꽃이 지면 기부에서 가늘고 긴 가지가 옆으로 뻗는다.

🗺 분포

전국 각처에 분포한다.

🌾 생태

여러해살이풀이다. 냇가, 습지나 논밭 근처의 도랑에서 자란다.

💡 이용방안

어린 순을 나물로 한다. 전초를 수전쇄미제라 하며 약용한다.

눈개승마

잎

잎은 2~3회 깃모양겹잎이며 소엽은 좁은 달걀모양 또는 난상 원형이고 끝이 뾰족하거나 꼬리처럼 길게 뾰족해지며 가장자리에 결각과 톱니가 있고 때로는 우상으로 갈라지며 길이 3~10cm, 폭 1~6cm로서 흔히 윤채가 있고 긴 엽병이 있다.

꽃

꽃은 이가화이며 5~7월에 피고 지름 2~4mm로서 황록색이며 원뿔모양꽃차례는 길이 10~30cm로서 짧은 털과 짧은 꽃자루가 있다. 꽃받침은 끝이 5개로 갈라지고 꽃잎이 5개이며 거꿀달걀모양이고 길이 1mm이다. 수꽃은 20개의 수술이 있다. 암꽃에는 3~4개의 암술이있고 곧게 선 3개의 씨방이 있다.

열매

골돌은 7~8월에 익고 갈색이며 타원형이고 길이 2.5mm가량이며 익을 때는 윤채가 있고 밑을 향하며 암술대가 짧다.

줄기

높이 30~100cm이며 곧추선다.

뿌리

근경이 목질화되어 굵어지고 밑부분에 비늘조각이 몇 개 있다.

분포

전국 각처의 고산지대에 분포한다.

생태

여러해살이풀이다. 고산지대, 표고 500m이상 반음지에서 자란다.

이용방안

말려서 나물로 식용하면 고기 맛이 나며 풍미가 뛰어난 식물이다. 연변에서는 어린순을 "쉬나물"이라고 이르며 식용한다. 근경과 전초는 보신, 수렴, 해열작용이 있으며 타박상과 피곤으로 근골이 아픈데 쓴다.

덩굴개별꽃

🍁 잎

잎은 마주나기하고 주걱모양, 넓은 타원형 또는 달걀모양으로서 끝이 가시처럼 뾰족하며 양면에 털이 없으나 밑부분은 갑자기 또는 천천히 좁아져서 엽병처럼 되고 양쪽 가장자리에 백색 털이 있다.

꽃

꽃은 5~6월에 피며 백색이고 윗부분의 잎겨드랑이에서 실같은 긴 꽃대가 나와 끝에 1송이씩 달린다. 꽃받침조각은 5개이며 피침형으로서 끝이 뾰족하고 녹색이며 뒷면에 긴 백색 털이 난다. 꽃잎도 5개이며 거꿀피침모양으로서 끝이 둥글고 꽃받침보다 길다. 수술은 10개, 수술대는 실모양이고 꽃밥은 흑자색이며 암술대 3개이다. 줄기 하부의 잎겨드랑이에 닫힌꽃이 4송이 달린다.

🍒 열매

열매는 삭과이다.

🌳 줄기

높이가 15cm에 달하고 줄기는 연하며 꽃이 핀 후 가지가 옆으로 길게 뻗으면서 덩굴처럼 엉긴다. 덩굴 끝은 실처럼 가늘어져서 땅에 닿으면 뿌리를 내린다

🌱 뿌리

뿌리는 굵은 방추형이다.

🗺 분포

전국 각처에 분포한다.

🌾 생태

여러해살이풀이다. 산지의 나무밑이나 응달에서 자란다.

돌단풍

🍁 잎

잎은 근경의 끝이나 그 근방에서 1~2개씩 비늘잎(苞鱗)에 싸여 나오지만 여러개가 한 곳에서 나온 것처럼 보이며 길이 20cm정도로서 긴 엽병끝에 5~7개로 갈라진 손모양겹잎이 달리고 열편은 달걀모양 또는 긴 달걀모양이며 예첨두로서 가장자리에 잔톱니가 있고 털이 없으며 표면은 윤채가 있다. 잎은 황록색 또는 연록색으로 신선한 감을 주며, 가을에 단풍이 예쁘게 든다.

꽃

꽃대는 잎이 없고 5월에 비스듬히 자라서 높이가 30cm에 달하며 백색 바탕에 약간 붉은 빛이 도는 꽃이 원뿔모양꽃 차례를 형성한다. 꽃받침조각, 꽃잎 및 수술은 각각 6개이고 꽃받침조각은 난상 긴 타원형이며 예두로서 흰빛이 돌고 꽃잎은 난상 피침형이며 예두로서 꽃받침보다 짧고 꽃받침과 더불어 뒤로 젖혀진다. 수술은 꽃잎보다 약간 짧으며 1개의 암술이 있다. 씨방은 반하위이고 2실이다.

열매

열매는 삭과로서 달걀모양이며 꽃핀 뒤 생겨나 익으면 2개로 갈라지고 많은 종자가 들어 있다.

줄기

꽃대는 곧게 서서 30cm길이로 자란다.

뿌리

근경은 굵고 잔뿌리가 드물게 나 있으며 비늘같은 갈색포로 덮인다.

분포

충청도 이북지역

생태

여러해살이풀이다. 주로 깊은 산, 개울 주변 바위틈에서 자란다.

이용방안

어린잎과 화경을 식용한다. 바위정원에 심거나 수반에 심어 관상한다.

말냉이

잎

근생엽은 모여나고 사방으로 퍼지며 넓은 주걱모양으로 엽병이있고 가장자리에 톱니가 없거나 약간 있다. 줄기잎은 어긋나기하며 도피침상 긴 타원형 또는 좁은 피침형이고 윗부분의 것은 줄기를 감싸며 길이 3~6cm, 폭 1~2.5cm로서 둔두이고 가장자리에 톱니가 있다.

꽃

꽃은 5월에 피며 흰색의 십자모양꽃부리가 가지 끝과 원줄기 끝에 달리고 길이 10~20cm의 총상꽃차례를 형성한다. 꽃받침조각은 가장자리가 흰빛을 띤 녹색이며 길이 2mm정도로서 긴 타원형이고 꽃잎은 좁은 거꿀달걀모양이며 길이

4mm정도로서 백색이고 넷긴수술과 1개의 암술이 있다.

열매

열매는 각과로서 원반모양 또는 편평한 도란상 원형이며 길이 15mm, 폭 10~12mm로서 넓은 날개가있고 끝이 오목하게 들어가며 꽃자루가 열매보다 길다. 종자는 길이 1.2mm정도로서 주름이 있다.

줄기

높이 20~60cm이고 회록색이 돌며 줄기에 능선이있고 전체에 털이 없다.

분포

전국 각처에 분포한다.

생태

두해살이풀이다. 낮은 지대의 논·밭둑, 들 또는 인가 주변의 빈터에서 자란다.

이용방안

어린 순을 나물로 한다. 전초는 석명, 종자는 석명자라 하며 약용한다.

매화노루발

잎

잎은 어긋나기하고 층으로 모여서 돌려나기하는 것 같으며 두껍고 가죽질이며 넓은 피침형이고 짙은 녹색이며 끝이 뾰족하거나 둥글고 밑부분이 둥글며 길이 2~3.5cm, 나비 6~10mm로서 가장자리에 날카로운 낮은 톱니가 약간 있으며 엽병은 길이 6~8mm로서 잎과 더불어 털이 없다.

꽃

꽃은 5~6월에 피며 흰색이고 지름 1cm정도로서 반 정도 벌어지며 원줄기 끝에서 자라는 길이 4~8cm의 꽃대 끝에 1~2개의 꽃이 밑을 향해 달리고 윗부분에 1~2개의 포가 있으며 털같은 잔돌기가 있다. 꽃받침조각은 막질이고 길이 6

~7mm로서 불규칙한 톱니가 있으며 화관열편은 도란상 원형이고 길이 7~8mm이다.

열매

열매는 삭과로 편구형이며 지름 5mm정도로서 대가 없는 암술머리가 붙어 있다.

줄기

높이 5~10cm이고 가지가 약간 갈라지며 밑부분이 약간 옆으로 굽는다.

분포

전국 각처에 분포한다.

생태

상록 다년초이다. 산지에 난다.

매화마름

잎
잎은 어긋나기하며 짧은 엽초위에 잔털이 돋은 짧은 엽병이 있고 3~4회 갈라져서 실같은 열편으로 된다.

꽃
꽃은 4~5월에 피며 지름 1cm정도로서 백색이고 잎과 마주나기한 꽃대는 길이 3~7cm이며 물 위로 올라와서 끝에 1개의 꽃이 달린다. 꽃받침은 5개로서 녹색이고 길이 3~4.5mm이며 털이 없고 꽃잎은 5개이며 거꿀달걀모양으로서 밑부분에 누른빛이 돌고 소비늘조각이 붙어 있으며 길이 6~9mm이다. 수술과 암술은 많고 꽃밥은 길이 1mm정도이다.

열매

취과는 지름 5~6mm로서 둥글고 꽃턱은 길이 2mm정도이며 긴 털이 밀생한다. 수과는 편평한 거꿀달걀모양이고 뒷 면에 딱딱한 털이 있으며 길이 1.5~2.2mm 로서 마르면 옆으로 주름이 진다.

 줄기

길이가 50cm에 달하며 줄기는 속이 비어있고 마디에서 뿌리가 내린다.

분포

전국 각처에 분포한다.

생태

다년생 수초이다. 우리나라 각처의 늪이나 연못에서 자란다.

모래지치

잎

잎은 어긋나기하고 거꿀피침모양 또는 장타원상 피침형으로 길이 4~10cm, 나비 7~3mm이며 끝은 둔하고 밑은 좁아져 엽병이 없으며 가장자리는 밋밋하고 질이 두껍다.

꽃

꽃은 5~8월에 백색으로 피고 줄기 끝과 잎겨드랑이에 취산꽃차례로 달리며 꽃 자루는 짧다. 꽃받침은 중앙까지 5열 하고 열편은 피침형이며 길이 3~5mm이다. 꽃부리는 5개로 갈라지고 열편은 수평으로 퍼지며 후부가 황색이고 수술은 5개이며 씨방은 4실이고 갈라지지 않는다.

열매
과실은 핵과로 넓은 타원상이고 4개의 둔한 능선이 있다.

줄기
줄기는 곧추서고 때로 가지가 갈라지며 전주에 백모가 밀생한다.

뿌리
땅속줄기가 옆으로 길게 뻗는다.

분포
충청북도를 제외한 전국에 분포한다.

생태
여러해살이풀이다. 해변의 모래밭에 자란다.

특징
씨방이 갈라지지 않고 암술대는 정생하며 핵과가 생기고 해안에 난다.

문모초

🍁 잎

엽병이 없으며 줄기 하부에서 마주나기하고 상부에서는 어긋나기하며 길이 1.5~2cm, 폭 3~5mm로서 좁고 긴 타원형이고 끝이 둔하며, 가장자리에 2~3개의 둔한 톱니가 약간 있거나 밋밋하다.

 꽃

꽃은 4~5월에 피며 붉은빛이 돌고 잎겨드랑이에 1개씩 달리며 꽃자루는 길이 1mm정도이다. 꽃받침은 길이 3.5 ~4.5mm로서 4개로 갈라지고 열편은 좁은 피침형이며 끝이 다소 둔하고 꽃부리는 지름 2~3mm로서 백색바탕에 다소 붉은

빛이 돌며 깊게 4개로 갈라지고 암술대는 길이 0.3mm정도이다.

열매
삭과는 편원형이고 끝이 오목하며 흔히 벌레집으로 되며 둥글다.

줄기
높이 5~20cm이고 털이 없으며 약간 육질이고 곧게 서며 기부에서 가지가 갈라져서 모여나기한다.

분포
중부 이남에 분포한다.

생태
1~2년생 초본이다. 논두렁이나 냇가에서 자란다.

이용방안
뿌리를 포함한 전초(全草)를 접골선도라 하며 약용한다.

물냉이

잎
잎은 어긋나고 홀수깃모양겹잎이다. 소엽은 3~9개로 가장자리가 밋밋하거나 물결 모양이고 끝에 달린 것이 가장 크며 옆에 달린 것은 1~4쌍이다.

꽃
꽃은 4~7월에 흰색으로 원뿔모양꽃차례를 이루며 달린다. 꽃 길이는 4~5mm이며 수술은 6개이고 암술은 1개이다.

열매
열매는 장각과로 장 타원형이고 길이는 0.1~2.7cm이며 너비는 2mm이다. 궁형으로 굽으며 종자 이열로 배열하며 종자 구형, 다갈색, 망상무늬를 하고 있다.

줄기

원줄기는 녹색이고 속이 비어 있으며 밑 부분은 옆으로 기면서 마디에서 뿌리가 내리고 털이 없다. 줄기에 털이 없다.

분포

강원도(경포대), 충청북도(단양), 전라북도(전주), 제주도

생태

유럽 원산의 귀화식물로 여러해살이풀이다. 줄기는 침수 또는 부분적으로 물위에 뜨거나 진흙위에 낮게 자란다.

이용방안

어린순은 식용하고 줄기와 잎은 약용한다.

미나리냉이

잎

잎은 어긋나기하며 우상복엽이고 길이 15cm정도로서 엽병이 길다. 소엽은 5~7개이며 넓은 피침형 또는 난상 긴 타원형이고 길이 4~8cm, 폭 1~3cm로서 예첨두이며 작은잎자루는 없고 가장자리에 고르지 못한 톱니가 있다.

꽃

꽃은 4~6월에 피며 지름 5~8mm의 흰색 십자모양꽃부리가 원줄기 끝과 가지 끝에 총상으로 달린다. 꽃받침조각은 긴 타원형이며 길이 3mm정도로서 녹색이고 털이 있으며 꽃잎은 길이 8~10mm로서 꽃받침보다 2배 또는 그 이상 길고 거꿀달걀모양이다. 6개의 수술중 2개는 짧으며 암술은 1개이고 처음에는 털이 약간 있으며 자라서 열매로 된다.

열매

>> 장각과는 길이 2~3cm, 폭 1~1.5mm이며 소과경이 있어 옆으로 약간 퍼진다.
>> 종자는 달걀모양으로 길이 2mm가량 이고 암갈색이며 7~8월에 성숙한다.

줄기

높이가 50cm에 달하고 줄기는 곧게 서며 윗부분에서 약간 갈라지고 전체에 짧은 흰색 털이 밀생한다.

뿌리

근경은 짧고 땅밑에 길이 40cm가량의 백색기는 줄기가 있다.

분포

전국 각처에 분포한다.

생태

여러해살이풀이다. 골짜기, 개울가, 숲변두리의 그늘진 곳에서 자란다.

이용방안

어린 순은 식용한다. 뿌리와 근경을 백일해, 타박상에 쓴다.

민둥갈퀴

🍁 잎

잎은 4장씩 돌려나기하며 그 중 2개는 정상엽이고 2개는 탁엽이며 좁은 달걀모양, 넓은 피침형 또는 달걀모양이고 3(5)맥이 있으며 윗부분이 차차 좁아져 뾰족해지고 길이 3~5cm, 나비 1~2cm로서 표면 맥 위와 가장자리에 짧은 센 털이 있다.

꽃

꽃은 5~6월에 피며 백색이고 취산꽃차례는 원줄기 끝에 모여 달려서 전체가 원뿔모양꽃차례로 되며 꽃자루가 있고 꽃부리는 4개로 갈라지며 지름 4mm이고 수술은 4개이다.

열매

열매는 2개씩 붙어있고 반구형이며 평활하다. 열매에 갈고리 같은 털이 없으며 전체가 평활하기 때문에 민둥갈퀴라고 한다.

줄기

높이 30~60cm이고 밑에서 가지가 갈리지지 않으며 네모 가지고 평활하며 다소 자주색을 띤다.

뿌리

뿌리는 황적색이고 옆으로 자람.

분포

전국에 각처에 분포한다.

생태

여러해살이풀이다. 산지 또는 숲속에서 자란다.

민둥뫼제비꽃

잎

잎은 삼각상 달걀모양이며 윗부분이 뾰족하고 밑부분은 이저에 가까운 심장저이며 표면은 녹색이고 뒷면은 대개 자줏빛이 돌며 처음에 나오는 잎은 털이 없으나 나중에 나오는 잎은 백색털이 있고 때로는 표면에 흰색 무늬가 있으며 길이 3~6cm, 폭 2~4.5cm로서 가장자리에 물결모양의 톱니가 있고 엽병은 길이 3~10cm이다.

꽃

화경은 길이 5~8cm로서 자주색 반점이 있으며 털이 있거나 없고 꽃은 4~5월에 피며 연한 홍자색이고 중앙부에 2개의 포가 달리며 길이 5~7mm이다.

꽃받침조각은 넓은 피침형이고 길이 6~7mm이며 부속체는 달걀모양으로서 때로는 톱니가있고 거(距)는 원주형이며 길이 6~7mm이다.

🍒 열매

열매는 삭과로 난상 타원형이고 길이 6~8mm이다.

줄기

원줄기는 없다.

뿌리

뿌리가 백색이다.

분포

경기도 광릉

생태

여러해살이풀이다. 숲속 부식토에서 자란다.

💡 이용방안

관상식물로 이용할 수 있다.

민백미꽃

 잎

잎은 마주나기하며 타원형 또는 도란상 타원형이고 예두이며 에저 또는 원저이고 길이 8~15cm, 폭 4~8cm로서 양면에 잔털이 있으며 뒷면 맥위에 굽은 털이 있고 가장자리가 밋밋하며 엽병은 길이 1~2cm이다.

꽃

꽃은 백색으로 5~7월에 피며 꽃차례는 원줄기끝과 윗부분의 잎겨드랑이에서 나오고 꽃이 산형으로 달리며 꽃자루는 길이 1~3cm이다. 꽃받침은 녹색으로서 5개로 갈라지고 열편에 잔털이 있으며 꽃부리는 백색이고 지름 2cm로서 5개로 갈라지며 열편은 좁은 달걀모양이고 길이 8~10mm로서 양쪽에 털이 없으며 긴타원모양이다. 덧꽃부리는 난상 삼각형이고 5개로 갈라지며 수술대보다 약간 짧다.

열매

골돌과로서 길이 4~6mm, 지름 8mm로서 뿔모양이며 털이 없고 8~9월에 결실한다. 종자는 넓은 달걀모양이며 길이 7mm정도로서 가장자리에 테가 있으나 날개로 되지 않고 백색 종모가 있다.

줄기

높이 30~60cm로서 원줄기를 자르면 백색 유액이 나오고 녹색이며 곧게 선다.

뿌리

굵은 수염뿌리가 있으며, 한방에서는 백전(白前)이라 한다.

분포

전국 각처에 분포한다.

생태

여러해살이풀이다. 산이나 들에 난다.

이용방안

뿌리 및 근경을 백전이라 하며 백미꽃의 대용품으로서 약용한다.

벌깨냉이

🍁 잎

근생엽은 긴 엽병이 있는 단엽과 복엽이 있으며 정소엽은 단엽과 형태와 크기가 비슷하고 둥근 콩팥모양이며 지름 2~2.5cm로서 표면은 원줄기와 더불어 백색 단모가 드문드문 있고 가장자리가 둔한 톱니로 되며 측소엽은 1쌍으로서 훨씬 작다. 줄기잎은 3~5개가 어긋나기하고 근생복엽과 형태가 비슷하지만 정소엽보다 작으며 측소엽보다 크다.

꽃

꽃은 4월말에 피고 총상꽃차례로 달리며 꽃받침은 연녹색이고 겉에 흰색 털이 약간 있으며 꽃잎은 백색이다.

🍒 열매

열매는 장각과 선형이고 꽃자루보다 길며 길이 3cm정도이고 5월에 익는다.

🌱 줄기

높이 15~30cm이며 곧게 서고 거의 가지가 갈라지지 않는다.

🌿 뿌리

근경은 지면 가까이에서 옆으로 자라며 굵어진 상단에서 몇 개의 근생엽이 나오고 중앙부에 작은 덩이줄기가 있다.

🗺 분포

제주도, 거제도, 부산, 김해, 밀양 등에 분포한다.

🌱 생태

여러해살이풀이다. 한라산 등 다소 습한 그늘에서 자란다. 근생엽의 형태가 벌깨덩굴의 어린잎과 비슷하기 때문에 벌깨냉이라고 한다.

하얀색 꽃

벼룩나물

🍁 잎

잎은 마주나기하며 엽병이 없고 길이 8~13mm, 폭 2.5~4mm로서 긴 타원형 또는 난상 피침형이며 예두이고 가장자리가 밋밋하며 회록색이고 질이 연약하며 1맥이있고 측맥이 뚜렷하지 않다.

🌼 꽃

꽃은 양성으로서 4~5월에 피며 백색이고 잎겨드랑이 또는 원줄기 끝의 취산꽃차례에 달리며 꽃자루는 가늘고 길이 5~19mm이다. 꽃받침조각은 5개이고 피침형 예두이며 가장자리가 막질이고 길이 3mm정도로서 털이 없다. 꽃잎은 5개로서 처음에 피는 꽃에서는 꽃받침과 길이가 같으며 2개로 깊게 갈라지지만 나중에 피는 꽃에는 없는 것도 있다. 수술은 6개정도이고 달걀모양이며 암술은 1개이고 타원상 달걀모양의 씨방 끝에 2~3개의 암술대가 달리며 연한 노란색이다.

열매

삭과는 타원형이며 꽃받침 길이가 거의 비슷하고 7월에 익어 끝이 6조각으로 갈라진다. 종자는 콩팥모양이며 짙은 갈색이고 길이 0.5mm정도로서 표면에 돌기가 약간 있다.

줄기

줄기는 높이 15~25cm로서 가늘며 털이 없고 기부에서 많은 가지가 나와 원줄기와 가지를 구별하기 어려울 정도로 자라기 때문에 마치 모여나기한 것처럼 보인다.

분포

전국 각처에 분포한다.

생태

2년생 초본이다. 빈터나 논, 밭둑에서 흔하게 자란다.

이용방안

어린 순을 나물로 한다. 뿌리를 포함한 전초를 천봉초라 하며 약용한다.

변산바람꽃

잎
근생엽은 오각상 둥근 모양이고 길이와 폭은 각각 3~5cm이며 우상으로 갈라지고 선형이다. 줄기잎은 2장으로서 불규칙하게 갈라진다.

꽃
꽃대는 높이 10cm가량이고 꽃자루는 1cm이며 가는 털이 있다. 꽃받침은 흰색이고 5장이며 달걀모양이고 길이 10~15mm이며 꽃잎도 5장이고 퇴화되어 2개로 갈라진 노란 꿀샘이 있다. 꽃밥은 연한 자색이다. 3~4월에 개화한다.

열매

열매는 대과(袋果)로서 길이 1cm이고 암술대는 2~3mm이다. 종자는 여러개가 들어있으며 둥글고 갈색이다. 털이 없고 짧은 열매자루구비. 표면은 평활하고 1~5개이다.

줄기

높이 10~30㎝로 털이 없다.

뿌리

덩이줄기는 구형으로 직경 약 1.5㎝이다.

분포

경기도 수원시, 전라북도 부안군, 진안군, 경상북도 경주시, 울산시, 지리산, 한라산

생태

여러해살이풀이다. 낙엽수림의 가장자리에서 자란다.

별꽃

잎

잎은 마주나기하고 달걀모양이며 예두 원저이고 길이 1~2cm, 폭 8~15mm로서 밑의 잎은 엽병이 있으나 꼭대기 잎은 엽병이 없으며, 양면에 털이 없고 하반부의 가장자리에 털이 약간 있는 것도 있으며 가장자리가 밋밋하다.

꽃

꽃은 양성이고 백색의 취산꽃차례로서 5~6월에 피고 정생 또는 액생하며 포는 작고 잎같다. 꽃자루는 길이 5~40mm로서 한쪽에 털이 있으며 꽃이 핀 다음에 밑으로 처졌다가 열매가 익으면 다시 위로 향한다. 꽃받침조각은 5개이며 난상 긴타원모양이고 녹색이며 길이 4mm정도로서 다소 끝이 뭉툭하고 샘털이 있다. 꽃잎은 5개이며 꽃받침보다 약간 짧고 2개로 깊게 갈라진다. 수술은 1~7개이고 달걀모양이며 씨방 끝의 암술대는 3개이다.

열매

과실은 삭과로서 꽃받침보다 길고 달걀모양이고 끝이 6갈래로 갈라지며 숙존악에서 나오고, 종자는 껍질에 곁에 젖꼭지모양의 돌기가 있다.

줄기

줄기는 높이 10~20cm이고 기부에서 가지가 많이 나와 모여나기한 것처럼 보이고 한쪽에만 연한 털이 줄지어 있다.

분포

전국 각처에 분포한다.

생태

2년생 초본이다. 산, 들, 길가에 난다.

이용방안

어린 식물을 나물로서 먹는다. 줄기 및 잎을 번루라고 하며 약용한다.

봄맞이꽃

잎

모든 잎이 뿌리에서 나와 지면으로 퍼지고 엽병은 길이 1~2cm이다. 뿌리잎은 10~30개가 뭉쳐나고 반원형 또는 편 원형이며 원두에 심장저 또는 원저이고 지름 5~16m이며 삼각상의 둔한 톱니가 있고 전체가 색이 연하며 다세포로 된 퍼진 털이 있다.

꽃

꽃은 4~5월에 피고 백색이며 화경은 높이 5~10cm로서 1~25개가 모여나기하고 끝에 4~10개의 꽃이 산형으로 달리며 포는 길이 4~7mm로서 달걀모양 또는 피침형이고 꽃자루는 길이 1~4cm이다. 꽃받침은 5개로 깊게 갈라지며 열편은 달갈모양이고 끝이 뾰족하며 꽃이 진다음 커지고 꽃잎은 지름 4~5mm로서 5개로 갈라지며 열편은 긴 타원형이다. 꽃부리는 깔대기꼴로서 5개의 타원형 조각으로 중간까지 갈라진다. 수술은 5개로 화관통의 중앙부에 붙었고 수술대는 짧다.

열매
삭과는 둥글며 지름 4mm로 5월에 익어 5조각으로 갈라져 많은 종자를 떨어낸다.

줄기
전체에 흰털이 있다.

분포
전국 각처에 분포한다.

생태
1년생 또는 두해살이풀이다. 산야의 습윤한 초지에서 자란다.

이용방안
전초(全草) 또는 과실을 후롱초라 하며 약용한다.

사상자

잎

잎은 어긋나기하며 3출엽이고 2회 우상으로 전열(全裂)하며 길이 5~10cm로서 끝이 뾰족하고 녹색이며 소엽은 난상 피침형이고 뾰족한 톱니가 있으며 엽병 밑부분이 넓어져서 원줄기를 싸안는다.

꽃

꽃은 백색으로 5~6월에 피며 겹우산모양꽃차례로서 줄기끝이나 가지끝에 정생하고 꽃잎은 5개이다. 소산경은 5~9개이며 길이 1~3cm로서 6~20개의 꽃이 달린다. 꽃자루는 길이 2~4mm로서 긴 화경과 더불어 복모가 있고 총포조각은 4~8개이며 선형으로 길이 1cm정도이고 소총포는 선형으로서 꽃자루에 붙어 있다. 5개의 수술이있고 씨방은 하위로서 1개이며 악치편은 가시털 모양이다.

🍒 열매

열매는 4~10개씩 달리며 달걀모양이고 길이 2.5~3mm로서 짧은 가시같은 털이 있어 다른 물체에 잘 붙는다. 과실을 사상자(蛇床子)라 한다.

🌳 줄기

높이 30~70cm이고 전체에 짧은 복모가 있다. 줄기는 곧게서며 원주형이고 윗부분에서 가지를 내며 가는 홈줄이 있다.

🗾 분포

전국 각처에 분포한다.

🌱 생태

두해살이풀이다. 들에 난다.

💡 이용방안

어린 순을 나물로 하고 열매는 사상자라고 하며 약용으로 한다.

선갈퀴

🍁 잎

잎은 6~10장씩 돌려나기하며 엽병이 없고 긴 타원형 또는 긴 타원상 피침형이며 양끝이 좁고 길이 2.5~4cm, 나비 5~10mm로서 뒷면 주맥과 가장자리에 위를 향한 센털이 있다.

꽃

꽃은 5~6월에 피며 백색으로서 원줄기 끝에 다수가 취산꽃차례로 달리고 꽃자루가 있다. 꽃부리는 깔때기 모양이며 판통이 열편보다 다소 길고 윗부분이 4개로 갈라져서 다소 수평으로 퍼지며 지름 4~5mm이고 수술은 4개이다.

🍒 열매

열매는 둥글고 갈고리같은 털이 밀생한다.

🌳 줄기

높이 25~40cm이고 줄기는 곧게 서며 평활하고 털이 없으며 네모진다.

🌱 뿌리

땅속줄기가 옆으로 뻗어 번식한다.

분포

중부 이북과 경상북도 울릉도

생태

여러해살이풀이다. 산지의 나무 밑에서 자란다.

💡 이용방안

잎은 맥주의 향료로 이용한다.

쇠뜨기

잎

잎의 수는 원줄기의 능선수와 같고 가지에는 4개의 능선이 있으며 윤생엽도 4개이다. 퇴화한 잎으로 된 가는 톱니가 있는 초가 있다.

열매

포자낭수는 긴 타원형이고 육각형의 포자엽이 서로 밀착하여 거북등처럼 되며 안쪽에는 각 7개 내외의 포자낭이 달린다. 포자에는 각 4개씩의 탄사(彈絲)가 있어 마르고 습한데 따라 신축운동(伸縮運動)으로 엷은 녹색의 포자를 산포시킨다.

줄기

생식경은 이른봄에 나와서 끝에 뱀대가리같은 포자낭수를 형성하고 마디에 비늘같은 잎이 돌려나기하며 가지가 없다. 영양경은 뒤늦게 나오고 처음에는 비스듬히 자라다가 지상에서 곧게 서며 원주형으로 세로로 모가 나있고 높이는 30~40cm정도로서 속이 비어있고 겉에 능선이 있으며 마디에는 가지와 비늘같은 잎이 돌려나기한다.

뿌리

땅속줄기는 길게 뻗으며 번식한다.

분포

전국 각처에 분포한다.

생태

여러해살이풀이다. 해가 잘 들고 다소 습한 보수력이 있는 비옥한 땅이 좋다.

이용방안

쇠뜨기로 빚은 술은 피로회복, 강장강정, 기력증진 등에 좋다. 화장품이나, 샴프, 린스용으로도 외국에서는 상품화되고 있다.

쇠뿔현호색

🍁 **잎**

잎은 길이 5~15cm, 3갈래로 갈라지고, 갈래잎은 선형, 길이 3~15cm, 폭 1~5mm다. 잎자루는 길이 5~25mm다.

 꽃

꽃은 3~4월에 핀다. 꽃은 자색 빛이 도는 흰색이고 5~30개가 모여 총상꽃차례를 이룬다. 포는 피침형 또는 선형으로 길이 5~25mm, 폭 1~5mm다. 거는 내화피 끝에 달리며, 길이 10~15mm다. 암술은 14개, 작은 돌기가 있다.

열매

열매는 삭과, 편평하며, 길이 10~20mm, 폭 3~5mm다. 씨는 둥글고 윤이 나며, 길이 10~20mm, 폭 15~18mm다.

 줄기

» 땅속줄기는 길이 1~9cm, 덩이줄기는 둥글고 지름 1~3cm, 속은 흰색이다.
» 줄기는 1~5개가 모여 나며, 높이 10~25cm다.

분포

경상북도(경산)

생태

여러해살이풀이다. 숲 속에 자란다.

숲개별꽃

🍁 잎

잎은 마주나기하고 엽병이 없으며 선형 또는 선상 피침형이고 길이 3~7cm, 폭 2~7mm로서 위로 갈수록 점점 좁아져서 끝이 뾰족해지며 밑부분에만 털이 있다.

꽃

꽃은 5~7월에 피고 백색이며 줄기 끝이나 잎겨드랑이에 1~5송이씩 달리고 꽃자루는 길이 15~30mm로서 한쪽에 짧은 털이 있다. 꽃받침조각은 5개이며 털이 없고 피침형으로서 끝이 뾰족하다. 꽃잎은 좁은 거꿀달걀모양이고 길이 5~6mm로서 끝이 얕게 2개로 갈라진다. 줄기 하부의 잎겨드랑이에 꽃자루가 있는 긴 닫힌꽃이 달린다. 수술은 10개, 암술대는 3개가 있다.

🍒 열매

열매는 삭과로서 난상 타원형이고 4개로 갈라진다.

🌳 줄기

높이 15~30cm이고 원줄기는 네모가 지며 2줄의 털이 있다.

🌱 뿌리

뿌리는 굵으며 방추형이다.

분포

설악산과 북부지방

🌾 생태

여러해살이풀이다. 고산지대에서 자란다.

하얀색 꽃

숲바람꽃

 잎

뿌리잎은 긴 엽병이 있고 장상으로 5전열(全裂)되었으며 마지막 열편은 결각상 톱니가 있다. 잎 표면은 녹색이고 뒷면은 담록색이며 양면에 털이 있으나 특히 맥위에 털이 많고 잎가장자리에는 연모(緣毛)가 있다. 줄기에는 3개의 잎이 돌려붙어 총포로 되는데, 총포조각은 3개이며 3개로 다시 갈라지고 총포의 엽병은 길이 1cm정도로서 표면이 수채처럼 오목하며 털이 있고 뒷면의 맥이 두드러진다. 중앙열편은 사각상 타원형이며 양면의 맥 위와 가장자리에 긴 털이 있고 윗부분 가장자리에 결각상의 깊은 톱니가 있다.

꽃

꽃대는 높이 13cm정도로서 긴 털이 약간 있다. 꽃은 5~6월에 피고 줄기 꼭대기에 1개 또는 2개씩 달린다. 꽃의 지름은 1.7~2.5cm이며 꽃받침조각은 5개이고 뒷면 특히 밑부분에 털이 많다. 수술은 털이 없으며 수술대는 길이 3.5mm정도이고 꽃밥은 길이 1mm정도로서 타원형이며 암술은 10개 가량이고 씨방은 백색의 긴 털로 덮였다.

열매

수과는 견모가 밀생하고 7월에 성숙한다.

줄기

줄기에는 3개의 잎이 돌려 붙는다.

뿌리

근경은 가늘고 길며 갈색이다.

분포

경기도 가평군, 강원도 양구군, 양양군, 태백시, 화천군

생태

여러해살이풀이다. 활엽수림속의 습윤한 곳에서 자란다.

이용방안

관상용으로 이용한다.

쌍동이바람꽃

🍁 **잎**

잎은 4장씩 돌려나기하며 그중 2개는 정상엽이고 2개는 탁엽이며 좁은 달걀 모양, 넓은 피침형 또는 달걀모양이고 3(5)맥이 있으며 윗부분이 차차 좁아져 뾰족해지고 길이 3~5cm, 나비 1~2cm로서 표면 맥 위와 가장자리에 짧은 센털이 있다.

 꽃

꽃은 5~6월에 피며 백색이고 취산꽃차례는 원줄기 끝에 모여 달려서 전체가 원뿔모양꽃차례로 되며 꽃자루가 있고 꽃부리는 4개로 갈라지며 지름 4mm이고 수술은 4개이다.

🍒 열매
열매는 2개씩 붙어있고 반구형이며 평활하다.

🌳 줄기
높이 30~60cm이고 밑에서 가지가 갈리지지 않으며 네모가 지고 평활하며 다소 자주색을 띤다.

🌱 뿌리
뿌리는 황적색이고 옆으로 자란다.

🗺 분포
전국 각처에 분포한다.

🌾 생태
여러해살이풀이다. 산지 또는 숲속에서 자란다.

애기금강제비꽃

잎

잎은 삼각상 심장형, 길이 3.5~7.5cm, 폭 3~6cm, 끝은 뾰족해지며, 가장자리가 안으로 말리고, 굵은 톱니가 듬성하게 있으며, 퍼진 털이 있다. 잎자루는 잎몸보다 길며, 열매 맺을 때는 길이 11cm에 이른다. 잎 앞면은 녹색, 뒷면은 자줏빛이 돈다.

꽃

꽃은 4~5월에 핀다. 길이 5.5~7.5cm의 꽃줄기에 1개씩 달리며, 지름 1.5cm, 흰색이다. 꽃받침은 난상 피침형, 길이 5~6mm이다. 곁꽃잎에 털이 없다.

열매
열매는 삭과, 길이 8mm이다.

줄기
땅속줄기는 옆으로 뻗는다. 줄기는 없다.

분포
강원도(설악산), 경상북도

생태
여러해살이풀이다. 깊은 산의 숲 속에 자란다.

이용방안
관상식물로 이용할 수 있다.

약모밀

잎

잎은 어긋나기하며 엽병이 길고 난상 심장형이며 길이 3~8cm, 폭 3~6cm로서 뚜렷한 5출맥이있고 연한 녹색이며 끝이 뾰족하고 가장자리에 톱니가 없으며 밑부분은 심장저 또는 아심장저이고 탁엽이 엽병 밑에 붙어 있다.

꽃

5~6월경에 원줄기 끝에서 짧은 꽃대가 나와 그끝에 길이 1~3cm의 이삭꽃차례가 발달하며 백색의 꽃이 달린다. 포는 4개이고 꽃차례 밑에 십자모양꽃부리로 달려 꽃같이 보이며 길이 1.5~2cm이고 타원형 또는 긴 타원형이며 떨어지지 않는다. 꽃은 화피가 없고 3개의 수술이 있어 황색으로 보이며 씨방은 1개이고 상

위로서 3실이며 3개의 암술대가 있다.

열매

열매는 삭과이며 3개로 암술대 사이에서 갈라져 연한 갈색 종자가 나온다.

줄기

원줄기는 잎과 더불어 털이 없으며 길이 20~50cm로서 곧게 자라고 가지가 갈라지며 털이있고 몇 개의 세로줄이 있다.

뿌리

뿌리는 백색이고 연하며 옆으로 길게 뻗는다.

분포

제주도와 울릉도, 중부, 남부 지역에 분포

생태

숙근성 여러해살이풀로 관엽, 관화식물로 습지에 자생한다.

이용방안

항생물질이 내재되어 있어 약용으로 사용한다. 뿌리가 달린 전초를 어성초라 하며 약용한다.

왕둥굴레

🍁 잎

잎이 대나무와 유사하다. 어긋나기엽은 한쪽으로 치우쳐서 퍼지며 긴 타원형이고 길이 5~10㎝, 폭 2~5㎝로서 엽병이 없다. 잎 뒷면에 털이 있다.

🌼 꽃

꽃은 5월에 피며 줄기의 중간부분부터 2~5개씩 잎겨드랑이에 달리고 길이 15~20mm로서 밑부분은 백색, 윗부분은 녹색이며 꽃자루는 밑부분이 합쳐져서 꽃대로 된다. 6개의 수술이 판통 윗부분에 붙고 수술대에 잔돌기가 있으며 꽃밥은 길이 4mm로서 수술대와 길이가 거의 같다.

열매
꽃이지면 둥근 장과를 맺으며 9~10월경에 흑숙(黑熟)한다.

줄기
높이 30~60cm정도이며 6줄의 능각이있고 끝이 처지며 육질의 근경은 점질이고 옆으로 뻗는다. 줄기가 곧게 서는데 윗부분으로 가면서 약간 구부러지고 가지는 없다.

뿌리
뿌리는 대나무처럼 옆으로 뻗으며 굵은 육질로 황백색을 띠고 단맛이 있다. 근경에 수염뿌리가 난다.

분포
경상북도 울릉군

생태
여러해살이풀이다. 둥글레는 양지바른 곳을 좋아하지만 산이나 들의 반그늘 지역에서도 자란다.

이용방안
어린 순을 식용, 근경은 식용 및 약용한다. 근경을 옥죽이라 하며 약용한다.

왕제비꽃

잎

잎은 어긋나기하며 밑부분의 잎은 비늘 모양으로 퇴화되고 윗부분의 것은 짧은 엽병이 있으며 피침형 또는 난상 타원형이고 양끝이 좁으며 가장자리에 뾰족한 톱니가 있고 뒷면에 잔털이 있으며 탁엽은 피침형이고 우상으로 깊게 갈라진다.

꽃

꽃은 4~5월에 피며 백색 바탕에 자주색 줄이 있고 꽃자루는 길이 3~6cm이며 작은포는 중앙 위쪽에 달린다. 꽃받침 조각은 피침형이고 길이 5~6mm이며 부속체는 짧고 끝이 파지며 꽃잎은 길이 12~13mm로서 측판 내부에 털이 없고 입술모양꽃부리는 백색 바탕에 자주색 줄이 있으며 거는 타원형이고 길이 3mm 정도이다.

열매

열매는 삭과로 난상 타원형이고 끝이 뾰족하며 털이 없다.

줄기

원줄기는 곧게 자라며 높이 40~60cm이고 털이 있다.

분포

경기도 가평군, 연천군, 파주시, 강원도 삼척시, 춘천시, 충청북도 단양군, 보은군, 옥천군

생태

여러해살이풀이다. 습지에서 자란다.

울릉산마늘

🍃 잎
잎은 넓고 2~3개씩 달리며 길이 20~30cm, 폭 3~10cm로서 타원형 또는 좁은 타원형이고 양끝이 좁으며 가장자리가 밋밋하고 약간 흰빛을 띤 녹색이며 윤채가 없다. 엽병 밑부분은 엽초로 되어 서로 둘러싸고 윗부분에 흑자색 점이 있다.

꽃
꽃은 백색 또는 황색으로서 5~7월에 피며 높이 40~70cm의 꽃대가 나와 그 끝에 우상모양꽃차례가 달린다. 포는 달걀모양이며 2개로 갈라지고 꽃자루는 길이 1.5~3cm이다. 화피열편은 길이 5~6mm로서 긴 타원형이며 둔두이고 수술 및 암술대는 화피보다 길며 꽃밥은 황록색이다.

열매

삭과는 3개의 심피로 된 거꿀심장모양이고 끝이 오그라들며 흑색의 종자가 달린다.

줄기

꽃대는 높이 40~70cm정도로 자란다.

뿌리

백합과의 숙근 여러해살이풀로 비늘줄기는 길이 4~7cm이고 피침형이며 약간 굽고 외피는 그물같은 섬유로 덮여 있으며 갈색이 돈다.

분포

지리산, 설악산, 울릉도 및 북부지방에 분포

생태

여러해살이풀이다. 높은산 숲 속에 자란다.

이용방안

여린부분을 식용한다. 비늘줄기를 각총이라 하여 약용한다.

유럽전호

잎

» 잎은 긴 자루가 있고 잎자루 기부가 엽초로 되며 엽초 주변의 털이 연모이다.
» 잎몸의 윤곽이 삼각상 달걀모양이며 3회 우상복엽으로 최종 열편은 길이 3~8㎜로 달걀모양이고 엽축과 잎 열편의 가장자리는 긴 털이 드문드문 난다.

꽃

꽃은 5~6월에 핀다. 우상모양꽃차례는 잎과 마주나며 꽃차례는 3~7개의 큰 꽃대가 있고, 다시 작은 꽃대가 5~7개 생기며 기부에 작은포가 달린다. 꽃은 백색이며 지름이 2㎜정도이다.

열매

열매는 길이 3~4㎜, 달걀모양이며 표면에 갈고리처럼 끝이 굽은 털이 밀생하고 2개의 분과로 이루어지며 분과의 끝은 부리모양으로 길게 자라며 끝에 작은 갈고리 모양의 돌기가 다시 달린다.

 줄기

줄기는 곧게 자라고 높이 15~80㎝로 털이 없고 분지된다.

뿌리

뿌리는 원뿌리이다.

분포

전국 각처에 분포한다.

생태

한해살이풀이다.

윤판나물아재비

 잎

잎은 긴 타원형 또는 넓은 타원형, 길이 5~15cm, 폭 1.5~4cm이다.

 꽃

꽃은 5~6월에 핀다. 가지 끝에서 1~3개씩 달리며, 밑으로 쳐지고, 끝이 녹색을 띠는 흰색, 길이 2~3cm이다. 꽃자루는 길이 1.5~3cm이다. 화피의 안쪽과 아래쪽 가장자리에 짧고 부드러운 털이 있다. 수술대는 길이 2cm쯤이며, 털이 없다. 꽃밥은 선형, 길이 5~6mm이다. 암술대는 길이 15mm쯤이며, 3갈래로 갈라진다.

열매

열매는 장과, 지름 1cm쯤, 푸른빛이 도는 검은색이다.

줄기

땅속줄기는 가늘고 길며, 포복지를 낸다. 줄기는 곧추서며, 위쪽에서 가지가 갈라지고, 높이 30~60cm이다.

분포

울릉도, 제주도, 가거도

생태

여러해살이풀이다. 숲 속에서 자란다.

하얀색 꽃

잔털제비꽃

잎
잎은 밑동에 밀생하며 난상 원형이고 끝이 둥글거나 둔두이며 깊은 심장저이고 길이와 폭이 각 5~6cm로서 가장자리에 물결모양의 톱니가 있으며 엽병은 길이 20cm정도이고 짧은 털이 밀생하며 탁엽은 피침형으로 엽병 밑동에 붙는다.

꽃
4월에 잎사이에서 길이 5~10cm의 화경이 나와 그 끝에 옆으로 향한 지름 2cm 가량의 백색꽃이 좌우상칭으로 달리고 꽃대축에 털이 없다. 꽃잎은 길이 10~14mm로서 옆의 것은 털이 약간 있거나 없으며 앞의 것은 자주색 줄이 있고 거는 길이 6~7mm이다.

🍒 열매

열매는 난상 타원형이며 길이 7~8mm로서 털이 없고 열매가 익을때는 열매자루가 자라지 않으며 원줄기 밑에 뭉쳐 있다.

🌳 줄기

원줄기가 없고 전체에 털이 있다.

🌱 뿌리

뿌리에서 잎이 돋는다.

🗾 분포

중부 이남

🌿 생태

여러해살이풀이다. 산지의 숲 가장자리에서 자란다.

💡 이용방안

어린 식물체는 식용한다.

지치

잎

잎은 어긋나기하며 엽병이 없고 후질(厚質)이며 피침형으로 양끝이 뾰족하고 밑부분이 좁아져서 엽병처럼 되며 톱니가 없고 지맥(枝脈)은 비스듬히 뻗는다.

꽃

꽃은 5~6월에 피고 백색으로서 정생하는 총상꽃차례에 달리며 잎모양의 포가 있고 꽃받침조각은 5개로 깊게 갈라지며 열편은 녹색이고 선형이며 둔두이고 판통보다 길다. 꽃부리는 길이 6~7mm, 지름 4mm로서 후부에 5개의 비늘조각이있고 바퀴모양으로 5열한다.

🍒 열매
분과는 회색이며 윤채가 있다.

🌳 줄기
높이 30~70cm이고 곧게 자라며 원줄기는 가지가 갈라지고 잎과 더불어 털이 많다.

🌱 뿌리
뿌리가 땅속 깊이 들어가며 비후하고 자주색이다.

🗺 분포
전국 각처에 분포한다.

🌾 생태
여러해살이풀이다.

💡 이용방안
뿌리를 자근(紫根)이라 하며 약용한다.

참작약

🍁 잎

근생엽은 1~2회 우상으로 갈라지며 윗부분의 것은 3개로 깊게 갈라지기도 하고 밑부분이 엽병으로 흐른다. 소엽은 피침형, 타원형 또는 달걀모양으로서 양면에 털이 없으며 표면은 짙은 녹색이고 가장자리가 밋밋하며 엽병은 잎맥과 더불어 붉은 빛이 돈다.

꽃

꽃은 5~6월에 피고 백색이며 원줄기 끝에 큰 꽃이 1송이씩 달리고 꽃받침조각은 5개로서 가장자리가 밋밋하며 녹색 이고 끝까지 남아 있다. 꽃잎은 10개 정도로서 거꿀달걀모양이며 길이 5cm정도이고 수술은 많으며 황색이다.

🍒 열매

열매는 골돌로서 2~5개이고 달걀모양이며 갈색의 거친 털이 밀생하고, 복봉선으로 터진다.

🌳 줄기

높이 40~90cm이고 곧추서며 가지를 치고 털은 없다.

뿌리

뿌리가 방추형이며 비대하고 길며, 절단면은 붉은 빛이 돈다.

분포

강원도, 경기도, 경상북도

생태

산지에 자라거나 민가에서 심어 기르는 여러해살이풀이다.

💡 이용방안

적작약, 호작약, 참작약의 뿌리를 적작약이라 하며 약용한다.

하얀색 꽃

층층갈고리둥굴레

🍁 잎

잎은 단엽, 2~7개가 돌려나기 배열, 엽신은 선형, 길이 11~17㎝, 폭 1~2.7㎝, 표면은 녹색, 뒷면은 분백색, 엽병이 없음

꽃

꽃은 양성꽃, 5~6월 백색 개화, 화경은 2~8개의 꽃이 밑으로 처짐, 화경길이는 3~7.5cm 화피는 통형, 6열편, 수술은 6개, 수술대는 잔돌기가 존재, 암술대는 씨방길이의 2배이다.

열매

열매는 장과로 9~10월에 검게 익는다.

 줄기

줄기는 둥글며, 높이 40~150cm로 곧추선다.

 뿌리

땅속줄기는 옆으로 뻗는다.

 분포

전국적 각처에 분포한다.

 생태

여러해살이풀이다. 산지에서 자란다.

💡 **이용방안**

말린후 볶아 차로 사용한다. 어린순을 삶아 나물로 먹거나 말려 기름에 볶는다. 땅속 줄기를 캐 날것으로 먹거나 솥에 쪄먹는다. 심장병, 고혈압, 당뇨병 치료와 피로회복, 체력증강에 사용한다.

큰개별꽃

 잎

잎은 마주나기하고 줄기 밑부분의 것은 주걱모양 또는 거꿀피침모양이며 밑부분이 좁아져서 엽병처럼 되고 밑부분에 털이 있다. 줄기 윗부분에 달려 있는 2쌍의 잎은 특별히 크며 마디사이가 짧고 십자형으로 배열되며 넓은 달걀모양이고 둔두 또는 예두이며 밑부분이 급히 좁아져서 엽병처럼 되고 길이 3~4cm, 폭 1.5~2.5cm로서 털이 없다. 줄기의 마디 사이가 짧아서 마치 잎이 돌려나기 한 것처럼 보이기도 한다.

꽃

4~6월에 두 종류의 꽃이 피며 원줄기 끝에 1개의 백색 꽃이 위를 향해 달리고 꽃자루는 길이 15~25mm로서 털이없다. 꽃받침은 녹색이며 5~7개로 갈라지고 털이 약간 있으며 꽃잎은 넓은 거꿀피침모양이고 길이 6~8mm로서 둔두이다. 수술은 10개이며 꽃밥은 황색이고 씨방은 6개의 모가 진 달걀모양이며 3개로 갈라진 암술대가 있다.

열매

과실은 삭과로서 4갈래로 갈라져서 작은 종자가 나온다.

줄기

높이 10~20cm이고 줄기의 마디 사이가 짧으며 털이 2줄로 돋고 흰털이 있다.

뿌리

방추형의 백색 덩이뿌리가 있다.

분포

전국 각처에 분포한다.

생태

여러해살이풀이다. 전국의 산지에서 자란다.

이용방안

어린순은 나물로 식용할 수 있다. 덩이뿌리를 태자삼이라 하며 약용한다.

큰꽃으아리

🍁 잎

잎은 3출 또는 깃모양겹잎이며 마주나기하고 3~5개의 소엽은 달걀모양 또는 난상 피침형이며 첨두 또는 점첨두이고 원저이며 길이 4~10cm로 가장자리는 밋밋하고 표면에 털이 없으며 뒷면에 잔털이 난다.

꽃

꽃은 5~6월에 피고 지름 5~10cm로서 백색 또는 연한 자주색이고 가지 끝에 1개씩 달리며 꽃받침열편은 6~8개이고 넓은 달걀모양, 타원형 또는 긴 타원형으로서 끝이 뾰족하며 꽃잎같이 보이나 꽃잎은 없다. 암술과 수술은 여러 개인데 수술대는 편평하고 암술대는 끝 부근에 복모가 있다. 꽃대에는 포가 없다.

열매

수과는 달걀모양으로 9~10월에 익고 갈색털이 있는 긴 암술대가 그대로 달려있다.

줄기

줄기는 가늘고 길며 잔털이 있고 길이 2~4m 정도 자라며 갈색이고 덩굴성이다.

뿌리

국수발 굵기의 연갈색 뿌리가 사방으로 내린다.

분포

전국 각처에 분포한다.

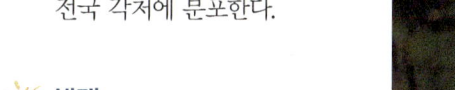

생태

낙엽성 활엽 만경목, 덩굴식물이다. 표고 100~850m지역에서 자란다.

이용방안

관상용으로 식재되고 있으며, 새잎은 식용으로 사용할 수도 있다. 위령선, 큰꽃으아리의 뿌리 또는 전초를 철선련이라 하며 약용한다.

큰황새냉이

잎

잎은 어긋나기하고 3~9개의 소엽으로 구성된 홀수깃모양겹잎이고 거의 황새냉이와 비슷하지만 소엽이 적으며 둥글고, 특히 정소엽이 크며 폭이 2.5cm에 달하는 것이 다르다. 소엽은 끝이 둔하고 가장자리가 불규칙하게 갈라지며 양면에 털이 없거나 약간 있다.

꽃

꽃은 5~6월에 피고 가지 끝과 원줄기 끝에 20개 정도의 백색 십자모양꽃부리가 총상꽃차례를 이룬다. 꽃받침조각은 긴 타원형, 길이 2mm, 꽃잎은 넓은 주걱모양, 길이 4mm이다.

🍒 열매

장각과이며 1개의 암술이 자라서 길이 2~3cm의 열매로 되며 익으면 껍질이 2개로 갈라지고 말리면서 종자가 튀어 나오며 털이 없다.

🌳 줄기

높이가 20cm에 달하며 원줄기는 연약하고 거의 털이 없으며 윗부분에서 여러 대로 갈라져 비스듬히 자란다.

분포

강원도 이남에 분포한다.

생태

여러해살이풀이다. 냇가 또는 습지 옆에서 자란다.

💡 이용방안

어린 순을 나물로 한다.

하얀색 꽃

토끼풀

 잎
- » 잎은 어긋나기하고 장상3출복엽으로서 엽병은 길이 10cm에 이른다. 소엽은 거꿀달걀모양 또는 거꿀심장모양이며 길이 8~20mm, 넓이 8~18mm로서 원두 또는 요두이고 예저이며 작은잎자루가 거의 없고 길이 15~25mm, 나비 10~25mm로서 잎맥이 뚜렷하고 가장자리에 가는 톱니가 있으며 양면에 털이 거의 없다.
- » 탁엽은 난상피침형으로서 예두이다.

 꽃

머리모양꽃차례에 많은 꽃이 산형으로 달리며 화경은 길이 20~30cm이고 꽃은

4~7월에 피며 길이 9mm정도로서 백색이고 꽃잎이 떨어지지 않고 갈색으로 말라서 열매를 둘러싼다.

열매

협과는 선형이며 길이 10mm정도로서 4~6개의 갈색 종자가 들어 있다.

줄기

줄기는 가로 뻗어 길이가 30~60cm정도이고, 전체에 털이 없다.

뿌리

줄기의 마디에서 뿌리가 내린다.

분포

전국 각처에 분포한다.

생태

여러해살이풀이다. 잔디밭이나 하천 둔치, 정원 등 일조 조건이 좋은 곳에 널리 자라고 있다.

이용방안

목초 또는 조경용으로 쓰이며 전초를 전간, 종기, 임파선, 결핵, 치질, 꽃의 팅크제를 기침, 천식, 폐결핵 등에 쓰인다.

호작약

🍁 **잎**

잎은 어긋나기하고 1~2회 우상으로 3출하며 소엽은 종종 3개로 깊게 갈라지고 열편은 피침형 또는 좁은 거꿀달걀모양으로 표면은 광택이 있으며 뒷면은 엷은 녹색이다. 엽병은 붉은빛이 돈다.

 꽃

» 꽃은 5~6월에 백색 또는 적색으로 피고 줄기 끝에 1개씩 달린다.
» 꽃받침조각 5개, 꽃잎은 10개이나 종종 겹꽃, 수술은 다수이다.

🍒 열매

과실은 골돌이고 복봉선으로 터진다.

줄기

줄기는 높이 40~90cm이고 곧추서며 가지를 치고 털은 없다.

뿌리

뿌리는 방추형이며 자르면 붉은빛이 돈다.

분포

경기도 이북

생태

여러해살이풀이다. 깊은 산에 자란다.

이용방안

뿌리를 약용한다. 관상용으로 심는다.

특징

잎뒤 맥 위에 털이 있다.

하얀색 꽃

홀아비꽃대

잎

잎은 광택이 나고 줄기 밑부분의 마디에 비늘같은 잎이 달려 있으며 잎은 4개가 서로 연속하여 마주나기 하므로 돌려 나기한것 같이 보이고 길이 4~12㎝,나비 2~6㎝로서 달걀모양 또는 타원형이며 끝이 뾰족하고 가장자리에 톱니가 있으며 밑부분이 예저이고 광택이 나며 엽병은 길이가 3~12mm이다.

꽃

» 꽃은 4월이나 5월에 피며 백색이고 위를 향한 길이 2~3㎝인 1개의 꽃대축에 많은 꽃이 이삭꽃차례를 이룬다. 꽃차례는 길이 2~3cm로서 밑부분에 길이 2~5cm의 대가 있으며 꽃잎이 없다. 수술대는 3개이고 밑부분이 짧게 합쳐져

서 씨방 뒷면에 붙어 있으며 선형으로서 백색이고 바깥쪽 밑부분에 꽃밥이 달린다.
» 씨방은 1개, 좌우 양측의 수술대 2개만 꽃밥이 달리고 중앙의 수술대에는 꽃밥이 없다.

🍒 열매

열매는 구형이며 삭과로서 길이 2.5~3mm이고 넓은 거꿀달걀모양이며 밑부분이 좁다. 9~10월에 성숙한다.

🌳 줄기

마디 사이가 짧으므로 4개의 잎이 둘러난 것 같아 보인다. 마디에서 돋은 줄기는 높이 20~30cm로 자라서 곧게 서고 가지가 갈라지지 않으며 털이 없다. 밑부분의 마디에 비늘같은 잎이 달려 있다.

뿌리

근경은 마디가 많고 흔히 덩어리처럼 되며 회갈색의 뿌리가 돋는다.

분포

전국 각처에 분포한다.

생태

여러해살이풀이다. 숲속 낙엽수 하부의 습윤하고 부식질이 풍부한 곳에 생육한다.

💡 이용방안

전초는 은선초, 근경은 은선초근이라 하며 약용한다.

황새냉이

잎

잎은 어긋나기하며 홀수깃모양겹잎으로서 잔털이있고 정소엽이 가장 크며 밑부분의 것은 길이 3~15mm, 폭 6~15mm이다. 소엽은 밑부분의 것은 7~17개이고 달걀모양 또는 넓은 달걀모양으로서 엽병이 있으며 3~5개로 갈라지기도 하고 윗부분의 것은 3~11개이며 피침형으로서 밋밋하거나 톱니 또는 결각이 약간 있다.

꽃

꽃은 4~5월에 피며 흰색이고 가지 끝과 원줄기 끝의 총상꽃차례에 십자모양꽃부리가 20개정도 달린다. 꽃받침조각은 4개이고 흑자색이 돌며 길이 2mm정도로서 난상 긴 타원형이고 꽃잎은 거꿀달걀모양이며 꽃받침보다 2배정도 길고 넷 긴수술과 1개의 암술이 있다.

🍒 열매

열매는 길이 2cm, 폭 1mm정도로서 털이 없으며 익으면 2조각이 뒤로 말리고 길이 7mm정도의 종자가 튀어 나온다.

🌳 줄기

높이 10~30cm이고 줄기는 뿌리에서 갈라지고 마른 곳에서 자란 것은 아랫부분이 약간 갈색을 띠며 털이 많으나, 습지나 음지에서 자란것은 녹색이고 털이 없다.

분포

전국 각처에 분포한다.

🌱 생태

2년생 초본이다. 냇가, 논밭근처 및 습지에서 흔히 군생한다. 밑에서 가지가 많이 갈라진다.

💡 이용방안

어린 순을 나물로 한다.

흰그늘용담

🍁 **잎**

잎은 뿌리 끝에서 모여나고 꽃무늬처럼 비스듬히 퍼지며 달걀모양이고 큰것은 길이 1.5cm, 나비 1.3cm로서 끝이 뾰족하며 가장자리가 막질로 되고 잔돌기가 있으며 위로 갈수록 점차 작아져서 경생으로 된다. 줄기잎은 마주나기하고 밑부분이 동합하여 엽초로 되며 끝이 까락처럼 뾰족하고 가장자리가 백색 막질이며 뒷면 주맥과 더불어 규칙적인 잔돌기가 있다.

 꽃

꽃은 5~7월에 피고 백색이며 줄기 끝에 1개씩 달리고 꽃자루는 짧으며 윗부분에 점같은 잔돌기가 있다. 꽃받침은 길이 8mm로서 중앙까지 5개로 갈라지고 열편은 피침형이며 끝이 뾰족하고 가장자리가 백색 막질이며 꽃부리는 꽃받침보다 2배정도 길고 끝에 가시같은 돌기가 있으며 열편 사이의 부편은 열편보다 다소 짧고 톱니가 다소 있다. 수술은 5개, 암술은 1개가 화관통속에 들어 있다.

줄기
높이 5~7cm이고 밑에서 갈라져 모여나기 하며 털이 없다.

뿌리
뿌리는 원뿌리가 있어 길이 6cm 곧추 들어간다.

분포
제주도 한라산

생태
두해살이풀이다. 해발 1500m이상에 난다.

흰동강할미꽃

🍁 **잎**

잎은 깃꼴겹잎, 윗면은 반들거리고 진한 녹색이다.

 꽃

꽃은 4~6월에 피고, 흰색이며 위 또는 옆을 향한다. 꽃받침잎은 꽃잎처럼 보이며, 5~8장이다. 수술은 많고, 꽃밥은 노란색이다. 암술은 많고, 암술머리는 꽃받침잎과 색깔이 같다.

🍒 **열매**

열매는 수과다. 열매는 6~7월에 익는다.

줄기
줄기는 높이 15~30cm, 전체에 흰 털이 많다.

분포
강원도 동강

생태
여러해살이풀이다. 산기슭이나 산정의 바위틈에서 자란다.

이용방안
관상용으로 심는다.

하얀색 꽃

흰붓꽃

🍁 잎
잎은 선형으로 길이 30~60cm, 폭 5~10mm, 끝은 뾰족하고 중앙맥은 뚜렷하지 않다.

🌼 꽃
꽃은 5~6월에 피고, 꽃싸개잎은 장타원상 피침형으로 길이 4~6cm, 2~3개의 꽃을 감싼다. 꽃은 꽃자루 끝에 2~3개씩 달리고 흰색, 지름 8cm쯤이다. 외화피편은 넓은 도란형이고 내화피편은 곧추선다. 수술은 3개, 암술대의 열편 끝은 2갈래로 갈라진다.

🍒 열매
» 열매는 7~8월에 익는다. 삭과, 사각기둥 모양으로 길이 4cm쯤이다.
» 씨는 길이 5mm, 폭 2~4mm, 원판형, 짙은 갈색이다.

🌳 줄기
땅속줄기는 옆으로 뻗으며 수염뿌리가 많이 난다. 꽃줄기는 곧게 자라며 높이 30~60cm다.

분포
남부지방

생태
여러해살이풀이다.

💡 이용 및 활용
관상용으로 심는다.

흰얼레지

🍁 잎

잎은 좁은 달걀모양 또는 장 타원형으로 길이 6~12cm, 나비 2.5~5cm이며 끝은 둔하거나 뾰족하고 가장자리는 밋밋하며 표면은 녹색 바탕에 자색 무늬가 있다.

🌼 꽃

꽃은 4~5월에 백색으로 피고 화경 끝에 1개의 꽃이 밑을 향해 달린다. 화피편은 6개이고 피침형으로 길이 4~5cm이며 강하게 뒤로 말리고 기부에 W자의 짙은 자색 무늬가 있으며 그밑에 꿀샘이 있다. 수술은 6개이고 암술머리는 3개로 갈라진다.

열매
삭과는 삼릉형이다.

줄기
줄기는 중부에 드물게 3개의 잎이 달리며 긴 엽병이 있으나 지하로 묻혀 지상에는 엽신만이 나타난다. 땅속 깊이 들어있는 통상 장 타원형의 비늘줄기는 길이 5~6cm, 나비 약 1cm이며 기부에 전년도의 비늘줄기의 밑부분이 붙어있고 외피는 황갈색을 띤다.

분포
제주도를 제외한 전국

생태
여러해살이풀이다. 산중의 비옥한 땅에 자란다.

이용방안
비늘줄기에서 채취한 전분을 식용 또는 약용한다.

하얀색 꽃

흰젖제비꽃

잎

잎은 긴 삼각형 또는 긴 타원형으로서 밑부분이 전저(箭底)에 가깝고 끝이 둔하며 가장자리에 뾰족한 톱니가 있고 엽병이 길며 날개가 없다.

꽃

화경은 잎보다 길며 중앙부에 2개의 포가 있고 포는 선형이다. 꽃은 4~5월에 피며 백색이고 꽃받침조각은 피침형 또는 넓은 피침형이며 밑부분이 뾰족하고 꽃잎은 백색이며 측열편 안쪽에 털이 있고 거(距)는 길이 5mm, 폭 3mm이다.

열매

삭과는 긴 타원형으로 털이 없다.

 줄기

원줄기는 없다.

 뿌리

백색이다.

 분포

중부 이남

 **생태**

여러해살이풀이다. 논 또는 밭둑이나 노출된 절사면, 초원 등과 같이 햇볕이 잘 드는 곳에서 자란다.

흰현호색

잎

인편엽은 1개로 길이 1~1.8cm다. 줄기는 비스듬하게 기운다. 잎은 2장이며 각각 2회 3출엽이다. 작은 잎은 도란형으로 거치가 없거나 불규칙하게 깊이 갈라진다.

꽃

» 꽃은 3~4월에 핀다. 총상화서는 줄기 끝에 형성되고, 꽃은 2~14개가 달린다.
» 포는 길이 3~6mm, 폭 1~3mm로 선단이 미약하게 열편화된다. 소화경의 길이는 개화시 5~10mm, 열매성숙시 10~14mm다. 외화피는 백색이고 길이는 12~15mm, 거의 길이는 6~8mm다.

🍒 열매

열매는 선형으로 약간 휘어진다. 종자는 다소 납작하고 콩팥 모양이며, 표면에 광택이 있다. 열매에 종자는 1열 배열한다.

🌳 줄기

지하경은 가늘고 길며 밑에 내부가 흰색인 구형의 괴경이 달린다.

🗺 분포

오대산, 설악산

🌱 생태

여러해살이풀이다. 산지에서 자란다.

💡 이용방안

덩이줄기를 약용으로 사용한다.

하얀색 꽃

03
빨간색 꽃
(분홍, 자주, 보라색 포함)

각시갈퀴나물

잎

잎은 어긋나기 잎차례이며 우상복엽은 10쌍 내외의 소엽으로 이루어지며 끝에 3~5개로 갈라진 덩굴손이 있고, 소엽은 선형으로 길이 2~3㎝, 나비 4~7㎜이다. 탁엽은 선형이며 길이 6~8㎜로 기부에 1개의 거치가 있기도 하다.

꽃

꽃은 5~8월에 피며, 잎겨드랑이에서 긴 꽃대가 나와 10~30개의 접형화가 한쪽 방향으로 밀집되어 총상꽃차례를 이룬다. 꽃받침은 종형으로 열편보다 판통이 길며 열편은 크기가 다르고 아래쪽의 것은 길이 2㎜이다. 꽃잎은 보라색이며 길이 10~15㎜이다.

열매
열매의 길이 2~4㎝, 나비 0.7~1㎝로 2~7개의 종자가 들어 있다.

 ## 줄기
줄기는 가늘고 덩굴성이며 길이 60~200㎝로 소엽이 변한 덩굴손에 의해 다른 식물에 기어오르고, 털이 없거나 드문 드문 털이 있다.

 ## 분포
제주도

 ## 생태
한해두해살이풀이다.

특징
식물체가 부드럽고 약한 것을 나타내어 "각시갈퀴나물"로 명명하였다.

갑산제비꽃

잎

잎은 뿌리에서 모여나기하며 바깥쪽 잎은 달걀모양 또는 넓은 달걀모양이고 밑부분이 심장저이며 가장자리에 톱니가 있고 끝이 뾰족하며 가장 안쪽의 잎은 끝이 둔하고 표면에 털이 없으며 뒷면 맥 위에 털이 약간 있고 엽병은 털과 날개가 없다.

꽃

화경은 잎과 길이가 비슷하며 중앙부에 2개의 포가 있고 털이 없으며 곧추서지만 끝이 밑으로 굽고 포는 선형이며 길이 3~5mm이다. 꽃받침조각은 털이 없고 피침형이며 부속체는 길이 2~3mm로서 끝에 톱니가 있고 꽃잎은 넓은 타원형 또는 넓은 타원상 원형이며 연한 보라색이고 측열편에 털이 있으며 암술대는 부리처럼 길다.

열매

열매는 삭과, 짧은 타원형, 3갈래이다.

줄기

줄기는 없고 꽃이 필 때의 높이가 4~10cm이다.

뿌리

다소 길게 자란 근경의 선단에서 잎이 모여나기한다.

분포

경기도 가평군, 연천군, 강원도 정선군, 전라남도 함평군

생태

여러해살이풀이다.

이용방안

관상식물로 이용할 수 있다.

특징

이 종은 털제비꽃에 비해 잎이 장타원형이고 꽃은 자주색이 돌지 않으며 홍자색이므로 구별된다. 갑산오랑캐꽃이라고도 하는 한국 특산종이다.

개불알풀

🍁 잎
잎은 밑부분에서는 마주나기하고 윗부분에서는 어긋나기하며 난상 원형이고 밑부분이 둥글며 길이와 폭이 각각 6~10mm로서 2~3쌍의 톱니가 있고 밑부분의 것은 짧은 엽병이 있으나 윗부분의 것은 엽병이 없다.

꽃
» 꽃은 5~6월에 피며 연한 홍자색이고 윗부분의 잎겨드랑이에 달리며 꽃받침은 길이 3~6mm로서 길게 4개로 갈라지고 열편은 달걀모양이며 끝이 둔하다.
» 꽃부리는 지름 3~4mm이고 판통이 짧으며 4개로 갈라진다. 수술 2개와 1개의 암술이 있다. 암술대는 길이 1mm정도이다.

열매

지름 5mm정도의 삭과로서 콩팥모양이고 전면에 부드러운 털이 있고 중앙부에 세로로 깊은 홈이 있으며 양단이 둥글다. 종자는 달걀모양이며 길이 1.2mm로서 희미한 주름이 있다.

줄기

높이 5~15cm이고 부드러운 짧은 털이 있으며 밑에서부터 가지가 갈라져 옆으로 자라거나 비스듬히 선다.

분포

울릉도, 경기도, 전라도, 경상도 지방에 분포한다.

생태

2년생 초본이다. 길가나 풀밭에서 자란다.

이용방안

전초(全草)를 파파납이라 하며 약용한다.

빨간색 꽃 분홍·자주·보라색 포함

갯개미자리

잎

잎은 마주나기하고 반원주상 선형이며 끝이 뾰족하고 길이 1.5~3cm로서 털이 없다. 탁엽은 넓은 삼각형 또는 넓은 달걀모양이고 길이 1.5~2mm로서 백색 막질이며 밑부분에서 동합하고 가장자리에 흔히 톱니가 2~3개가 있다.

꽃

꽃은 5~8월에 피며 줄기 윗부분의 잎겨드랑이에 달리고 꽃자루는 길이 3~6mm 로서 샘털이 있다. 꽃받침조각은 5개이고 달걀모양이며 끝이 둔하고 가장자리는 막질로서 샘털이 있으며 길이 2mm정도 이지만 3~4mm로 자란다. 꽃잎은 5개이 며 백색이고 길이 2mm정도로서 좁은 거꿀달걀모양이며 수술은 5개, 암술머리는 3개이다.

 열매

열매는 삭과로서 달걀모양이고 꽃받침보다 길며 길이 5~6mm로서 3개로 갈라지고 종자는 넓은 달걀모양이며 길이 0.5~0.7mm이고 같은 열매에서 나온 종자라도 날개가 있는 것과 없는 것이 있다.

 줄기

높이 10~20cm이며 줄기 밑에서 여러 갈래로 갈라지고 윗부분에 샘털이 있다.

분포

전국 각처에 분포한다.

생태

1~2년생 초본이다. 바닷가의 갯벌 근처와 바위 틈에서 자란다.

갯메꽃

🍁 잎

잎은 어긋나기하며 신원형이고 끝이 오목하거나 둥글며 길이 2~3cm, 폭 3~5cm 로서 기부는 깊게 파여 있고 가장자리에 물결모양의 요철이 생긴것도 있고 엽병 은 길이 2~5cm로서 잎보다 길다.

🌼 꽃

꽃은 5~6월에 피며 연한 홍색이고 지름 4~5cm인 깔때기 모양이며 잎겨드랑이 의 화경에서 1개씩 위를 향해 달린다. 화경은 대개 잎보다 길며 능선이 없고 포 는 2개이고 길이 1~1.3cm로서 넓은 난상 삼각형이며 보통 꽃받침보다 짧고 총포 처럼 꽃받침을 둘러싼다. 꽃부리는 지름 4~5cm로서 희미하게 5각이 지며 5개의 수술과 1개의 암술이 있다.

열매

둥근 삭과는 지름 1.5cm정도이며 포와 꽃받침에 싸여있고, 속에 검고 단단한 종자가 있다.

줄기

땅속줄기에서 줄기가 갈라져 지상으로 뻗거나 다른 물체에 기어 올라간다.

뿌리

희고 굵은 땅속줄기가 모래속에서 옆으로 뻗는다.

분포

독도를 포함한 전국 바닷가에 분포한다.

생태

여러해살이풀이다. 바닷가의 모래땅에서 자란다.

이용방안

어린싹과 땅속줄기는 식용한다. 뿌리를 효선초근이라 하며 약용한다.

갯무

잎

잎은 어긋나며 잎자루를 포한 길이 5~20cm, 폭 2~5cm, 깃꼴로 갈라지며, 갈래잎은 2~7쌍, 양면에 털이 있다.

꽃

꽃은 4~5월에 피며 줄기와 가지 끝에서 총상꽃차례에 달린다. 꽃받침잎은 4장, 꽃잎은 4장, 난형, 길이 약 2cm, 흰색 또는 엷은 자주색이다. 수술은 6개 중 4개가 길고, 암술은 1개이다.

🍒 열매

열매는 장각과, 염주 모양, 길이 5~8cm, 2~5개의 씨가 들어 있다.

🌳 줄기

줄기는 곧추서며, 높이 30~60cm, 듬성하게 가지가 갈라진다.

분포

경상북도(울릉도), 경상남도, 제주도

생태

두해살이풀이다. 바닷가 모래땅에서 자란다.

💡 이용방안

어린 잎은 식용하며 뿌리는 약용으로 쓰인다

빨간색 꽃 분홍·자주·보라색 포함

갯장구채

🍁 **잎**

잎은 마주나기하며 피침형 또는 거꿀피침모양이고 끝이 뾰족하며 가장자리는 밋밋하고 엽병은 없거나 극히 짧다.

 꽃

꽃은 5~6월에 피며 분홍색이고 원줄기와 가지 끝에 취산꽃차례로 달리며 꽃자루가 있다. 꽃받침은 짧은 통형이며 끝이 5개로 갈라지고 10개의 능선은 자줏빛이 돌고 전체에 굽은 털이 밀생한다. 꽃잎은 5개이고 끝이 2개로 갈라지며 꽃받침보다 길다. 수술은 10개, 암술대는 3개이다.

🍒 열매

열매는 삭과로 달걀모양이고 6개로 갈라지며 꽃받침에 싸여 있다. 종자는 갈색으로 잔돌기가 있다.

🌱 줄기

높이가 50cm에 달하고 원줄기와 더불어 가지가 갈라지며 전체에 회백색의 우단 같은 털이 밀생하고 모가 지며 곧게 선다.

분포

중부 이남의 해변에 분포한다.

생태

두해살이풀이다. 바닷가의 숲 속이나 모래땅에서 자란다.

💡 이용방안

관상식물로 이용할 수 있다. 생리불순, 생리통 등에 약용한다.

고깔제비꽃

잎

뿌리에서 2~5개씩 모여나며 성숙한 잎은 난상 심장형이고 끝이 급히 뾰족해지며 길이 4~7cm, 폭 4~8cm로서 양면, 특히 뒷면 맥 위에 털이 있고 엽병은 길이 10~25cm이며 탁엽은 서로 떨어지고 피침형이며 길이 7~10mm이다.

꽃

» 화경은 높이 10~15cm이고 4~5월에 1개의 홍자색 꽃이 한쪽을 향하여 핀다.
» 꽃받침조각은 5개이며 긴 타원형이고 둔두이며 길이 7~8mm이고 부속체는 둔한 사각형이며 가장자리가 밋밋하다. 꽃잎은 5개이며 길이 15~20mm로서 원두이거나 약간 파지고 측열편은털이 없거나 약간 있으며 거는 짧고 굵으며

길이 3~4mm로서 끝이 둥글고 낭상(囊 狀)이다. 수술은 5개이고 1개의 씨방과 1개의 암술대가 있다.

열매

삭과는 타원형이고 갈래로 벌어지며 털이 없고 길이 1~1.5cm로서 뚜렷하지 않은 갈색반점이 있다.

줄기

원줄기는 없다.

뿌리

근경이 굵으며 마디가 많고 뿌리에서 2~5개의 잎이 나오며 꽃이 필 무렵에는 양쪽 밑부분이 안쪽으로 말려서 고깔처럼 되므로 고깔제비꽃이라고 한다.

분포

제주도, 전라남도, 전라북도, 경상남도, 충청남도, 충청북도, 강원도, 경기도

생태

여러해살이풀이다. 산지의 나무그늘이나 양지에서 자란다.

이용방안

뿌리는 정혈(淨血), 진해(鎭咳), 진정(鎭靜)에 쓰인다.

특징

잎이 활짝 피기 전의 모습이 고깔 같아서 '고깔제비꽃'이라고 한다.

고려종덩굴

🍁 잎

잎은 마주나며, 1~2회 3장씩 갈라지는 겹잎이다. 갈래잎은 피침형 또는 난형, 끝은 뾰족하고 밑은 쐐기 모양, 가장자리에 결각상 톱니가 있다. 잎 앞면에는 털이 없으나 뒷면 잎맥 위에 부드러운 털이 있다. 잎자루는 길이 4~7cm, 털이 있다.

꽃

꽃은 5~6월에 피며, 줄기 끝과 잎겨드랑이에서 1개씩 달리며, 밑으로 처지고, 넓은 종 모양으로 진한 보라색이다. 꽃받침잎은 4장, 넓은 피침형, 끝은 뾰족하다. 헛수술은 4개이다.

열매

열매는 삭과, 도란형이다. 열매는 7~8월에 익는다.

 줄기

줄기는 1m이상으로 자라고 묵은 가지에는 털이 없으나 어린 가지에는 털이 있다.

 분포

북부지방

 생태

낙엽 덩굴나무이다.

골무꽃

잎

잎은 마주나기하며 심장형 또는 원형이고 둔두 심장저이며 길이와 나비가 각 1~2.5cm로서 양면에 털이 있고 가장자리에 둔한 톱니가 있으며 엽병은 길이 5~20mm이다.

꽃

꽃은 자색으로 5~6월에 피며 한쪽으로 치우쳐서 2줄로 달리고 정생하는 총상 꽃차례에 촘촘히 난다. 꽃받침조각은 순형이고 길이 3mm에서 6~7mm로 자라며 위쪽에 원반 모양의 부속체가 있고 겉에 털이 있으며 포는 병(柄)이 있으며 달걀모양이다. 꽃부리는 밑부분이 꼬부라져서 곧게 서며 길이 18~22mm이고 긴 통상 순형으로 상순은 고깔모양 꽃부리, 하순은 넓으며 앞으로 나오고 자주색 반점이 있다. 수술은 4개로서 그 중 2개가 길다.

열매

4개의 분과로서 꽃받침에 싸여 있으며, 흑색이고 길이 약 1mm로서 돌기가 밀생한다.

줄기

높이 20~40cm이고 긴 퍼진 털이 많으며 원줄기는 둔한 사각형이고 비스듬히 자라다가 곧게 선다.

분포

제주도, 전라남도, 경상남도, 충청남도, 충청북도, 강원도, 경기도

생태

여러해살이풀이다. 산이나 들에 난다.

이용방안

골무꽃/들깨잎골무꽃/산골무꽃의 전초(全草)를 한신초(韓信草)라 하며 약용한다.

광대나물

잎

잎은 마주나기하고 밑부분의 것은 지름 1~2cm로서 엽병이 길며 원형이고 윗부분의 것은 엽병이 없으며 반원형이고 양쪽에서 원줄기를 완전히 둘러싸며 가장자리에 톱니가 있다.

꽃

꽃은 4~5월에 피고 홍자색이며 잎겨드랑이에서 여러 개의 꽃이 나와 돌려나기한 것처럼 보인다. 꽃받침은 길이 5mm정도로서 5개로 갈라지고 잔털이 있으며 꽃부리는 판통이 길고 하순이 3개로 갈라지며 상순은 앞으로 약간 굽고 바깥면에 잔털이 있다. 수술은 2강 웅예, 닫힌꽃이 흔히 생긴다.

🍒 열매
열매는 소견과로 3개의 능선이 있고 거꿀달걀모양으로 전체에 흰 반점이 있다.

🌳 줄기
높이 10~30cm이며 네모지고 기부에서 가지가 많이 갈라져 뭉쳐 나고 원줄기는 가늘며 자주빛이 돈다.

분포
전국 각처에 분포한다.

생태
두해살이풀이다. 습한 길가나 밭둑에서 자란다.

💡 이용방안
연한 어린 순은 식용한다. 전주(全株)를 보개초라 하며 약용한다.

빨간색 꽃, 분홍·자주·보라색 포함

구슬붕이

🍁 잎

밑부분에 바퀴모양으로 달린 몇 개의 잎은 사각상 달걀모양이고 길이 1~4cm, 나비 5~12mm로서 가장자리가 두꺼워져 투명질로 되며 끝이 까락처럼 뾰족하고 가장자리가 밋밋하다. 줄기잎은 달걀모양 또는 좁은 달걀모양이며 길이 5~10mm, 나비 2~5mm로서 밑부분이 합쳐져서 짧은 엽초로 된다.

🌼 꽃

» 꽃은 5~6월에 피고 연한 자주색이며 짧은 화경이 있고 가지 끝에 달리며 꽃받침통은 길이 4~6mm이고 열편은 달걀모양으로서 끝이 가시 같으며 판통 길이의 1/2정도이다. 화관통은 길이 12~15mm로서 꽃받침보다 2배정도 길고

열편 사이에 있는 부편은 열편보다 다소 작으며 때로는 2개로 갈라진다.
» 수술은 5개, 암술은 1개이다.

열매

열매는 삭과로 긴 대가 있고 꽃부리 밖으로 나오며 2개로 갈라지고 종자는 방추형으로서 다소 평활하다.

줄기

높이 2~10cm이고 밑에서 갈라져 모여나기하며 잔돌기가 있다.

분포

전국 각처에 분포한다.

생태

두해살이풀이다. 산지의 습한 양지에서 자란다.

이용방안

전초(全草)를 석용담이라 하며 약용한다.

금창초

🍁 잎

근생엽은 방사상으로 퍼지며 넓은 거꿀피침모양이고 둔두이며 길이 4~6cm, 나비 1~2cm로서 짙은 녹색이지만 흔히 자줏빛이 돌고 밑으로 점차 좁아지며 가장자리에 둔한 물결모양의 톱니가 있다. 윗부분의 잎은 길이 1.5~3cm로서 마주나기하고 긴 타원형 또는 달걀모양이다.

🌼 꽃

» 꽃은 자색으로 5~6월에 피며 잎겨드랑이에 몇개씩 달리고 꽃이 피는 줄기는 4~6개가 높이 5~15cm정도 곧게 자라며 몇쌍의 잎이 달리고 자줏빛이 돈다.
» 꽃받침은 5개로 갈라지며 털이 있고 꽃부리는 길이 1cm정도의 순형이다.

» 상순(上脣)은 짧은 반원형이며 중앙부가 오그라들거나 갈라지고, 하순(下脣)
  은 길며 3열되고 중앙부의 것이 가장 크며 끝이 얕게 갈라진다.
» 2강수술이 길다.

열매

4분과는 난상 구형이고 길이 2mm정도로서 그물맥이 있다.

줄기

전체에 우단 같은 다세포의 털이 나며 줄기는 모가지고 모여나며 비스듬히 올라간다.

분포

제주도, 전라남도, 경상남도, 경상북도(울릉도)

생태

여러해살이풀이다.

이용방안

전초를 백모하고초라 하며 약용한다.

긴동강할미꽃

🍁 잎
» 잎은 우상복엽으로 소엽 7~8장으로 이루어진다. 엽은 할미꽃에 비해 넓다.
» 잎윗면은 광채가 있고 아랫면은 진한 녹색이다.

꽃
꽃은 4월 초순에 피며 처음에는 위를 향해 피었다가 꽃자루가 길어지며 옆을 향한다. 꽃자루는 1~2cm이지만 꽃이 진 후에 자라 20cm에 이른다. 화피는 6장이고 겉에 털이 있다. 암술과 수술은 수가 많은 편이지만 할미꽃에 비해서는 적다.

열매

열매는 수과다. 6~7월에 익는다.

 줄기

줄기는 높이 15~30cm, 전체에 흰 털이 많다.

 분포

강원도 동강

생태

강원도 동강에서 산기슭이나 산정의 바위틈에 자라는 여러해살이풀이다.

빨간색·꽃분홍·자주·보라색 포함

깽깽이풀

잎

잎은 긴 엽병 끝에 달리고 원심형이며 길이와 폭이 각 9cm로서 가장자리가 물결모양이고 전체가 딱딱하며 연잎처럼 물에 젖지 않는다.

꽃

꽃은 4~5월에 피고 지름 2cm로서 홍자색이며 1~2개의 꽃대가 잎보다 먼저 나와 끝에 꽃이 1개씩 달린다. 꽃받침조각은 4개이고 피침형이며 꽃잎은 6~8개로서 거꿀달걀모양이고 옆으로 퍼지며 8개의 수술과 1개의 암술이 있다.

🍒 열매

열매는 골돌로서 넓은 타원형이고 끝이 부리처럼 길며 종자는 흑색이고 타원형이다.

🌱 줄기

원줄기가 없다.

🌿 뿌리

근경은 짧고 옆으로 자라며, 근경에서 여러 잎이 나온다. 원뿌리는 단단하며 잔뿌리가 많다.

🗺 분포

경기도, 강원도, 충청북도, 전라남도, 경상북도, 경상남도

🌱 생태

여러해살이풀이다. 산골짝의 중복 이하에서 자란다.

💡 이용방안

» 잎과 꽃의 관상가치가 매우 뛰어나므로 관상식물로 가치가 높다.
» 근경을 선황련이라 하며 약용한다.

빨간색·꽃·분홍·자주·보라색 포함

꽃냉이

🍁 잎

뿌리잎은 깃 모양이다. 작은 잎은 4~10장이고 끝의 작은 잎은 아래의 작은 잎보다 크다. 작은 잎은 잎자루가 길며 원형이거나 심장형이고 가장자리는 매끈하며 털이 거의 없다. 줄기 잎은 2~3쌍의 작은 잎으로 되며 끝의 작은 잎은 가장 크다.

✿ 꽃

꽃은 5~6월에 피며, 10~20개가 줄기 끝에서 총상꽃차례를 이루며, 흰색 또는 연한 보라색이다. 꽃받침잎은 난형이고 길이 3mm이다. 꽃잎은 길이 10~12mm이다. 수술은 4개는 길고 2개는 짧다. 암술은 1개다.

🍒 열매

열매는 7~8월에 익으며, 장각과이고 익으면 2갈래로 터진다. 씨는 긴 타원상의 난형이며 길이 1.5mm, 폭 1mm이고 노란색 또는 밤색이다.

🌱 줄기

줄기는 곧추 자라며, 높이 20~30cm이고 어릴 때는 짧은 털이 약간 있으나 크면서 없어진다.

🗺 분포

북부지방, 전라남도(지리산)

🌿 생태

여러해살이풀이다. 산과 들의 습지에 자란다.

💡 이용방안

잎은 조미료로 쓰거나 약재로 쓰며, 관상용으로 재배하기도 한다.

빨간색·꽃분홍·자주·보라색 포함

꿀풀

잎

잎은 마주나기하며 긴 타원상 피침형이고 둔두이며 원저 또는 예저이고 길이 2~5cm로서 거치가 있거나 없으며 엽병은 길이 1~3cm정도이지만 윗부분에는 없다.

꽃

꽃은 5~7월에 피고 양순형으로서 적자색이며 길이 1.5~2cm정도이다. 이삭꽃차례는 길이 3~8cm로서 꽃이 조밀하게 밀착하여 핀다. 포는 편심형이고 가장자리에 연모가 있으며 각각 3개의 꽃이 달리고 꽃받침은 길이 7~10mm로서 뾰족하게 5개로 갈라지며 겉에 잔털이 있고, 하순은 다시 3개로 갈라지며 중앙 열편에 거치가 있다.

열매

분과는 길이 1.6mm정도로 황갈색이며 7~8월에 성숙한다. 협과는 마른채 가을까지 선채로 남아 있다.

줄기

높이 20~30cm이고 줄기는 네모지며 모여나고 가지가 갈라진다. 전체에 짧은 백색의 털이 있다. 꽃이 지면 원줄기에서 포복하는 가지가 나와 옆으로 뻗어 새로운 개체를 만든다.

뿌리

잔뿌리가 사방으로 많이 뻗는다.

분포

전국 각처에 분포한다.

생태

여러해살이풀로 관화식물이다. 양지에서 흔히 자란다.

이용방안

» 화단에 심어 관상한다. 염료 식물로 이용할 수 있다. 어린 순은 식용하고 성숙한 것은 약용한다.
» 꿀풀/두메꿀풀/흰꿀풀의 과수(果穗)는 하고초, 전초를 증류해서 만든 방향수는 하고초로라 하며 약용한다.

낚시제비꽃

잎

근생엽은 심장형 또는 편심형이며 길이 1.5~2.5cm, 폭 2~3cm로서 끝이 날카롭게 뾰족하고 가장자리에 얕은 톱니가 있으며 엽병은 길이 3~7cm로서 털이 없고 탁엽은 피침형이며 빗살처럼 깊게 갈라진다. 줄기잎은 이와 비슷하지만 엽병이 짧다.

꽃

화경은 높이 6~10cm로서 뿌리에서 돋거나 원줄기에서 액생하고 위쪽에 포가 있으며 꽃은 4~5월에 피고 연한 자주색이며 향기가 없다. 꽃받침조각은 피침형이고 길이 5~7mm이며 부속체는 밋밋한 반원형이고 꽃잎은 길이 12~15mm로서 털이 없으며 겨는 길이 6~8mm이다.

줄기
원줄기는 여러 개가 비스듬히 서거나 눕고 꽃이 필때는 길이 20cm, 열매를 맺을 때는 길이 10~30cm이다.

뿌리
근경은 마디가 밀접하다.

분포
중부 이남

생태
여러해살이풀이다. 산야에서 흔히 자란다.

이용방안
전초를 지황과라 하며 약용한다.

노루귀

🍁 **잎**

잎은 길이 5cm정도로서 모두 뿌리에서 돋고 긴 엽병이 있어 사방으로 퍼지며 심장형이고 가장자리가 3개로 갈라지며 밋밋하다. 중앙열편은 삼각형이며 양쪽 열편과 더불어 끝이 뾰족하고 이른 봄 잎이 나올 때는 말려서 나오며 뒷면에 털이 돋은 모습이 마치 노루귀와 같다.

 꽃

꽃은 4월에 아직 잎이 나오기 전에 피며 지름 1.5cm정도로서 백색 또는 연한 분홍색이고 화경은 길이 6~12cm로서 긴 털이 있으며 끝에 1개의 꽃이 위를 향해 핀다. 총포는 3개이고 달걀모양이며 길이 8mm, 폭 4mm로서 녹색이고 백색털이 밀생하며 꽃받침조각은 6~8개이고 긴 타원형이며 꽃잎같다. 꽃잎은 없고 수술과 암술은 많으며 황색이고 씨방에 털이 있다.

열매

수과는 많으며 퍼진 털이 있고 밑에 총포가 있다.

뿌리

근경이 비스듬히 자라고 많은 마디에서 잔뿌리가 사방으로 퍼진다.

분포

전국 각처에 분포한다.

생태

여러해살이풀이다. 각지의 숲속에서 자란다.

이용방안

노루귀, 새끼노루귀, 섬노루귀의 뿌리가 달린 전초를 장이세신이라 하며 약용한다.

노루오줌

잎

잎은 어긋나기하고 3개씩 2~3회 갈라지며 엽병은 길고 정소엽은 긴 달걀모양 또는 난상 긴 타원형으로서 끝이 짧은 예두이며 둔저 또는 심장저에 가깝고 가장자리에 겹톱니 또는 결각상의 톱니가 있으며 종이같이 얇다.

꽃

꽃은 5~7월에 피고 홍자색이며 줄기끝에 원뿔모양꽃차례를 이룬다. 꽃차례는 길이 30cm정도로서 많은 꽃이 달리며 짧은 털이 있다. 꽃받침은 5개로 갈라지고 열편은 달걀모양이며 꽃잎은 5개로서 선형이고 수술은 10개이며 암술대는 2개이다.

🍒 열매

삭과는 길이 3~4mm이다.

🌳 줄기

높이 30~70cm이고 줄기가 직립하며, 긴 갈색털이 있다.

🌱 뿌리

근경은 옆으로 짧게 뻗어 있다.

🗺 분포

전국 각처에 분포한다.

🌾 생태

» 여러해살이풀이다.
» 전국 산야 물가나 습지에서 자란다.

💡 이용방안

전초는 소승마, 근경은 적승마라 하며 약용한다.

빨간색 꽃(분홍·자주·보라색 포함)

누운주름잎

🍁 잎

잎이 군생한다. 잎은 거꿀달걀모양, 타원형 또는 넓은 달걀모양이고 끝이 둔하며 엽병과 더불어 길이 4~7cm, 나비 1~1.5cm로서 가장자리에 물결모양의 톱니가 있고 엽병은 윗부분에 날개가 있으며 뻗어가는 줄기의 잎은 엽병이 짧고 길이 1.5~2.5cm이다.

꽃

꽃은 5~8월에 피며 자주색이고 줄기 상부에 순형의 꽃이 총상꽃차례로 달리며 꽃차례에 털이 있고 꽃자루는 꽃받침 보다 길다. 꽃받침은 길이 7~10mm로서 5개로 중열되고 꽃부리는 길이 1.5~2cm이며 양순형이고 하순이 보다 크며 3개로 갈라지고 밑부분에 있는 2개의 황갈색 능선에 긴 털이 있다. 수술은 4개 중 2개가 길며 암술 끝이 아래위 2개로 갈라지는데 닿으면 오므라든다.

열매
둥근 삭과이며 길이 약 4mm이다.

줄기
꽃이 진 다음 밑에서 기는줄기가 사방으로 뻗어 번식한다.

분포
전국 각처에 분포한다.

생태
여러해살이풀이다. 논두렁이나 습지에서 자란다.

이용방안
주름잎/누운주름잎/선주름잎의 전초(全草)를 녹란화라 하며 약용한다.

당개지치

🍁 잎
잎은 어긋나며, 줄기 위쪽에서는 촘촘하게 달려 5~6장이 돌려난 것처럼 보인다. 잎몸은 긴 타원형, 길이 10~15cm, 폭 5~8cm, 가장자리가 밋밋하다.

🌸 꽃
» 꽃은 총상꽃차례로 몇개가 달리며, 4~5월에 핀다. 자주색 또는 보라색, 지름 1cm쯤이다. 꽃받침과 화관은 모두 5갈래로 갈라지며, 갈래는 타원형이다.
» 수술은 5개, 암술은 1개, 암술대는 길다.

🍒 열매
열매는 소견과, 검은색이고 광택이 있다.

🌳 줄기
줄기는 곧추서며, 높이 40cm쯤이다.

분포
전라북도(장안산, 적상산) 이북

생태
여러해살이풀이다. 높은 산의 숲 속에 자란다.

💡 이용방안
관상용으로 심는다. 뿌리는 약용으로 쓰인다.

빨간색·꽃 분홍·자주·보라색 포함

당아욱

잎

잎은 어긋나고 원형으로 5~9개로 갈라지며 길이는 3~6cm, 너비는 4~7cm이다. 가장자리에 작은 톱니와 긴 털이 있다. 잎의 밑은 심장형이다. 엽병은 길이 4~11cm이다.

꽃

» 꽃은 5~9월 잎겨드랑이에 작은 꽃대가 있는 꽃이 모여 달리며 밑에서부터 피어 올라가 총상꽃차례를 이룬다. 꽃잎은 5개로, 연한 자줏빛 바탕에 짙은 자줏빛 맥이 있는데, 품종에 따라 여러 가지 빛깔이 있다. 꽃받침은 녹색이고 5개로 갈라진다. 여러 개의 수술대가 한데 뭉쳐 있으며 암술은 실처럼 가늘고

많다.
» 심피는 바퀴 모양으로 배열하고 꽃받침에 싸여 있다. 길이는 1.5~3cm이고 너비는 1.1~2.2cm이다.

열매

열매는 삭과이다. 편평하며 분과 10~14개, 털이 없고, 배면 망목상 주름이 있다.

줄기

털이 거의 없고 높이가 40~90cm이다.

분포

경상북도(울릉도), 남부지방(귀화 또는 식재)

생태

길가 나지에서 자란다.

이용방안

약용 및 관상용으로 이용한다.

빨간색 꽃 분홍·자주·보라색 포함

댓잎현호색

잎
잎은 어긋나기하며 엽병이 길고 3개씩 1~2회 우상으로 갈라지는데 소엽은 선형 또는 피침형이며 가장자리가 밋밋하고 크기의 변이가 심하다.

꽃
꽃은 4월에 피며 길이 2cm로서 연한 홍자색이고 5~15개가 원줄기 또는 가지 끝에 총상꽃차례로 달리며 한쪽이 넓게 순형(脣形)으로 퍼지고 거(距)가 밑으로 약간 굽는다. 포는 도삼각형으로서 끝이 깊게 또는 결각상으로 갈라지며 꽃자루는 길이 10~15mm이지만 위로 올라갈수록 짧아진다. 수술은 6개가 상·하 양체로 갈라지며 암술은 1개이다.

🍒 열매

삭과는 현호색과 비슷한데, 선형(線形)이며 양쪽 끝이 좁고 뾰족하며 길이는 1.2~1.8cm 가량인데 종자는 둥글며 검은색으로 광택이 난다.

🌳 줄기

원줄기는 1개씩 나오지만 덩이줄기로부터 5~10cm 윗부분에 달려있는 포같은 잎 겨드랑이에서 잎 또는 가지가 갈라진다. 줄기는 연하고 곧게 선다.

뿌리

덩이줄기는 지름 15mm이며 속이 황색이다.

분포

전국 각처에 분포한다.

생태

여러해살이풀이다. 산기슭에서 현호색과 함께 자란다.

💡 이용방안

현호색, 애기현호색, 왜현호색, 섬현호색, 들현호색, 댓잎현호색의 덩이뿌리를 연호색이라 하며 약용한다.

동강할미꽃

잎
잎은 뿌리에서 나는 기주우상복엽으로 소엽 7~8장으로 이루어진다. 소엽은 할미꽃에 비해 넓다. 잎 윗면은 광채가 있고 아랫면은 진한 녹색이다.

꽃
꽃은 4~6월에 피며 처음에는 위를 향해 피었다가 꽃대가 길어지며 옆을 향한다. 꽃대는 1~2cm정도이다. 화피는 6장이고 겉에 털이 있다. 암술과 수술은 수가 많은 편이지만 할미꽃에 비해서는 적다.

🍒 열매

열매는 수과로 방사상으로 모여난다.

🌳 줄기

전체에 흰 털이 많다. 높이는 꽃이 필 때 15cm쯤이며 이후에 더 자라 꽃이 진 후에 20cm에 이른다.

분포

강원도 강릉시, 동해시, 삼척시, 정선군

생육환경

여러해살이 풀이다. 석회암 바위틈에서 자란다.

💡 이용방안

관상용으로 심는다.

빨간색 꽃 분홍·자주·보라색 포함

두메애기풀

잎

잎은 어긋나기하며 피침형 또는 긴 타원형이고 양끝이 좁으며 엽병은 없거나 짧고 길이 1~2cm, 폭 3~6mm로서 1맥이 있다. 잎 앞뒷면에 짧은 털이 있으며 가장자리는 밋밋하다.

꽃

꽃은 5~7월에 피고 길이 6mm정도로서 자주색이며 총상꽃차례는 짧고 꽃이 약간 달리며 꽃대축에 꼬부라진 털이 있고 꽃자루는 길이 3~6mm로 털이 있으며 처진다. 꽃받침조각은 5개로서 뒤의 것 1개와 밑의 것 2개는 선형이며 녹색이고 길이 2mm정도로서 뒷면과 가장자리에 털이 있으며 옆의 것 2개는 꽃잎 같고 타원형이며 길이 5mm, 나비 5mm로서 가장자리에 털이 있고 담록색이며 끝에 짧은 돌기가 있다. 꽃잎은 3개로 보라색인데 2개의 곁꽃잎은 길이 5~6mm이고 나머지 1개는 용골상 꽃잎으로 끝에 술모양의 부속물이 있다.

열매

삭과는 길이 6mm, 폭 5mm로 편평한 원형이며 끝이 오목하고 가장자리에 좁은 날개가 있다. 종자는 달걀모양으로 길이 2~3mm의 흑갈색이며 백색 융털이 밀생한다.

줄기

높이가 30cm에 달하고 전체에 꼬부라진 털이 있다. 줄기는 여럿이 뭉쳐나며 곧게 서거나 비스듬히 자란다.

뿌리

뿌리는 지름 3mm가량의 원주형이며 겉이 회갈색으로 가로 주름이 있다.

분포

북부지방 고산지대에 분포한다.

생태

여러해살이풀이다. 비탈진 양지의 모래자갈 풀밭에 자란다.

이용방안

원지, 두메애기풀의 뿌리를 원지, 싹(苗)은 소초라 하며 약용한다.

둥근털제비꽃

🍁 잎

잎은 모여나기하며 난상 심장형 또는 심장형이고 깊은 심장저이며 끝은 뭉뚝하고 가장자리에 둔한 톱니가 있으며 길이 2~3.5cm, 폭 2~3cm이지만 열매가 익을 때는 길이가 6cm에 달한다. 엽병은 길이 3~10cm이지만 열매를 맺을때쯤 되면 길이가 20cm에 달하며 윗부분에 날개가 약간 있다.

꽃

» 꽃대는 길이 4~6cm로서 퍼진 털이 있고 꽃은 연한 자주색이며 4~5월에 피고 여러 줄기의 화경이 나와 그 끝에 1개의 작은 꽃이 달려서 한쪽을 향하여 핀다. 꽃받침조각은 긴 타원형 또는 좁은 달걀모양이고 끝이 둔하며 길이

5~6mm로서 가장자리에 털이 있다. 부속체는 반원형으로서 짧고 꽃잎은 길이 10~12mm이며 5개이고 측열편에 다소 털이 있고 거는 길이 3~4mm이다.
» 5개의 수술과 1개의 암술이 있다.

열매

삭과는 다소 구형이며 3갈래로 벌어지고 길이 6~8mm로서 짧은 털이 밀생한다.

줄기

높이가 3~8(20)cm정도로 자란다.

뿌리

근경은 굵으며 옆으로 자라고 마디가 많으며 기는 줄기가 없다. 길이 2~7cm이며 희거나 황갈색이고 뿌리는 희다.

분포

전라북도, 충청남도, 충청북도, 경상북도(울릉도, 가야산), 강원도(치악산, 설악산, 삼악산), 경기도(광릉, 천마산)

생태

여러해살이풀이다. 산지에 난다.

이용방안

전초를 지핵도라 하며 약용한다.

등갈퀴나물

🍁 잎

잎은 어긋나기하며 8~12쌍의 소엽으로 이루어진 짝수깃모양겹잎으로서 길이 8~15cm, 넓이 2~6cm이고 끝에 여러갈래의 덩굴손이 있다. 소엽은 피침형 또는 선형이며 길이 15~30mm, 넓이 2~6mm로서 양끝이 좁고 측맥과 주맥과의 각도는 30°정도이며 측맥은 가늘고 명확하지 않으며 표면에 털이 거의 없고 뒷면에 가는 털이 있으며 회록색을 띤다. 탁엽은 2개로 갈라지고 피침형이다.

꽃

» 꽃은 5~6월에 피며 7~40개의 남자색 접형화(蝶形花)로 이루어진 총산화서가 액생하며 화서는 화경과 더불어 길이 6~15cm이고 꽃이 한쪽으로 치우쳐 달

린다.
» 꽃은 길이 10~12mm이고 꽃받침은 통형이며 끝에 꽃받침통보다 짧은 열편이 있다.

열매

협과는 긴타원모양으로서 길이 2~3cm, 넓이 6~7mm로서 다소 부풀고 털이 없으며 흔히 5개의 종자가 들어 있다.

줄기

길이 80~150cm정도 자라고 원줄기에 능선과 더불어 잔털이 있다.

뿌리

뿌리가 길게 뻗으면서 번식한다.

분포

전국 각처에 분포한다.

생태

다년생 덩굴성 초본이다. 산야의 관목총(灌木叢) 또는 풀밭에서 자란다.

이용방안

어린 순을 나물로 한다. 갈퀴나물, 등갈퀴나무, 큰갈퀴의 경엽(莖葉)을 산야완두라 하며 약용한다.

등심붓꽃

🍁 잎

잎은 밑부분에 많이 달리며 선형이고 길이 4~10cm, 폭 2~3mm이며 줄기잎 밑부분은 엽초로서 원줄기를 감싸고 양쪽 가장자리가 원줄기로 흐르며 윗부분은 뾰족하고 녹색이며 가장자리에 잔톱니가 있다.

 꽃

꽃은 5~6월에 피고 지름 1.5cm정도이며 원줄기 끝에 달린 2~3cm길이의 포 사이에서 2~5개의 꽃이 나와 우상모양 꽃차례를 이룬다. 꽃자루는 길이 3~4cm정도로서 밑에는 작은포가 있다. 화피는 밑부분이 짧은 통같으며 겉에 백색 샘털이 있고 열편은 5개로서 수평으로 퍼지며 도란상 긴 타원형이고 끝이 뾰족하며 자주색 또는 백자색 바탕에 줄이 있고 밑부분이 황색이다. 수술은 3개, 암술은 1개이며 씨방은 하위이고 샘털이 있다. 꽃은 하루만에 시드는 1일 화이다.

 열매

삭과는 둥글고 편평하며 길이 3~4mm로서 털이 없고 자갈색으로 익으며 광택이 있다.

 줄기

높이 10~20cm이고 원줄기는 편평하며 녹색이고 좁은 날개가 있다.

 뿌리

뿌리는 잔 수염뿌리이다.

분포

제주도

생태

여러해살이풀이다. 길가에서 자란다. 관상식물로 뜰에 심어 기르기도 한다.

매발톱

🍁 잎

근생엽은 여러 장이 모여 나며, 엽병이 길고, 2번 3갈래로 갈라진다. 줄기잎은 겹잎이며, 위로 갈수록 엽병이 짧다.

🌼 꽃

꽃은 5~7월에 노란빛이 도는 자주색으로 가지 끝에서 밑을 향해 달린다. 꽃받침 잎은 5장, 꽃잎처럼 보이며, 길이 2cm, 갈색이 도는 자주색이다. 꽃잎은 5장, 노란색이며, 꽃받침 잎과 번갈아 늘어선다. 꽃잎 아래쪽에 거가 있는데, 끝이 안으로 구부러지고 밖으로 나온다. 수술은 많으며, 안쪽 것은 꽃밥이 없는 헛수술이다. 암술은 5개다.

🍒 열매
과실은 골돌이며, 위를 향해 달린다.

🌳 줄기
줄기는 가지가 갈라지며, 매끈하고 자줏빛이다.

분포
전국 각처에 분포한다.

생태
여러해살이풀이다. 계곡과 풀밭 양지바른 곳에 자란다.

💡 이용방안
관상용으로 심는다.

빨간색 꽃 분홍·자주·보라색 포함

모란

잎

잎은 크게 3부분으로 나뉘어지는 이회깃모양겹잎이며, 소엽은 달걀모양 또는 피침형이고 흔히 3~5개로 갈라지며 표면은 털이 없고 뒷면은 잔털이 있으며 대개 흰빛을 띤다.

꽃

꽃은 암수한꽃으로, 4~5월에 피며 10개 정도의 꽃잎이 있고 지름 15cm이상 이고 새로 나온 가지끝에 크고 소담한 꽃이 한송이씩 핀다. 꽃색은 자주색이 보통이나, 개량종에는 짙은 빨강, 분홍, 노랑, 흰빛, 보라 등 다양하며 홑겹외에 겹꽃도 있다. 꽃턱이 주머니처럼 되어 씨방을 둘러싼다. 꽃받침조각은 5개이며 꽃잎은 8개 이상이고 크기와 형태가 같지 않으며 거꿀달걀형으로서 가장자리에 불규칙한 결각이 있다. 수술은 많고 암술은 2~6개로서 털이 있으며, 꽃턱은 주머니처럼 되어 씨방을 둘러싼다.

열매

골돌과는 가죽질이며 짧은 털이 빽빽하게 나고 8~9월에 익으며 복봉선에서 터져 종자가 나오며 종자는 둥글고 검다.

줄기

높이가 2m에 달하며 가지가 굵고, 줄기의 직경이 15㎝인 것도 있으며 털이 없다.

뿌리

뿌리는 굵고 희나 잔뿌리가 적다.

분포

전국 각처에 분포한다.

생태

낙엽 활엽 관목이다.

이용방안

염료식물로 이용할 수 있다. 근피는 목단피, 꽃은 목단화라 하며 약용한다.

빨간색 꽃 분홍 · 자주 · 보라색 포함

뫼제비꽃

잎

잎은 2~3장이 밑부분에 밀생하며 난상 심장형이고 녹색이며 밑부분이 깊은 심장저이고 끝이 뾰족하며 길이와 폭이 각 2~3cm이지만 과시(果時)에는 5cm에 달하고 가장자리에 물결모양의 톱니가 있으며 표면 또는 뒷면에 털이 있거나 없다. 엽병은 길이 3~10cm이고 윗부분에 털이 있거나 없다.

꽃

화경은 길이 5~8cm로서 잎과 길이가 다소 비슷하고 꽃은 4~5월에 피며 연한 자주색이다. 꽃받침조각은 피침형이고 길이 5~7mm이며 부속체는 난상 삼각형으로서 끝에 뾰족한 톱니가 있고 꽃잎은 길이 12~15mm이며 측판에 털이 없고 입술모양꽃부리에 자주색 줄이 있으며 다화성이다. 거(距)는 짧은 원통형이며 길이 6~8mm이다.

🍒 열매
삭과는 달걀모양으로 세모지다.

🌳 줄기
길이는 6cm정도이다.

🌱 뿌리
근경은 짧고 가늘며 꽃이 진 후 땅속에 기는 줄기가 생긴다.

분포
전국 각처에 분포한다.

🌿 생태
여러해살이풀이다. 표고 800m이상 되는 지역 산지의 숲속에서 자란다. 햇볕이 잘 드는 양지의 약간 비옥한 토양에서 생육한다.

💡 이용방안
습기가 있는 낙엽수림 하부의 지피식물로 사용하면 좋다. 화단의 전면에 군식하여도 좋고 초물분재로 이용하여도 좋다.

빨간색 꽃 분홍·자주·보라색 포함

물칭개나물

🍁 **잎**

잎은 마주나기하며 엽병이 없고 피침형 또는 긴 타원상 피침형이며 끝이 뾰족하고 밑부분이 둥글거나 다소 심장저이며 원줄기를 다소 감싸고 길이 4~7cm, 폭 8~15mm로서 가장자리에 물결모양의 잔톱니가 있다.

 꽃

꽃은 5~6월에 피며 백색 바탕에 연한 자주색 줄이 있고 총상꽃차례는 잎겨드랑이와 끝에 달리며 길이 5~12cm로서 화경이 짧고 꽃자루는 퍼지며 길이 4~6mm이고 포는 넓은 선형이며 꽃자루와 길이가 비슷하다. 꽃받침은 길이 3~4mm로서 4개로 깊게 갈라지고 열편은 긴 타원형이며 끝이 둔하고 꽃부리도 지름 4mm로서 4개로 갈라진다. 수술 2개, 암술 1개이고 암술대는 길이 1.5mm 이다.

열매
둥근 삭과이며 지름 약 3mm이다.

줄기
높이 30~50cm이고 다소 육질이며 어릴 때는 군생하고 곧게 선다.

분포
전국 각처에 분포한다.

생태
2년생 초본이다. 물가나 도랑 등 습지에서 자란다.

미모사

🍁 잎

잎을 건드리면 밑으로 처지고 소엽이 오므라들어 시든 것처럼 보인다. 밤에도 잎이 처지고 오므라든다. 잎은 어긋나고 긴 잎자루가 있으며 보통 4장의 깃꼴복엽이 장상으로 배열한다. 소엽은 줄 모양이고 연변이 밋밋하며 턱잎이 있다.

🌼 꽃

꽃은 3~10월에 연한 붉은색으로 피고 꽃대 끝에 머리모양꽃차례를 이루며 모여 달린다. 꽃받침은 뚜렷하지 않으며, 꽃잎은 4개로 갈라진다. 수술은 4개이고 길게 밖으로 나오며, 암술은 1개이고 암술대는 사상이며 길다.

열매

» 열매는 협과이고 마디가 있으며 겉에 털이 있고 3개의 종자가 들어 있다.
» 익으면 떨어진다.

줄기

전체에 잔털과 가시가 있다. 높이는 30cm이다.

분포

전국 각처에 분포한다.

생태

한해살이풀이다.

이용방안

한방에서 뿌리를 제외한 식물체 전부를 함수초라는 약재로 쓰는데, 장염·위염·신경쇠약으로 인한 불면증·신경과민으로 인한 안구충혈과 동통에 효과가 있고 대상포진에 짓찧어 환부에 붙인다.

빨간색 꽃 분홍, 자주, 보라색 포함

바위종덩굴

잎
잎은 삼출겹잎이며, 작은잎은 긴 타원형 또는 달걀 모양으로 길이 3~7cm, 폭 2~5cm이다.

꽃
꽃은 5~6월에 피며, 줄기와 가지 끝에서 1개씩 피며, 붉은빛이 도는 자주색이다. 꽃받침은 꽃잎처럼 보이고, 꽃잎은 헛수술이 된다. 씨방과 암술대는 털이 많다.

열매
열매에 길이 4.5cm쯤의 암술대가 남아 있다. 최근에 발견되어, 신종으로 발표되었으며, 세계적으로 우리나라에만 자라는 특산식물이다.

줄기
뿌리줄기는 굵고 길다. 가지는 원통형, 털이 없다.

분포
강원도

생태
덩굴나무다. 석회암지대에서 자란다.

이용방안
관상용으로 심는다.

빨간색 꽃 분홍·자주·보라색 포함

방울새난

🍁 **잎**

잎은 길이 3~7cm, 폭 4~12mm로서 거꿀피침모양 또는 긴 타원형이며 어느 정도 육질이고 기부는 좁아지면서 줄기로 흘러 내린다.

🌼 **꽃**

》 꽃은 5~6월에 피며 원줄기 끝에 1개가 위를 향해 달리고 백색 바탕에 연한 홍자색이 돌며 활짝 피지 않는다. 꽃받침 조각은 모두 선상 거꿀피침모양이고 길이 1~1.5cm로서 끝이 가늘며 둔하고 꽃잎은 다소 짧으며 끝이 둔하다. 입술 모양꽃부리는 꽃받침보다 다소 짧고 끝이 3개로 갈라지며, 측열편이 작으며 정열편은 큰방울새난과 같이 꽃 밖으로 나오지 않는다.

» 꽃술대는 길이 5mm이다.
» 꽃밥은 흰색이다.

🍒 열매
열매는 길이 2.5㎝ 정도이다.

🌳 줄기
높이 10~25cm이고 중앙부 약간 위쪽에 잎이 1개 달린다.

🗺 분포
경기도 광릉, 강원도, 제주도

🌱 생태
여러해살이풀이다. 햇볕이 잘 드는 산지의 풀밭이나 습지에서 자란다.

💡 이용방안
관상용으로 심는다.

빨간색 꽃 분홍·자주·보라색 포함

벌깨덩굴

잎

꽃대에 5쌍 정도의 잎이 붙어 있다. 잎은 마주나기하고 엽병이 있으며 삼각상 심장형 또는 난상 심장형이고 끝이 뾰족하며 가장자리에 둔한 톱니가 있고 길이 2~5cm, 나비 2~3.5cm이지만 덩굴의 잎은 지름이 10cm에 달하며 윗부분의 잎은 엽병이 없다.

꽃

꽃은 5월에 피고 화경 윗부분의 잎겨드랑이에 큰 순형화가 한쪽을 향해 4개 정도 달리며 꽃받침은 길이 1cm정도로서 끝이 5개로 갈라진다. 꽃부리는 자줏빛이 돌고 길이 4~5cm이며 판통이 길고 갑자기 부풀며 아래쪽 꽃잎의 중앙 열편은 특별히 크고 측열편과 더불어 짙은 자주색 반점이 있으며 긴 백색 털이 있다. 4개의 수술 중 2개가 길다.

열매

분과는 좁은 거꿀달걀모양이며 길이 3mm정도로서 잔털이 드문드문 있고 7~8월에 결실한다.

줄기

원줄기는 사각형이며 긴털이 드문드문 있고 옆으로 뻗으면서 마디에서 뿌리가 내려 다음해의 꽃대로 되며 화경은 높이 15~30cm로서 5쌍 정도의 잎이 달린다.

뿌리

옆으로 뻗은 줄기의 마디에서 뿌리가 내린다.

분포

전국 각처에 분포한다.

생태

여러해살이풀이다. 산골짝 음지에서 자란다.

이용방안

어린 순은 나물로 먹고 좋은 밀원식물이 된다. 염료용으로 이용할 수 있다.

분홍동강할미꽃

🍁 잎
잎은 깃꼴겹잎, 윗면은 반들거리고 진한 녹색이다.

✾ 꽃
꽃은 4~6월에 분홍색으로 피고, 위 또는 옆을 향한다. 꽃받침잎은 꽃잎처럼 보이며, 5~8장이다. 수술은 많고, 꽃밥은 노란색이다. 암술은 많고, 암술머리는 꽃받침잎과 색깔이 같다.

🍒 열매
열매는 수과다. 열매는 6~7월에 익는다.

줄기
줄기는 높이 15~30cm, 전체에 흰 털이 많다.

 분포
강원도 동강

 생태
여러해살이풀이다. 산기슭이나 산정의 바위틈에서 자란다.

이용방안
관상용으로 심는다.

빨간색·꽃분홍·자주·보라색 포함

붉은벌깨덩굴

잎

잎은 마주나고 3각상 심형 또는 난상 심형으로 길이 2~5cm, 너비 2~3.5cm이다. 잎끝은 뾰족하고 밑은 심형이며 가장자리에 둔한 톱니가 있다. 잎자루는 길이 2~3cm이다.

꽃

꽃은 5월에 자색으로 피고, 윗부분의 잎겨드랑이에 한쪽을 향해 2~6개 달린다. 꽃받침은 통상으로 5열하고 화관은 하순의 중앙열편이 크며 목부에 긴 흰 털이 있다.

열매
과실은 분과이다.

줄기
꽃줄기는 곧추서고 높이 15~30cm이며 긴 털이 드문드문 있다. 꽃이 진 뒤에 가지가 옆으로 뻗으면서 마디에서 뿌리를 내려 다음 해에 꽃줄기를 낸다. 줄기는 네모가 진다.

분포
전국 각처에 분포한다.

생태
여러해살이풀로 향기가 있고 산지에서 자란다.

이용방안
관상용으로 심는다.

붉은조개나물

🍁 잎

잎은 마주나기하고 엽병이 있으며 삼각상 심장형 또는 난상 심장형이고 끝이 뾰족하며 가장자리에 둔한 톱니가 있고 길이 2~5cm, 폭 2~3.5cm이지만 덩굴의 잎은 지름 10cm에 달하며 윗부분의 잎은 엽병이 없다.

꽃

» 꽃은 적색으로 5월에 피고 화경 윗부분의 잎겨드랑이에 큰 순형화가 한쪽을 향해 4개 정도 달리며 꽃받침은 길이 1cm정도로서 끝이 5개로 갈라진다. 꽃부리는 길이 4~5cm이며 판통이 길고 갑자기 부풀며 아래쪽 꽃잎의 중앙열편은 특별히 크고 측열편과 더불어 짙은 자주색 반점이 있으며 긴 백색 털이 있다.

» 4개의 수술 중 2개가 길다.

열매
분과는 좁은 거꿀달걀모양이며 길이 3mm정도로서 잔털이 드문드문 있다.

줄기
원줄기는 사각형이며 긴 털이 드문드문 있고 옆으로 뻗으면서 마디에서 뿌리가 내려 다음해의 꽃대로 된다.

분포
전국 각처에 분포한다.

생태
여러해살이풀이다. 산골짝 음지에서 자란다.

이용방안
어린 순을 나물로 한다.

산골무꽃

🍁 잎

잎은 마주나기하고 길이 2~4cm, 폭 1.5~2.5cm로서 삼각상 넓은 달걀모양이며 질이 얇고 끝이 둔하며 밑부분이 다소 심장저이고 가장자리에 톱니가 있으며 양면에 털이 있고 엽병은 길이 1~2cm이다.

꽃

꽃은 5~6월에 피며 연한 자주색이고 총상꽃차례는 줄기 윗부분에 있는 잎모양의 포 가장자리에 1개씩 달려 모두 한쪽 방향을 향하며 꽃차례는 길이 3~6cm로서 퍼진 샘털이 있거나 털이 없고 꽃자루에 털이 있다. 꽃받침은 꽃이 필 때는 길이 2~2.5mm이지만 열매가 익을 때는 길이 5mm로서 상순에 부속편이 있다.

꽃부리는 밑부분이 굽어 위를 향하며 길이 15~20mm로서 끝이 양순형(兩脣形)으로 갈라지고 상순은 하순 길이의 1/2정도이며 하순은 3개로 갈라지고 모두 끝이 둔하다. 수술 4개 중 2개는 길고, 암술머리는 2개로 갈라진다.

열매

분과는 길이 0.7mm로서 돌기가 있다.

줄기

높이 15~30cm이고 원줄기에 위로 굽은 백색 털이 다소 밀생하며 네모가 진다.

뿌리

백색 땅속줄기가 옆으로 길게 뻗는다.

분포

전국 각처에 분포한다.

생태

여러해살이풀이다. 산지의 숲 속에서 자란다.

이용방안

골무꽃/들깨잎골무꽃/산골무꽃의 전초를 한신초라 하며 약용한다.

[빨간색 꽃, 분홍 · 자주 · 보라색 포함]

산작약

잎

잎은 3~4개가 어긋나기하며 엽병이 길고 2회 3출하며 소엽은 긴 타원형 또는 거꿀달걀모양이고 양끝이 좁으며 길이 5~12cm, 폭 3~7cm로서 가장자리가 밋밋하고, 뒷면은 흰빛이 돌며 백작약과 달리 털이 있다. 앞면의 잎맥은 약간 파여 들어 있으며, 뒷면은 잎맥이 돋아나 있다.

꽃

» 꽃은 5~6월에 피고 지름 4~5cm로서 적색이며 원줄기 끝에 1개씩 달리고 꽃받침조각은 3개이며 달걀모양이고 크기가 서로 다르다. 꽃잎은 적색이며 5~7개로서 거꿀달걀모양이고 길이 2~3cm이다.

» 수술은 많으며 꽃밥은 길이 5~7mm이다.
» 씨방은 3~4개이며 암술은 3~4개이고 암술대는 길게 자라서 뒤로 말린다.

열매

열매는 골돌로서 길이 2~3cm로서 벌어지면 안쪽이 붉어지고 가장자리에 자라지 못한 적색종자와 익은 흑색종자가 달린다.

줄기

길이 40~50cm로서 곧게 서고 전체에 흰색가루가 덮여 있다.

뿌리

뿌리는 육질이고 굵다.

분포

전국 각처에 분포한다.

생태

여러해살이풀이다. 산지의 반그늘 지역 나무 밑에 난다.

이용방안

정원용으로도 이용된다. 백작약, 산작약, 천작약의 뿌리를 백작약이라 하며 약용한다.

선토끼풀

🍁 잎
잎은 어긋나며, 작은 잎 3장으로 된 겹잎이다. 작은 잎은 도란형, 가장자리에 가시 모양의 톱니가 있다. 턱잎은 피침형, 길이 3~5cm, 끝이 꼬리처럼 된다.

🌸 꽃
꽃은 5~9월에 담홍색으로 피며 줄기 윗부분 또는 잎겨드랑이에서 난 길이 5~7cm 꽃줄기에 20~30개가 모여 머리모양꽃차례를 이룬다.

🍒 열매
열매는 꽃받침에서 돌출되어 있고 타원형이며, 2~4개의 씨가 들어 있다.

줄기
줄기는 옆으로 퍼지고, 가지는 곧게 서며, 높이 30~50cm, 털이 없다.

분포
중부 이남

생태
여러해살이풀이다. 들이나 밭에서 자란다.

이용방안
녹비용으로 심는다.

빨간색 꽃 분홍·자주·보라색 포함

설앵초

잎

모든 잎은 뿌리에서 나오고 초장 10cm정도로 자라며 사각상 난원형이고 엽신이 길다. 잎은 가장자리가 뒤로 말리는 것이 있고 얕고 둔한 톱니가 있으며 잎 뒷면은 은황색 가루로 덮여 있고 밑부분이 갑자기 좁아져서 엽병으로 흘러 좁은 날개로 된다.

꽃

꽃은 5~6월에 피며 뿌리에서 자란 긴 꽃대 끝에 10개 정도 산형으로 달리고 꽃자루는 꽃이 필때는 길이 1.5cm정도로서 털이 없으며 꽃이 진 다음 길어지고 포는 선형이며 밑부분이 넓어져서 다소 부풀고 털이 없으며 가장자리가 밋밋하다. 꽃은 긴 통꽃으로 되어 있으나 꽃잎은 끝이 다섯 갈래로 깊이 갈라져 있으며 꽃잎마다 다시 얕게 갈라지고 꽃의 하부는 가늘고 길다. 꽃통은 꽃받침에 싸여 있고 꽃모양은 벚꽃과 닮은 데가 있다. 꽃부리는 홍자색이고 지름 10~14mm로서 열편 끝이 파진다.

열매

» 열매는 삭과로 짧은 원주형이며 길이 5~8mm로서 끝이 5개로 갈라진다.
» 초가을에 성숙된다.

줄기

줄기는 곧게 서고, 꽃대는 15cm정도의 길이로 곧게 올라온다.

뿌리

근경은 짧고 모든잎은 뿌리에서 모여 난다.

분포

경상남도 밀양시, 양산시, 합천군, 대구시 달성군, 제주도

생태

여러해살이풀이다. 남부지방 해발 800m 이상의 습윤한 바위곁이나 초원에서 자란다.

이용방안

작은 분재화분에 심어 초물분재로 가꾸면 좋고, 암석원 등에 심거나 목본류의 하부식재용으로도 알맞다.

점현호색

🍁 잎

줄기잎은 2~3개로서 3개씩 3회 갈라지고 첫째 잎은 3개로 갈라지며 열편은 결각 상으로 3개로 갈라지거나 우상 비슷 하게 갈라지고 최종열편은 피침형 또는 선상 피침형으로서 표면은 녹색, 뒷면은 분백이다.

 꽃

꽃은 5월에 피며 길이 11mm정도로서 연한 자주색이고 총상꽃차례는 길이 7~15cm로서 잎보다 길며 거는 길이 5mm정도이다. 포는 거꿀피침모양으로서 길이 1~3cm이지만 위로 갈수록 작아지고 꽃자루는 길이 3~8cm로서 털이 없다.

🍒 열매

열매는 삭과로서 납작한 피침형이며 끝이 좁고 길이 1.8~2cm로서 끝에 암술머리가 남아 있으며 종자는 길이 3mm정도로서 털이 없고 흑색 윤채가 있으며 백색 태좌(胎座)가 뚜렷하다.

🌳 줄기

원줄기는 1개가 나오고 밑부분에 2~3개의 비늘조각이 있으며 그 중 큰 비늘조각은 길이 2.5~4cm로서 밑부분이 원 줄기를 감싼다.

뿌리

땅속의 덩이줄기는 지름 2~3cm이고 황색이다.

분포

경상북도 울릉군

생태

여러해살이풀이다. 울릉도 산지에서 자란다.

💡 이용방안

덩이줄기를 약용으로 하지만 드물다. 현호색, 애기현호색, 왜현호색, 섬현호색, 들현호색, 댓잎현호색의 덩이뿌리를 연호색이라 하며 약용한다.

세잎할미꽃

잎
잎은 뿌리에서 모여 나며, 난형, 길이 4.5~15cm, 폭 6.5~16cm이다.

꽃
꽃은 5월에 피며, 꽃줄기는 보통 1개이거나 드물게 2개이며, 길이 5~10cm, 부드러운 긴 털이 있다. 꽃은 줄기 끝에서 1개씩 피고 자주색 종 모양이다. 포엽은 3장이 꽃줄기에 돌려난다. 꽃받침잎은 6장, 긴 난형으로 자주색이다.

열매
열매는 수과, 긴 털이 있다. 열매는 6~7월에 익는다.

줄기

뿌리줄기는 길이 0.8~1.5cm, 곧고 굵으며 검은색을 띤다. 줄기는 높이 15~35cm, 긴 털이 있으나 자라면서 일부가 없어진다.

분포

북부지방

생태

여러해살이풀이다. 숲 가장자리 양지바른 곳에 자란다.

이용방안

뿌리와 줄기를 약용한다. 염증, 설사, 배탈, 관절염, 궤양 등에 쓴다.

빨간색 꽃(분홍·자주·보라색 포함)

아욱

잎

잎은 어긋나기하고 엽병이 길며 원형에 가깝고 5~7개로 얕게 장상(掌狀)으로 갈라지며 5~7개의 주맥이 있고 열편은 넓고 짧으며 둔두이고 가장자리에 둔한 톱니가 있다.

꽃

봄철부터 가을철까지 잎겨드랑이에 꽃자루가 있는 연한 분홍색 꽃이 모여 달리며 작은포는 3개이고 넓은 선형이다. 꽃받침은 5열하며 열편은 넓은 삼각형이고 꽃잎은 5개이며 끝이 파진다. 한몸수술의 대는 짧고 백색의 수술대는 사상(絲狀)으로 10개이며 심피는 바퀴모양으로 배열된다.

🍒 열매

삭과는 둥글납작하며 꽃받침에 싸여 있고 심피는 접촉면과 엽축이 떨어지며 털이 없고 담갈색이며 8~9월에 익는다. 종자를 동규자라 한다.

🌳 줄기

곧게 서며 원뿔모양으로 녹색이다.

분포

전국 각처에 분포한다.

생태

한해살이풀이다. 집마을 빈터나 잡초지 채소용으로 재배한다.

💡 이용방안

어린 순과 연한 잎을 식용으로 한다. 종자는 동규자, 뿌리는 동규근, 어린싹, 잎은 동규엽이라 하며 약용한다.

빨간색 꽃 분홍·자주·보라색 포함

알록제비꽃

🍁 잎

잎은 뿌리에서 나오고 길이와 폭이 각 2.5~5cm로서 달걀모양, 넓은 타원형 또는 심원형이며 둔두 또는 원두이고 심장저이며 양면에 털이 약간 있고 가장자리에 둔한 톱니가 있다. 표면은 짙은 녹색이지만 잎맥을 따라 백색무늬가 있고 뒷면은 자주색이다. 엽병은 길이 2~5cm이지만 긴 것은 길이 15cm이상인 것도 있다.

꽃

» 5월에 높이 1~10cm인 몇 개의 화경이 잎다발속에서 나와 끝에 자주색꽃이 1개씩 달린다. 포는 선형이며 길이 4~10mm이다.

» 꽃받침조각은 피침형이고 길이 3~7mm로서 예두이다. 부속체는 반원형 또는 사각형 비슷하고 원두 또는 요두이며 꽃잎은 자줏빛이 돈다.

🍒 열매

삭과는 난상 타원형으로 3개로 갈라지며 잔털이 있다.

🌱 줄기

원줄기가 없다.

🗺 분포

전국 각처에 분포한다.

🌾 생태

여러해살이풀이다. 전국의 낮은 야산이나 높은 산 등지의 산비탈 절사면에 주로 생육한다. 햇볕이 잘 드는 양지의 비옥하고 보습성이 좋은 토양에서 자란다.

💡 이용방안

» 습기가 많은 낙엽수림 하부의 지피식물로 이용하면 대단히 아름답다.
» 화단의 전면에 군식하여도 좋고 초물분재로 사용하여도 좋다.
» 어린 식물체는 식용한다.

애기풀

🍁 잎

잎은 어긋나기하며 타원형, 긴 타원형 또는 달걀모양이고 길이 2cm로서 줄기와 더불어 잔털이 있다. 엽병이 매우짧다.

🌸 꽃

» 4~5월에 짧은 총상꽃차례가 나와 접형화 비슷한 연한 홍색 꽃이 달리며 꽃받침조각은 5개로서 꽃잎처럼 생긴 양쪽2개의 꽃받침조각이 날개모양으로 된다.

» 꽃잎은 밑부분이 합쳐져서 한쪽만 터지고 앞면에 해당하는 꽃잎 뒷면에 갈라진 열편이 있으며 수술은 8개로서 밑부분이 합쳐진다. 씨방은 2실이며 암술

대는 2갈래로 갈라진다.

열매
삭과는 편평한 원형이고 2개의 포가 있으며 넓은 날개가 있고 9월에 익는다.

줄기
초본성 반관목으로서 높이가 20cm에 달하고 뿌리에서 여러 대가 나와 곧추 또는 비스듬히 자라며 전체에 잔털이 난다.

분포
제주도, 전라남도(지리산), 전라북도(익산), 경상남도(거제도), 경상북도, 충청남도(계룡산), 충청북도, 강원도, 경기도(남한산성)

생태
초본성 반관목이다.

이용방안
어린 순을 나물로 한다. 전초(全草)를 영신초라 하며 약용한다.

(빨간색·꽃분홍·자주·보라색 포함)

앵초

🍁 잎

잎은 뿌리에 모여나기하며 엽병은 엽신보다 1~4배 길며 연한 털이 있고 엽신은 달걀모양 또는 타원형이며 길이 4~10cm, 나비 3~6cm로서 털이 있고 표면에 주름이 지며 가장자리가 얕게 갈라지고 열편에 톱니가 있다.

꽃

» 꽃은 4월에 피며 홍자색이고 꽃대는 높이 15~40cm로서 털이 있으며 끝에 7~20개의 꽃이 산형으로 달리고 총포조각은 피침형이며 꽃자루는 길이 2~3cm로서 돌기같은 털이 산생한다. 꽃받침은 통형이고 길이 8~12mm로서 5개로 갈라지며 열편은 피침형이고 끝이 뾰족하며 꽃받침 길이의 1/2~2/3이다.

» 꽃부리는 지름 2~3cm이고 판통은 길이 10~13mm로서 끝이 5개로 갈라져서 수평으로 퍼지며 끝이 파진다.

🍒 열매
삭과는 원추상 편구형이고 지름 5mm정도 된다.

🌳 줄기
꽃대는 높이 15~40cm이고 전체에 부드러운 털이 있다.

🌱 뿌리
짧은 근경이 옆으로 비스듬히 서며 잔뿌리가 내린다.

🗺 분포
전국 각처에 분포한다.

🌾 생태
숙근성 여러해살이풀로 관화식물이다.

💡 이용방안
관상용(분화, 화단, 암석정원)으로 주로 쓰인다. 뿌리 및 근경(根莖)을 앵초근이라 하며 약용한다.

얼치기완두

잎
- 잎은 어긋나고 깃꼴겹잎이며 작은잎은 6~12장이고 끝은 덩굴손으로 된다.
- 작은잎은 좁은 타원형으로 길이 12~17mm, 폭 2~4mm이며, 양 끝이 날카롭고 가장자리는 밋밋하다. 턱잎은 긴 타원형이다.

꽃
꽃은 5~6월에 피며, 잎겨드랑이에서 나온 총상꽃차례에 달리며 연한 홍자색이다. 꽃받침은 끝이 5개로 갈라진다.

🍒 열매

열매는 협과, 긴 타원형 또는 타원형이고 길이 8~10mm, 털이 없으며, 3~6개의 씨가 들어 있다.

🌳 줄기

줄기는 길이 30~60cm, 아래쪽에 가지를 많이 치며 어릴때 털이 약간 있다.

분포

남부지방

생태

덩굴성 두해살이풀이다. 산과 들에서 자란다.

💡 이용방안

가축 먹이용으로 심는다.

연잎꿩의다리

🍁 **잎**

잎은 엽병이 길며 1~2회 3출엽이고 작은잎자루가 있으며 소엽은 둥글고 작은잎 자루가 밑에서부터 1/4정도 올라가서 달리므로 방패같고 그 모양이 연잎 같으며 밑에서부터 1/3정도의 가장자리에 둥근 치아모양톱니가 있고 길이와 폭이 각 10cm정도로서 뒷면이 분백색이다.

 꽃

꽃은 5~8월에 피며 연한 자주색이고 원줄기 끝에서 발달하는 작은 원뿔모양꽃 차례에 달리며 꽃자루는 길이 5~20mm로서 가늘고 꽃받침조각은 4~5개로서 일 찍 떨어지며 연한 자백색이다.

열매
수과는 편평한 방추형이고 능선과 더불어 맥이 뚜렷한다.

줄기
높이가 60cm정도 되고 털이 없다.

뿌리
뿌리는 비대하다.

분포
강원도 인제군, 양양군, 영월군, 정선군, 충청북도 단양군, 제천군, 경상북도 영양군, 청송군

생태
여러해살이풀이다. 숲속에서 자란다.

이용방안
잎과 꽃의 관상가치가 뛰어나므로 그늘진 습지의 녹화용 지피식물로 이용하고 초물분재로도 이용한다.

왜제비꽃

 잎
- 잎은 모여나기하며 달걀모양, 삼각상 좁은 달걀모양 또는 넓은 달걀모양이고 끝이 둔하며 밑부분이 심장저 또는 얕은 심장저이고 길이 2~5cm, 폭 1.5~3.5cm로서 가장자리에 둔한 톱니가 있으며 양면과 엽병 윗부분에 털이 있거나 없다.
- 여름철의 잎은 길이 8cm이고 엽병은 길이 2~8cm로서 윗부분에 날개가 있다.

 꽃

화경은 높이 6~12cm이며 보통 털이 없고 꽃은 4월에 피며 연한 자주색 또는 자주색이고 꽃받침조각은 넓은 피침형이며 길이 5~7mm로서 끝이 뾰족하고 부속체는 타원형으로서 때로는 둔한 톱니가 있다. 꽃잎은 길이 1~1.5cm로서 끝이 둥글며 측열편에 털이 있거나 없고 거(距)는 원통형이며 길이 6~8mm이다.

열매

열매는 삭과, 난상 타원형이다.

줄기

원줄기는 없다.

뿌리

근경이 짧다.

분포

중부 이남

생태

여러해살이풀이다. 중부 이남의 산야에서 자란다.

이용방안

뿌리를 포함한 전초를 지정이라 하며 약용한다.

왜졸방제비꽃

잎

근생엽은 심원형 또는 신원형이며 길이와 폭이 각각 3~4cm이고 가장자리에 둔한 톱니가 있으며 엽병이 엽신보다 2~3배 길고 줄기잎은 엽병이 짧으며 탁엽이 중열(中裂)한다.

꽃

- » 꽃은 5월에 피고 액생하며 연한 자주색이고 꽃받침조각은 좁은 피침형이며 길이 4~6mm로서 끝이 날카롭고 부속체는 반원형이며 가장자리가 밋밋하다.
- » 꽃잎은 길이 10~15mm이고 측판에 털이 있으며 거(距)는 긴 타원형으로서 길이 4~6mm이다.

열매

삭과는 원줄기 윗부분의 화경이 짧은 닫힌꽃에서 맺히며 난상 타원형이다.

 줄기

높이 2~5cm이며 원줄기는 근두에 몇 개씩 나서 비스듬히 서며 과시(果時)에는 높이 10~25cm이고 마르면 갈색점이 생긴다.

 뿌리

근경이 짧다.

분포

북부지방

생태

여러해살이풀이다.

위령선

🍁 잎

잎은 마주나기하며 2회 3출엽이거나 간혹 3개씩 달린다. 소엽은 달걀모양 또는 난상 피침형이고 첨두이며 길이 25cm로서 첨두이다. 표면에는 털이 없으나 뒷면에는 잔털이 있고 가장자리에 톱니가 없거나 1~2개의 결각 또는 톱니가 드문드문 있다.

꽃

꽃은 지름 5~10cm로서 잎겨드랑이에 한송이씩 달리며 화경에 2개의 포가 달려 있고 길이 6~12cm로서 털이 있다. 꽃받침조각은 4~6개가 옆으로 퍼지며 달걀모양 또는 난상 원형이고 첨두로서 유백색이지만 밑부분은 자주색이며 뒷 면에 청색줄이 있다.

열매
열매는 수과로서 깃털 모양의 긴 암술대가 있다.

줄기
길이 4m정도 자란다.

분포
전국 각처에 분포한다.

생태
여러해살이풀이다.

이용방안
위령선, 큰꽃아으리의 뿌리 또는 전초를 철선련이라 하며 약용한다.

빨간색·꽃분홍·자주·보라색 포함

자운영

잎

잎은 어긋나기하며 홀수깃모양겹잎이고 소엽은 9~11쌍이며 거꿀달걀모양 또는 타원형이고 길이 6~20mm, 나비 3~15mm로서 끝이 둥글거나 파지며 엽병은 길이 2~5cm이고 탁엽은 달걀모양이며 길이 3~6mm로서 예두이다.

꽃

» 화경은 길이 10~20cm로서 액생하며 끝에 7~10개의 꽃이 산형으로 달리고 꽃은 4~5월에 피며 길이 12mm로서 홍자색이고 꽃자루는 길이 1~2mm이다.
» 꽃받침은 길이 4mm로서 백색 털이 드문드문 있으며 열편은 피침형이고 판통보다 짧다.

🍒 열매

협과는 흑색으로 익으며 길이 2~2.5cm, 지름 6mm로서 털이 없고 2실로 되며 종자는 누른빛이 돈다.

🌳 줄기

높이 10~25cm이고 백색 털이 다소 있으며 줄기는 밑동에서 많이 갈라져서 옆으로 자라다가 곧추선다.

📍 분포

남부 지방

🌱 생태

두해살이풀이다.

💡 이용방안

녹비로 재배하고 있다. 전초(全草)는 홍화채, 종자는 자운영자라 하며 약용한다.

빨간색·꽃·분홍·자주·보라색 포함

자주괭이밥

🍁 잎

잎은 근생하고 길이 10~25m의 엽병 끝에 3개의 소엽이 옆으로 퍼진다. 소엽은 거꿀심장모양으로 나비 2~6cm이며 잎뒤는 엽병, 화경과 더불어 털이 드문드문 있고 작은 흑점이 있다.

꽃

꽃은 겨울을 제외하고 거의 연중 연한 홍자색으로 피고 잎 사이에서 긴 화경이 나와 끝에 산형 또는 복산형으로 달리며 꽃자루는 1~3cm이다. 꽃받침에는 털이 있고 끝에 2개의 선체가 있다. 꽃잎과 꽃받침조각은 각각 5개이고 수술은 10개로 장단이 있으며 털이 있다.

열매
열매는 삭과로 6월에 익는다.

줄기
지하에 갈색의 비늘조각으로 된 비늘줄기가 있어 번식한다.

뿌리
뿌리는 종종 방추형으로 비후한다.

분포
전국 각처에 분포한다.

생태
여러해살이풀이다. 밭둑이나 길가에서 자란다.

이용방안
관상용으로 심는다.

빨간색·꽃분홍·자주·보라색 포함

자주달개비

잎

잎은 어긋나기하고 넓은 선형이며 길이 30㎝정도로서 밑부분이 원줄기를 감싸고 윗부분은 수채같이 홈이 파지며 뒤로 젖혀진다.

꽃

5월경부터 가지 끝에서 꽃이 피고 꽃은 가는 화경에 모여 달리며 주줏빛이 돌고 당일 쓰러진다. 외꽃덮이는 3개이며 두껍고 녹자색이며, 내꽃덮이는 3개로서 보다 넓고 자주색이다. 수술은 6개로서 수술대에 털이 많으며 털은 염주형이고 세포가 연결되어 있어 식물학에서 세포실험재료로 흔히 사용한다.

🍒 열매

열매는 타원형의 삭과이다.

🌳 줄기

여러대가 모여나기 하며 높이가 50cm정도에 달하고 원줄기는 둥글며 지름 1㎝ 정도로서 푸른빛이 도는 녹색이다.

🗺 분포

전국 각처에 분포한다.

🌱 생태

여러해살이풀이다. 전국적으로 식재한다.

💡 이용방안

전초를 자압척초라고 하며 약용한다.

빨간색 꽃분홍 자주· 보라색 포함

작약

🍁 잎

근생엽은 1~2회 우상으로 갈라지며 윗부분의 것은 3개로 깊게 갈라지기도 하고 밑부분이 엽병으로 흐른다. 소엽은 피침형, 타원형 또는 달걀모양으로서 양면에 털이 없으며 표면은 짙은 녹색이고 가장자리가 밋밋하며 엽병은 잎맥과 더불어 붉은 빛이 돈다.

🌼 꽃

꽃은 5~6월에 피고 백색 또는 적색이며 원줄기 끝에 큰 꽃이 1송이씩 달리고 꽃받침조각은 5개로서 가장자리가 밋밋하며 녹색이고 끝까지 남아 있다. 꽃잎은 10개 정도로서 거꿀달걀모양이며 길이 5cm정도이고 수술은 많으며 황색이다.

씨방은 3~5개로서 털이 없고 짧은 암술머리가 뒤로 젖혀진다.

🍒 열매

골돌은 복봉선으로 터진다. 8월 중순경에 종자를 채취할 수 있다.

🌳 줄기

높이 50~80cm이고 곧게 선다.

뿌리

뿌리는 방추형이며 굵고 길다.

분포

전국 각처에 분포한다.

생태

여러해살이풀이다.

💡 이용방안

작약의 잎을 따서 잘게 썬 다음 끓여서 염액을 추출했다. 염색이 잘되는 식물로 매염제에 대한 반응도 좋아서 각각의 색이 뚜렷하다. 뿌리를 약용한다.

빨간색·꽃 분홍·자주·보라색 포함

장대여뀌

잎

잎은 어긋나기하고 달걀모양 또는 난상 피침형이며 양끝이 길게 좁아지고 길이 3~7cm, 폭 1.5~3cm로서 양면에 약간의 털이 있으며 뒷면에 간혹 흑색 반점이 있고 엽병은 짧으며 잎집의 탁엽은 길이 3~8mm이고 이와 비슷한 길이의 연모(緣毛)가 있다.

꽃

꽃은 5~10월에 피며 가지 끝에 달리는 꽃차례는 선형(線形)이고 길이 3~10mm로서 꽃이 드문드문 달리며 화피는 길이 2~3mm로서 거꿀달걀모양이고 연한 홍색이다. 수술은 7~8개로서 화피보다 짧으며 암술대는 3개이다.

🍒 열매

열매는 수과로서 세모진 넓은 타원형이며 길이 2mm이고 흑색이며 윤채가 있고 꽃받침에 싸여 있다.

🌳 줄기

높이 35~60cm이고 밑에서부터 가지가 많이 갈라지며 비스듬히 서고 때로는 땅에 닿은 밑부분의 마디에서 뿌리가 내린다.

분포

중부 이남

생태

1년생 초본이다. 숲 속에서 자란다.

장지석남

잎

잎은 어긋나기하며 선상 피침형이고 첨두 예저이며 길이 1.5~3cm, 폭 3~7mm로서 표면에 윤채가 있고 뒷면은 회백색이며 가장 자리가 밋밋하고 뒤로 말린다.

꽃

꽃은 5~6월에 피며 새가지 끝에 몇 개씩 산형으로 달리고 꽃자루는 길이 10~15mm로서 곧으며 꽃받침과 더불어 붉은 빛이 돈다. 꽃부리는 짧은 가지 모양이고 길이 5~6mm로서 끝이 5개로 갈라지며 연한 홍색이거나 거의 백색이고 수술은 10개, 암술은 1개이다.

열매
삭과는 도란상 구형이고 지름 3~4mm로서 가을에 갈색으로 익는다.

줄기
높이 10~30cm이고 원줄기가 옆으로 약간 누우며 털이 전혀 없고 약간 분백색이 돈다.

분포
북부지방

생태
상록소관목이다. 습원에서 자란다.

이용방안
고산식물로서 관상용으로 심을 만하다.

제비붓꽃

🍁 잎

잎은 길이 40~60cm, 나비 2~3cm로서 검상(劍狀)의 넓은 선형이고 끝이 뾰족하며 주맥이 없고 질기며 길이는 대개 화경보다 길게 나온다.

❀ 꽃

꽃대는 곧추서며 밑부분에 잎이 2줄로 달리고 윗부분에 1개의 잎이 있다. 꽃은 5~6월에 피며 보통 3개씩 달리고 짙은 자주색이며 외꽃덮이는 판연이 길이 6~7cm로서 뒤로 처지고 타원형 둔두이며 밑부분의 중앙이 황색이고 뾰족한 부분은 판연 길이의 1/2 정도이며 내꽃덮이는 서고 거꿀피침모양이다. 3개의 수술은 암술머리 뒷면에 숨겨져 있으며 꽃밥은 백색이고 암술대는 3개로서 다시 2개씩 갈라지며 열편은 타원형이다. 씨방은 하위이다.

🍒 열매

삭과는 길이 5cm정도로서 3개의 둔한 능선이 있으며 양끝이 둔하고 3개로 갈라지며 종자는 갈색이고 반원형이며 갈색의 광택이 난다.

🌱 줄기

높이 50~70cm이고 곧추서며 원주형이고 모여난다.

🌾 뿌리

근경이 굵고 여러 갈래로 갈라지며 섬유로 싸여 있다.

🗺 분포

지리산

🌿 생태

여러해살이풀이다. 습지에서 자란다.

💡 이용방안

거담약(祛痰藥)으로 쓰인다.

조뱅이

잎

근생엽은 꽃이 필때 쓰러지며 줄기잎은 긴 타원상 피침형이고 끝이 둔하며 밑부분이 좁고 길이 7~10cm로서 가장자리에 작은 가시가 있다. 윗부분의 잎은 엽병이 없으며 밑부분이 둥글고 거미줄같은 백색 털이 약간 있으며 가장자리가 밋밋하거나 끝에 가시가 달린 치아모양톱니가 있고 작은 자모(刺毛)가 있으며 위로 올라갈수록 점차 작아진다.

꽃

꽃은 암수딴그루며 5~8월에 피고 지름 3cm로서 자주색이며 가지 끝과 원줄기 끝에 달리고 총포는 종형이며 지름 25mm로서 수꽃의 것은 길이 18mm, 암꽃의 것은 길이 23mm이고 백색 털로 덮여 있다. 포편은 8줄로 배열되며 외편이 가장 짧고 중편은 피침형으로서 가시처럼 뾰족하며 끝부분이 흑색이다. 꽃부리는 자주색으로서 수꽃의 것은 길이 17~20mm, 암꽃의 것은 길이 26mm이다.

열매

수과는 타원형 또는 달걀모양으로서 길이 3mm정도이며 털이 없고 8~9월에 익는다. 관모는 길이 28mm이다.

줄기

높이 25~50cm이며 줄기에 줄이 있고 자줏빛을 띠며 윗부분에서 가지가 적게 갈라지고 거미줄털이 있거나 없다.

뿌리

근경은 길고 가로 뻗으면서 번식하여 군집을 이룬다.

분포

전국 각처에 분포한다.

생태

두해살이풀이다. 높이 25~50cm정도로 자란다.
어린 순을 나물로 한다. 염료용으로 이용할 수 있다. 전초 또는 뿌리를 소계라 하며 약용한다.

조선현호색

잎

» 비늘잎은 길이 1.0~1.5cm, 그 밑에서 1개 또는 여러 개의 줄기가 나오며, 높이 17~28cm다. 줄기잎은 2장이 어긋나며, 잎은 3장의 작은 잎으로 된다.
» 작은 잎은 원형 또는 넓은 타원형으로 전체가 불규칙하게 깊게 갈라진다.

꽃

꽃은 3~5월에 파란색에서 붉은 자주색으로 다양하게 피며, 6~16개가 총상꽃차례에 달린다. 꽃자루는 길이 5~20mm다. 외화피편은 가장자리가 파상굴곡이 지며, 거의 길이는 9~14mm다.

🍒 열매

열매는 삭과이고 6~7월에 익는다. 선형, 길이 12~30mm, 폭 2~4mm, 씨는 1줄로 배열한다. 씨는 콩팥 모양, 길이 1.7~1.9mm다.

🌳 줄기

땅속줄기는 길이 1.5~5.5cm로 끝에 지름 1.0~2.5cm인 덩이줄기가 달리며, 속은 황색이다.

분포

전국 각처에 분포한다.

생태

여러해살이풀이다. 산과 들에 자란다.

💡 이용방법

덩이줄기를 약용으로 이용한다.

빨간색 꽃 분홍·자주·보라색 포함

쥐오줌풀

🍁 잎

처음에는 근생엽이 자라나 개화가 될 때에는 근생엽이 없어지고 줄기잎이 자란다. 줄기잎은 마주나기하고 우상복엽으로 5~7개로 갈라지며, 열편에 거치가 있다.

꽃

꽃은 5~8월에 피고 붉은빛이 돌며 가지 끝과 원줄기 끝에 산방상으로 달리고 꽃부리는 5개로 갈라지며 화통은 길이 5~7mm로서 한쪽이 약간 부풀고 3개의 수술이 길게 꽃 밖으로 나온다.

🍒 열매

열매는 피침형이며 길이 4mm정도로서 윗부분에 꽃받침이 관모상으로 달려서 바람에 날린다.

🌳 줄기

높이 40~80cm이며 밑에서 뻗는 가지가 자라서 번식하고 마디 부근에 긴 백색 털이 있다.
근경은 짧고 굵으며, 잔뿌리가 성글게 사방으로 뻗어 있다.

뿌리

뿌리에서 강한 향기가 난다.

분포

전국 각처에 분배한다.

생태

숙근성 여러해살이풀로 관화식물로 재배한다.

💡 이용방안

어린 순을 나물로 한다. 쥐오줌풀/넓은잎쥐오줌풀/좀쥐오줌풀/설령쥐오줌풀의 뿌리 및 근경을 힐초라 하며 약용한다.

지느러미엉겅퀴

🍁 잎

근생엽은 꽃이 필 때 없어지고 긴 타원상 피침형이며 끝이 뾰족하고 밑부분이 점차 좁아지며 길이 30~40cm로서 가장자리에 가시가 있고 뒷면 맥 위에 털이 있다. 중앙부의 잎은 어긋나기하며 긴 타원상 피침형이고 둔두 또는 예두이며 밑부분이 줄기의 날개와 합쳐지고 길이 5~20cm로서 우상으로 깊게 또는 얕게 갈라지며 열편은 둔두로서 가시로 끝나고 뒷면에 거미줄같은 백색 털이 있다.

꽃

꽃은 5~8월에 피며 지름 17~27mm이고 총포는 종형이며 길이 20mm, 지름 17~27mm이고 포편은 7~8줄로 배열되며 외편은 점차 짧아지고 중편과 더불어 선상 피침형으로서 뾰족한 끝이 가시로 되어 퍼지거나 뒤로 젖혀진다. 꽃부리는 자주색 또는 백색이며 길이 15~16mm이다.

열매

수과는 길이 3mm, 지름 1.5mm이며 관모(冠毛)는 견사(絹絲)모양이고 밑이 동합하며 길이 15mm이다.

줄기

높이가 70~100cm에 달하고 원줄기는 곧게서며 모서리가 있고 날개가 달리며 날개의 가장자리에 가시로 끝나는 치아모양톱니가 있다.

분포

전국 각처에 분포한다.

생태

두해살이풀이다.

이용방안

어린순을 나물로 하며 껍질을 벗긴 줄기의 연한 부분을 생으로 먹기도 한다. 전초 혹은 뿌리를 비렴이라 하며 약용한다.

지면패랭이꽃

🍁 잎

잎은 엽병이 없이 마주나기하며 길이 8~20mm로서 대개 피침형이지만 그 밖에도 여러가지 형태의 것이 있다. 끝이 뾰족하고 가장자리가 껄끄럽다.

꽃

꽃은 4~9월에 피지만 주로 4월에 피며 꽃자루는 꽃받침과 더불어 선이 없거나 간혹 있고 줄기 상부에서 갈라진 3~4개 가지 끝에 꽃이 1개씩 달린다. 꽃받침은 길이 6~9.5mm이고 열편은 침형이며 화관통은 길이 8.5~16mm이고 열편은 길이 8~12mm, 나비 4.5~12.5mm로서 끝이 깊이 2mm정도 파지며 적색, 자홍색, 분홍색, 연한 분홍색, 백색 등 여러 가지가 있다. 꽃받침은 5개로 갈라지며 끝이 예리하게 뾰족하고 잔털이 있다. 꽃부리는 깊게 5개로 갈라지며 끝이 얕게 파이고 수평으로 퍼진다. 꽃통은 길이 10mm 가량이며 가늘다. 수술은 5개이며 판통 안쪽에 붙어 있으나 일부는 밖으로 뻗으며, 암술대는 길이 약 1.2cm이다.

열매
열매는 삭과이며 종자는 각 실에 1개씩 들어 있다.

줄기
높이가 10cm에 달하고 많은 가지가 갈라져 잔디같이 땅을 완전히 덮는다.

뿌리
땅속줄기가 길게 땅속을 뻗는다.

분포
중부 이남

생태
여러해살이풀이다. 건조한 모래땅에 잘 자란다.

이용방안
관상용으로 심는다.

지칭개

🍁 잎

근생엽은 꽃이 필 때까지 남아 있거나 없어지며 밑부분의 잎은 거꿀피침모양 또는 도피침상 긴 타원형이고 밑부분이 좁아지며 길이 7~21cm로서 뒷면에 백색 털이 밀생하고 우상으로 갈라지며 정열편은 세모진모양으로서 때로는 3개로 갈라지고 측열편은 7~8쌍으로서 밑으로 갈수록 점차 작아지며 톱니가 있다. 중앙부의 잎은 엽병이 없고 긴타원형이며 첨두이고 우상으로 갈라지며 위로 올라갈수록 선상 피침형 또는 선형으로 된다.

꽃

꽃은 5~7월에 피고 머리모양꽃차례는 홍자색의 통꽃만이며, 줄기나 가지 끝에 1

개씩 위를 향해 달리고 꽃이 필때는 곧게 선다. 총포는 둥글며 길이 12~14mm, 지름 18~22mm로서 8줄로 배열되고 뒷면 윗부분에 맨드라미같은 부속체가 있다. 꽃부리는 자주색이며 길이 13~14cm이다.

열매
수과는 긴 타원형이며 길이 2.5mm, 나비 1mm로서 암갈색이고 털이 없으며 관모는 우상이고 떨어지기 쉬우며 2줄이다.

줄기
줄기는 곧게 서고 높이 60~80cm이며 속은 비어 있고 가지가 갈라진다.

분포
전국 각처에 분포한다.

생태
두해살이풀이다. 평지의 길가나 빈터, 밭둑에서 자란다.

이용방안
어린잎을 식용으로 사용한다. 전초를 니호채라 하며 약용한다.

큰괭이밥

🍁 잎

잎은 뿌리에서 나오는 장상의 3출복엽이며 길이 3~15cm로서 곧게 서는 엽병이 있고 끝에 3개의 소엽이 돌려나기한다. 소엽은 작은잎자루가 없으며 도삼각형 절두이고 상단의 중앙부가 약간 파지며 길이 3cm, 나비 4~6cm로서 가장 자리에 털이 약간 있고 앞뒷면에 복모가 깔려 있다. 정소엽을 따버리면 날개를 펴고 있은 나비같이 보이는 것도 하나의 특색이다.

꽃

5~6월에 길이 10~20cm의 화경이 잎다발속에서 나와 그 끝에 1개의 흰꽃이 달리고 바로 밑에 작은포가 있다. 꽃받침조각은 긴 타원형으로서 털이 있으며 5

개이고 수술대보다 길며 꽃잎도 긴 거꿀달걀모양으로서 5개이고 수술은 10개, 암술은 1개이다.

🍒 열매

삭과는 원주상 달걀모양으로서 길이 2~3cm정도이며 털이 없고 5실이며 각 실마다 1~2개의 종자가 6~8월에 익어 5조각으로 벌어진다.

🌳 줄기

높이가 5~15cm 정도로 자란다.

뿌리

근경의 윗부분에 소비늘잎이 있고 잎은 뿌리에서 나온다.

분포

전국 각처에 분포한다.

생태

여러해살이풀이다. 심산계곡의 숲 속에서 자란다.

💡 이용방안

» 애기괭이밥과 같이 전초를 감모, 설사, 이질, 황달성간염, 결석증, 임질, 적백대하, 신경쇠약, 치질, 화상, 종기 등에 내용 및 외용한다.
» 식물체는 신맛이 있어 생체로 먹을 수 있다.

큰방울새란

🍁 잎

잎은 선상 긴 타원형이고 길이 4~10㎝, 나비 7~132mm로서 끝이 둔하며 밑부분이 좁아져서 원줄기에 붙고 날개처럼 흐른다.

꽃

» 꽃은 5~7월에 피며 원줄기 끝에 1개가 달리고 홍자색이며 포는 잎같고 길이 2~4㎝, 나비 3~6mm로서 보통 씨방보다 길다. 꽃받침조각은 윗부분의 것은 긴 타원상 거꿀피침모양이며 길이 1.5~2.5mm, 나비 3~5mm로서 끝이 둔하고 옆의 것은 다소 나비가 좁으며 윗부분의 것과 길이가 비슷하다. 꽃잎은 긴 타원형으로서 끝이 둔하고 꽃받침보다 다소 짧다. 입술모양꽃부리는 꽃받침

과 길이가 비슷하며 정열편은 거꿀달걀모양이고 안쪽과 가장자리에 육질의 돌기가 있다.
» 씨방은 길이 1.5㎝정도이다.

🍒 열매
열매는 10월경에 달리며 먼지 같은 종자가 많이 들어 있다.

🌳 줄기
높이 15~30cm이고 잎이 원줄기 중앙에 1개 달린다.

📍 분포
경기도, 경상북도, 경상남도, 제주도

🌿 생태
여러해살이풀이다. 습지에서 자란다.

💡 이용방안
습지에 심어 가꿀 만한 아름다운 식물이다.

큰앵초

🍁 잎

잎은 근생하며 원신형 또는 콩팥모양이고 가장자리가 얕게 7~9개로 갈라지며 치아모양톱니가 있고 길이 4~18cm, 폭 6~18cm로서 짧은 털이 있으며 엽병은 길이 30cm이다.

꽃

꽃은 홍자색으로 통꽃이고 5~6월에 피며 지름 1.5~2.5cm로서 잎 사이에서 엽병의 2배 정도되는 꽃대가 나와 그 끝에 1~4층의 꽃이 달리며 각 층에 5~6개의 꽃이 달리고 꽃자루는 길이 1~2cm이며 꽃차례 윗부분에 선상의 짧은 털이 있다. 꽃받침은 통모양이고, 끝은 깊게 5갈래이며, 화통은 길이 12~14mm이고 수술은 5개로서 화통보다 짧다.

🍒 열매

열매는 삭과로 길이 7~12mm이며 난상 긴 타원형이고 남아 있는 꽃받침조각보다 길다.

🌳 줄기

전체에 잔털이 있고 원줄기는 없다.

🌱 뿌리

근경이 짧게 옆으로 벋는다.

🗺 분포

전국 각처에 분포한다.

🌾 생태

여러해살이풀이다. 깊은 산 숲 속 또는 냇가의 습지에서 자란다.

💡 이용방안

꽃은 관상용, 어린순은 식용한다.

빨간색 꽃 분홍·자주·보라색 포함

큰졸방제비꽃

🌼 **잎**

근생엽은 원심형 또는 편심형이며 가장자리에 둔한 톱니가 있고 길이와 폭이 각 3~5cm이지만 과시에는 6cm정도로 되며 마르면 원줄기와 더불어 갈색점이 생긴다. 엽병은 엽신보다 1.5~2.5배 길고 탁엽은 윗부분의 것은 피침형이며 밑부분의 것은 달걀모양이고 빗살처럼 갈라지며 줄기잎은 엽병이 짧으며 탁엽이 중열한다.

 꽃

꽃은 액생하고 연한 자주색이며 꽃받침조각은 피침형이고 길이 5~8mm이며 부속체는 반원형으로서 둔한 톱니가 있거나 밋밋하고 꽃잎은 길이 15~18mm로서 털이 없으며 거는 색이 연하고 길이 6~8mm이다. 꽃이 진 다음 화경이 짧은 닫힌꽃이 생겨서 결실한다.

열매

열매는 삭과로 타원형이고 털이 없으며 세모진다.

줄기

높이 20~40cm이며 여러대가 비스듬히 서고 꽃이 필때는 높이 5~10cm이다.

뿌리

뿌리는 다소 단단하고 근경의 마디가 밀접하다.

분포

경상북도 울릉도

생태

여러해살이풀이다. 숲속과 습지에서 자란다.

털복주머니란

잎

잎은 넓은 타원형이고 끝이 뾰족하며 뒷면 맥위에 털이 있고 중앙부에서 꽃대가 나온다.

꽃

마주나기한 잎의 중앙부에서 화경이 나와 1개의 잎같은 포가 달리며 그 위에서 1개의 꽃이 밑을 향해 핀다. 꽃은 지름 3~5㎝로서 황백색 바탕에 자주색 반점이 있고 위꽃받침조각은 넓은 달걀모양이며 길이 2~2.5㎝로서 끝이 둔하고 옆꽃받침조각은 동합하여 타원형으로 되며 길이 1.5㎝정도로서 끝이 2개로 갈라진다. 씨방과 위꽃받침조각에는 털이 있고 꽃잎은 타원형이며 입술모양꽃부리는 보통 흰색에 자주색 반점이 있으며, 주머니 같고 안쪽에 털이 있다.

줄기

전체에 털이 있고 높이가 30cm에 달한다. 원줄기는 밑부분에 2~3개의 초상엽이 있으며 그 위에 2개의 큰잎이 원줄기를 감싸면서 마주나기한다.

뿌리

땅속줄기가 옆으로 뻗고 마디에서 뿌리가 내린다.

분포

강원도 정선군, 태백시

생태

여러해살이풀이다. 깊은 산에서 자란다.

털제비꽃

🍁 잎

잎은 달걀모양 또는 좁은 달걀모양이고 길이 1~3cm, 폭 0.8~2.5cm로서 얕은 심장저이며 과시(果時)에는 길이가 8cm에 달하는 것도 있다. 엽병은 길이 3~10cm이지만 과시에는 길이 20cm이고 위쪽에 좁은 날개가 있다.

 꽃

화경은 높이 5~10cm이며 꽃은 홍자색이고 꽃받침조각은 넓은 피침형이며 길이 6~7mm로서 끝이 둔하고 부속체는 삼각형이며 끝이 뾰족하거나 사각형으로서 톱니와 털이 있다. 꽃잎은 길이 10~13mm이고 측열편 밑부분에 털이 있으며 거(距)는 길이 6~8mm로서 잔털이 있다.

열매
열매는 삭과로 잔털이 밀생하며 타원형이다.

줄기
줄기는 없음

뿌리
근경이 짧고 다소 모여나기하며 짧은 퍼진 털이 있다.

분포
전국 각처에 분포한다.

생태
여러해살이풀이다. 들의 양지에 난다.

빨간색 꽃 분홍·자주·보라색 포함

풍선난초

잎

잎은 달걀모양 또는 난상 타원형이며 길이 2.5~5㎝, 나비 1.5~3cm로서 끝이 뾰족하거나 둔하고 밑부분이 둥글며 세로로 주름이 지고 가장자리가 물결모양이며 뒷면은 자주빛이 돌고 엽병은 길이 1.5~4cm이다.

꽃

» 꽃은 5~6월에 피며 원줄기 끝에 1개가 달리고 연한 홍색이며 꽃대는 높이 6~15cm이고 밑부분에 2개의 초상엽이 있다. 포는 넓은 선형이며 길이 1.2~2.5cm로서 끝이 뾰족하다. 꽃받침조각과 꽃잎은 퍼지고 선상 피침형이며 끝이 뾰족하고 길이 2~3cm, 나비 3~4mm로서 연한 홍색 바탕에 갈색이

돈다.

» 입술모양꽃부리는 밑으로 처지며 길이 3~3.5cm로서 백색 바탕에 연한 갈색 무늬가 있고 뒷면이 주머니처럼 부풀어서 앞을 향하며 끝이 거(距)로 되어 2개로 얕게 갈라지고 판연보다 튀어나오며 자웅예합체는 난상 타원형이고 길이 1.3~1.5mm, 나비 1cm정도로서 편평하다.

열매

열매는 긴 타원상 방추형이다.

줄기

밑동에 위경이 있다.

뿌리

근경은 육질이며 타원체이고 끝에서 잎과 줄기가 각각 1개씩 나온다.

분포

북부지방

생태

여러해살이풀이다. 침엽수림 밑에서 자란다.

할미꽃

🍁 잎

» 잎은 엽병이 길고 5장의 소엽으로 구성된 깃모양겹잎으로서 깊게 갈라지며 전체에 긴 백색털이 밀생하여 흰빛이 돌지만 표면은 짙은 녹색이고 털이 없다.
» 밑부분의 소엽은 길이 30~40mm로서 2~3개로 갈라지며 정열편은 폭 6~8mm로서 끝이 둔하다.

꽃

꽃은 4월에 피고 높이 30~40cm의 꽃대가 나와 끝에 1개의 꽃이 밑을 향해 달리며 작은포는 화경 윗부분에 달리고 3~4개로서 다시 잘게 갈라지며 겉에 화경과 더불어 긴 백색털이 밀생한다. 꽃받침 열편은 6개이고 긴 타원형이며 길이

35mm, 폭 12mm로서 겉에 명주실같은 백색 털이 밀생하나 안쪽에는 털이 없으며 적자색이다.

열매

수과는 긴 달걀모양이고 길이 5mm정도로서 겉에 백색털이 있으며 암술대는 길이 40mm정도로서 우상(羽狀)의 퍼진 털이 밀생한다.

줄기

뿌리에서 잎이 바로 나오므로 줄기가 따로 구분하기 어려움.

뿌리

》 어릴때는 뿌리가 가늘지만 4~5년생쯤 되면 뿌리가 길고 굵어진다.
》 뿌리는 땅속 깊이 들어가고 흑갈색이며 윗부분에서 많은 잎이 나온다.

분포

전국 각처에 분포한다.

생태

여러해살이풀이다. 산자락, 건조한 양지의 풀밭, 묘지 주변 등 양지바른 남향지에서 자란다.

이용방안

햇볕이 잘 드는 화단의 전면식재용으로 좋다. 할미꽃, 분홍할미꽃, 가는잎할미꽃의 뿌리는 백두옹, 꽃은 백두옹화, 잎은 백두옹엽이라 하며 약용한다.

호제비꽃

잎

잎은 삼각상 넓은 피침형이며 끝이 둔하고 밑부분이 절저 예저 또는 다소 심장저이며 가장자리에 물결모양의 톱니가 있고 길이 3~6cm, 폭 1~2cm이지만 과시에는 길이 8cm, 폭 3cm에 달한다. 엽병은 잎보다 짧고 길이는 2~5cm이지만 때로는 15cm에 달하는 것도 있고 윗부분에 날개가 약간 있는 것도 있다.

꽃

화경은 잎과 길이가 비슷하거나 다소 짧다. 꽃은 자주색이며 3~4월에 피고 꽃받침조각은 피침형이며 길이 5~7mm로서 끝이 뾰족하거나 둔하고 부속체는 둥글며 밋밋하거나 둔한 톱니가 있다. 꽃잎은 길이 10~14mm이고 측열편에 털이 없으며, 거(距)는 길이 5~7mm로서 둥글다.

열매

삭과로서 난상 타원형이고 5~8월에 성숙하며, 종자는 황색으로 난원형이고 활택(滑澤)하다.

줄기

전체에 짧은 털이 밀생한다.

뿌리

근경은 짧다.

분포

전국 각처에 분포한다.

생태

여러해살이풀이다. 산야의 햇볕이 잘 드는 풀밭, 들이나 밭 근처, 특히 점토에서 흔히 자란다.

이용방안

뿌리를 포함한 전초를 전초를 지정, 자화지정, 지정초, 양각자, 독행호, 여의초, 전두초, 자지정이라 하며 약용한다.

흰털제비꽃

🍁 **잎**

잎은 밑동에 모여나기하며 달걀모양 또는 삼각상 달걀모양이고 둔두 예저이고 길이 3~6cm, 폭 2~4cm이며 표면과 뒷면 맥 위에 털이 있으며 가장자리에 둔한 물결모양의 톱니가 있다. 엽병은 길이 5~15cm로서 윗부분에 날개가 약간 있고 백색의 퍼진 털이 있다.

 꽃

화경은 길이 7~12cm로서 중앙부에 2개의 포가 있으며 백색의 퍼진 털이 있고 꽃은 4월에 피며 홍자색이고 잎 사이에서 내는 여러 개의 화경 끝에 붙으며 좌우상칭이다. 꽃받침조각은 피침형이고 길이 7~8mm이며 부속체는 반원형으로서 털이 없고 가장자리가 밋밋하며 꽃잎은 길이 15~20mm로서 끝이 파지거나 둥글고 측열편 안쪽에 털이 있다. 꽃잎과 꽃받침 조각 및 수술은 각 5개이고 거는 원통형이며 길이 7~8mm이다.

열매
열매는 삭과로 세모지고 도란상 타원형이며 털이 없다.

줄기
줄기는 없다.

뿌리
근경이 짧으며 뿌리는 흰색이고 2~3갈래이다.

분포
중부 이남

생태
여러해살이풀이다. 양지쪽 풀밭에서 자란다.

빨간색·꽃분홍·자주·보라색 포함

04
파란색 꽃

고산구슬붕이

🍁 잎

근생엽은 로제트로 되나 종종 뚜렷하지 않은 경우도 있고 거꿀달걀모양으로 끝에 급하게 뾰족해지는 비늘막이 형성 되며 기부는 초상, 잎자루는 없고 길이 0.6~2.0㎝, 나비 0.5~1.0㎝로 뚜렷한 1개의 맥이 있다. 줄기잎은 중간마디 이하의 것은 근엽과 유사하나 작고, 상부의 것은 선형 또는 좁은 주걱모양으로 줄기에 밀착하며, 선단은 뾰족하고 그 끝은 가시 같이 되어 길이 0.6~1.0㎝, 나비 1~3.5㎜이며 가장자리는 다소 넓은 막질로 되어 투명하게 된다.

꽃

꽃은 줄기 가지 선단에 1개씩 달리며 화경은 길이 0.8~1.8㎝이고, 꽃받침은 길이

0.9~1.2㎝로 꽃부리의 1/2 길이이며 끝은 5개로 갈라지고, 열편은 피침형이며 선단은 뾰족하고 길이가 약 2~3.3㎜로 크기가 균일하며 가장자리는 막질로 되고 꽃받침통보다 짧다. 꽃부리는 길이 1.6~2.0㎝로 통상 깔데기형이며 5~6월에 하늘색 또는 흰색으로 피고 화통 내부에 짧고 균일한 짙은 자색줄이 있으며, 끝은 5개의 열편으로 갈린다. 열편은 달걀모양이며 선단은 점차 뾰족해지고, 길이 약 2.7~4㎜이다. 덧꽃부리는 원두로 선단에 몇개의 치아상 톱니가 있다. 수술은 꽃부리에 부착하며, 약은 선상타원형으로 길이 0.6~1.8㎜, 암술은 1개로 짧은 자루가 있으며 암술머리는 둘로 갈라져 반곡하고 성숙 하면서 덩굴손형으로 말린다. 씨방은 단실씨방이다.

열매

삭과는 긴 자루가 있어 꽃부리 밖으로 돌출하고 종자는 난상타원형으로 표면은 망상이며 망강의 길이가 짧고 망강 표면은 평활하다.

줄기

줄기의 횡당면은 원형, 줄기는 뿌리목에서 1~수개 또는 다수가 나오며 가지를 치거나 드물게 치지 않고 돌기가 없으며 높이 5~11㎝이다.

뿌리

뿌리는 원뿌리형이며 세장하며 밑부분에서 잔뿌리가 나온다.

분포

강원도, 경상남도

생태

한해살이풀이다. 고산성 식물이다.

이용방안

관상식물로 이용할 수 있다.

난장이현호색

🍁 잎

엽병은 길이 0.5~3.4㎝이고, 엽신은 길이 2.5~9㎝, 폭 2.3~6㎝이며, 3출엽 또는 이회삼출겹잎이다. 소엽은 원형, 타원형 또는 선형(線形)으로서 거치가 없거나 결각상이며, 형태적인 변이가 심하다. 잎의 표면은 녹색이며, 백색반점이 섞인 개체도 다수 존재한다.

꽃

꽃은 주로 4월에 개화하며 1~9개가 총상꽃차례를 형성한다. 포는 길이 4~8㎜, 폭 3~7㎜이다. 연한 청색 또는 하늘색으로서 길이 20~26㎜이며, 거의 길이는 9~15㎜이다. 하측(下側)의 외화판(外花瓣)은 씨방부위에서 반구형으로 융기 (隆

起)하며, 내화판의 선단은 양끝이 볼록하게 솟는다. 씨방은 방추형이며, 밑씨가 이열로 배열한다. 암술머리는 다각 형으로 14개의 돌기가 있다.

열매

열매는 길이 15~17㎜, 폭 4.5~6㎜인 납작한 방추형이며 종자가 거의 이열로 배열한다. 종자는 구형으로서 길이 2.2~2.3㎜, 폭2~2.2㎜이며, 표면에 광택이 있다.

줄기

줄기의 길이가 4~23㎝이며 경상성이고 지름이 0.5~2.5㎜이며 횡선열매는 원형이다. 근생엽은 2장이다.

뿌리

땅속줄기는 길이 1~7㎝이며, 덩이줄기는 지름이 0.7~1.2㎝로서 소형이고 내부는 백색이다. 비늘잎은 1개로서 길이 1~1.5㎝이며, 기부에서 1개 또는 여러개의 줄기가 나온다.

분포

전국 각처에 분포한다.

생태

여러해살이풀이다.

이용방안

덩이줄기를 약용으로 사용한다.

반디지치

🍁 잎

잎은 어긋나기하고 엽병이 없으며 길이 2.5~6cm, 폭 1~2cm로서 긴 타원형 또는 거꿀피침모양이고 끝이 뾰족하며 밑부분이 좁아져서 직접 원줄기에 달리고 기부에 밑부분이 굵은 센털이 있으며 가장자리가 밋밋하나 양면이 거센털로 인해 껄끄럽다.

꽃

꽃은 5~6월에 피며 지름 15~18mm로서 벽자색이고 줄기 상부의 잎겨드랑이에 꽃이 1개씩 달린다. 꽃받침은 녹색이며 5개로 깊게 갈라지고 선상 피침형이며 길이 5~6mm로서 끝이 뾰족하다. 꽃부리 기부는 통모양이고 상부는 깊게 5개로 갈라져 수평으로 퍼지며 지름 약 15mm이고 겉에 복모가 있으며 안쪽에 5개의 모열(毛列)이 있고, 각 조각의 중앙부는 백색으로 융기되어 있다. 수술은 5개이며 판통에 달려있다.

열매

분과로서 지름이 2.5~3mm이며 매끄럽고 백색이다.

줄기

높이 15~25cm이며 원줄기에 퍼진 털이 있고 다른 부분에는 비스듬히 선 털이 있으며 꽃이 핀 후 옆으로 뻗는 가지가 자라서 뿌리가 내리고 다음해에 싹이 돋는다.

분포

제주도와 영·호남 지방에 분포

생태

여러해살이풀이다. 산야의 볕이 잘드는 건조지나 숲 속의 응달, 모래땅에서도 자란다.

이용방안

반디지치/개지치의 과실을 지선도라 하며 약용한다.

선개불알풀

🍁 잎

잎은 마주나기하고 엽병이 없으며 넓은 달걀모양, 삼각상 달걀모양 또는 달걀모양이고 길이 1~2cm, 폭 7~15mm로서 끝이 둔하며 밑부분이 둥글고 가장자리에는 3~4쌍의 톱니가 있으며 양면에 털이 밀생한다. 꽃이 달리는 윗부분의 잎은 어긋나기하고 점점 작아진다.

꽃

꽃은 5~8월에 피며 벽자색이고 잎겨드랑이에 달리며 꽃받침은 길이 4~6mm로서 4개로 갈라지고 열편은 피침형이며 삭과보다 길거나 비슷하다. 꽃부리는 지름 4mm로서 4개로 갈라진다. 수술 2개, 암술 1개이다. 암술대가 짧다.

🍒 열매

삭과는 거꿀심장모양이며 끝이 깊게 파지고 나비 4mm정도이며 편평하고 가장자리에 샘털이 있으며 종자는 20개 내외이다.

🌳 줄기

높이 10~30cm이고 밑에서 갈라져 곧게 자라며 짧은 털이 있다.

분포

울릉도와 중부 이남

🌱 생태

1~2년생 초본이다. 볕이 잘 드는 길가나 풀밭에서 자란다.

💡 이용방안

전초를 비한초라 하며 약용한다.

왜지치

🍁 잎

근생엽은 주걱모양이며 밑부분이 길게 엽병처럼 길어지고 끝이 둥글며 줄기잎은 어긋나기하고 거꿀피침모양이며 길이 26cm, 폭 7~12mm로서 엽병이 없다.

꽃

꽃은 5~8월에 피며 연한 하늘색이고 지름 6~8mm이며 총상꽃차례는 흔히 밑부분에서 2개로 갈라지고 길이 10~25cm로서 포가 없으며 밑부분에 잎이 달린다. 꽃받침은 꽃자루보다 짧고 퍼진 털이 있으며 깊게 5갈래로 갈라지고, 열편은 길이 2~3mm에서 5mm로 자라며 끝이 둔하고 꽃부리는 지름 6~8mm이며 판통이 짧고 판통 윗부분에 황색 소돌기가 있다.

🍒 열매
소견과이고 분과는 달걀모양이고 밋밋하며 길이 1.5mm로서 복면에 1개의 능선이 있고 짙은 갈색이다.

🌳 줄기
높이 20~40cm이고 곧게 서며 퍼진 털이 산생한다.

분포
북부지방

생태
여러해살이풀이다. 고산지대의 숲 속에서 자란다.

특징
전체에 센털이 있다.

점현호색

🍁 잎

엽병은 길이 1~9㎝이고, 엽신은 길이 3~13㎝,폭 3~16㎝이며 주로 이회삼출겹잎이다. 소엽은 거꿀달걀모양 또는 긴 타원모양으로 변이가 심하며, 보통 장상으로 전열한다. 잎의 표면은 녹색이며, 크고 뚜렷한 백색반점이 전체에 산재 한다.

꽃

» 꽃은 4~5월에 피고 3~18개가 총상꽃차례를 형성한다. 포의 길이 7~15㎜, 폭 4~10㎜인 거꿀달걀모양이며 선단이 장 상으로 중열한다. 꽃자루의 길이는 개화시에 6~10㎜이며, 열매성숙시에는 6~15㎜이다. 꽃은 진한 청색이고 길이 24~30㎜인 대형이며, 거의 길이는 11~15㎜이다. 하측의 외화판은 씨방부위에

서 양 옆으로 볼록하게 솟는다. 씨방은 납작한 방추형이며, 밑씨가 이열로 배열한다.
» 암술머리는 다각형으로서 사각형에 가깝고 대형이며 14개의 돌기가 있다.

열매

열매는 길이 9~28㎜, 폭 4~5㎜인 납작한 방추형이며, 종자가 거의 이열로 배열한다. 종자는 구형으로서 길이 2.1~2.3㎜, 폭 2.1~2.2㎜이며 표면에는 광택이 있다.

줄기

줄기의 높이 8~25㎝이다. 줄기는 경상성(傾上性)으로 갈색이 섞인 녹색이고, 지름은 1~3.5㎜로서 횡선열매가 원형이다. 줄기잎은 2장이다.

뿌리

덩이줄기의 지름은 1~2㎝이고 흰색이다. 땅속줄기는 길이 1~9㎝이다. 비늘잎은 1개로 길이 1~2㎝이며, 기부에서 1개 또는 여러개의 줄기가 나온다.

분포

강원도, 경기도

생태

여러해살이풀이다. 산지에서 자란다.

이용방안

덩이줄기는 약용한다.

큰개불알풀

잎

잎은 밑부분에서는 마주나기하고 윗부분에서는 어긋나기하며 삼각형 또는 난상 삼각형이고 밑부분의 것은 짧은 엽 병이 있으나 윗부분의 것은 거의 없어지며 밑부분이 둥글고 길이와 나비가 각각 1~2cm이며 잎몸에는 느슨하게 털이 있고 가장자리에 4~7개의 굵은 톱니가 있다.

꽃

꽃은 5~6월에 피며 하늘색으로서 짙은 색의 줄이 있고 잎겨드랑이에 1개씩 달리며 꽃자루는 길이 1~4cm이다. 꽃받 침은 길이 6~10mm로서 4개로 갈라지며 열편은 좁은 달걀모양이며 끝이 둔하고 꽃부리는 지름 8mm로서 4개로 깊게 갈라지며 앞쪽의 것이 다소 작고 암술대는 길이 3mm이다. 수술 2개, 암술 1개이다.

열매

삭과는 편평한 거꿀심장모양이며 끝이 파지고 길이 5mm, 나비 1cm로서 그물같은 무늬가 있으며 종자는 타원형이고 길이 1.5mm로서 잔주름이 있다.

줄기

길이 10~30cm이고 부드러운 털이 있으며 밑부분이 옆으로 자라거나 비스듬히 서서 가지가 갈라진다.

분포

제주도, 울릉도와 충청도 이남

생태

2년생 초본이다. 볕이 잘 드는 길가나 빈터의 다소 습기가 있는 곳에서 자란다.

탐라현호색

🍁 잎

잎은 밑부분에서는 마주나기하고 윗부분에서는 어긋나기하며 삼각형 또는 난상 삼각형이고 밑부분의 것은 짧은 엽병이 있으나 윗부분의 것은 거의 없어지며 밑부분이 둥글고 길이와 나비가 각각 1~2cm이며 잎몸에는 느슨하게 털이 있고 가장자리에 4~7개의 굵은 톱니가 있다.

꽃

꽃은 5~6월에 피며 하늘색으로서 짙은 색의 줄이 있고 잎겨드랑이에 1개씩 달리며 꽃자루는 길이 1~4cm이다. 꽃받침은 길이 6~10mm로서 4개로 갈라지며 열편은 좁은 달걀모양이며 끝이 둔하고 꽃부리는 지름 8mm로서 4개로 깊게 갈라지며 앞쪽의 것이 다소 작고 암술대는 길이 3mm이다. 수술 2개, 암술 1개이다.

열매
삭과는 편평한 거꿀심장모양이며 끝이 파지고 길이 5mm, 나비 1cm로서 그물같은 무늬가 있으며 종자는 타원형이고 길이 1.5mm로서 잔주름이 있다.

줄기
길이 10~30cm이고 부드러운 털이 있으며 밑부분이 옆으로 자라거나 비스듬히 서서 가지가 갈라진다.

분포
제주도, 울릉도와 충청도 이남

생태
2년생 초본이다. 볕이 잘 드는 길가나 빈터의 다소 습기가 있는 곳에서 자란다.

이용방안
덩이뿌리를 약용한다.

05
갈색 꽃

고비

잎

어린 잎은 나선형으로 꾸부러져 나오며 적색 바탕에 백색의 면모로 덮여 있고 엽병은 주맥과 더불어 광택이 나며 처음에는 적갈색 털로 덮여 있지만 커지면서 곧 없어진다. 잎은 신선한 녹색으로 2회 우상복엽이이고 깃조각은 길이20~30cm 로서 첫째 것이 가장 길다. 잔깃조각은 옆으로 퍼지며 피침형 또는 긴 타원상 피침형이고 길이 5~10cm, 폭 1~2.5cm로 예두 또는 둔두이며 가장자리에 잔톱니가 있고 밑부분은 둥글거나 일그러지며 엽병이 없다. 성숙한잎은 광택이 나고 털이 없으며 2개씩 갈라진 측맥은 주맥과 45~55° 각을 이루고 붙어 있다. 생식잎은 영양잎보다 일찍 자라서 일찍 시들고 잔깃조각은 매우 좁아져서 선형으로 되며 포자낭이 밀착한다. 여름철에 영양잎의 일부가 생식잎으로 변하는 것도 간혹 있으나 일정하지는 않다.

열매

포자, 생식잎의 잔깃조각은 선형으로 되어 포자낭이 밀착한다. 여름철에 영양잎의 일부가 생식잎으로 변하는것도 간혹 있으나 일정하지는 않다.

줄기

근경에서 여러 대가 나와 높이 60~100cm정도 자란다.

뿌리

주먹 같은 근경이 있으며 많은 잔뿌리가 있다.

분포

제주도와 울릉도, 남부 중부

생태

숙근성 여러해살이풀로 관엽식물이다. 산지, 습한 곳으로 그늘이 진 주변에 자생한다.

이용방안

어린 순은 삶아서 말렸다가 나물로 먹는다. 관중 및 동속 근연식물(참새발고사리, 털고사리, 청나래고사리, 새깃아재비, 고비)의 근경(根莖)을 관중이라 하며, 약용한다.

갈색꽃

괭이사초

🍁 잎

엽신은 납작하거나 안쪽으로 약간 말리기도 하며 황록색이고 길이 10~30cm, 폭 2~3mm이며 가장자리는 껄끄럽다. 줄기기부의 엽초는 엽신이 없거나 흔적이 붙어 있으며 황갈색 또는 갈색이다.

꽃

화수(花穗)는 소수(小穗)가 밀집하여 난상 원주형으로 되고 길이 2.5~6cm, 나비 1cm정도로서 적갈색이 돌며 꽃은 5~6월에 핀다. 포는 사방으로 퍼지고 잎모양이며 밑부분이 퍼지고 1~3개이며 넓이 2~3mm이고 복사상으로 벌어졌으며 꽃차례보다 훨씬길다. 작은 이삭은 난상 원형이고 여러개가 발생하며 길이

4~8mm로서 윗부분에 수꽃이 약간 달리며 밑부분에 암꽃이 달린다. 자화영(雌花穎)은 달걀모양이고 길이 3.5mm정도로서 끝에 짧은 까락이 있으며 구리색의 줄이 있고 막질이다. 암술대는 곧고 2개로 갈라진다.

열매

과포는 포영보다 길며 길이 4mm정도로서 편달걀모양이고 겉에 적갈색의 맥이 많으며 가장자리의 중앙 윗부분에 날개가 있고 날개에는 치아모양톱니가 있으며 긴 부리 끝이 2개로 갈라진다. 수과는 편평한 타원형이고 헐겁게 들어 있으며 길이 1mm정도로서 짧은 대가 있다.

줄기

높이 30~60cm이고 3능형이며 곧게서고 털이 없으며 광택이 난다.

뿌리

근경이 짧고 모여나기한다.

분포

전국 각처에 분포한다.

생태

여러해살이풀이다. 산록의 습한 풀밭이나 논밭둑 또는 길가에서 흔히 자란다.

이용방안

사료식물로 쓰인다. 민간에서는 전초를 풍습성 관절염에 내용한다.

꿩고비

잎

잎은 곧추서지만 끝에서는 약간 뒤로 젖혀지는 듯하다. 영양잎과 생식잎 두가지가 있다. 어릴때는 적갈색 면모로 덮이나 나중에는 없어지며, 특히 포자낭이 달린 깃조각의 면모에 흑색 털이 섞여 있어 기본종과 구별된다. 영양잎은 길이 30~80cm, 너비 10~25cm로 황록색이고 1회우상복엽이며 끝이 좁아져서 예첨두로 되고 밑부분이 약간 좁아진다. 우편은 퍼지고 대가 없으며 길이 5~17cm, 너비 1.5~3cm 정도로 끝이 뾰족하고 열편은 밋밋하며 원두이고 가장자리에 털이 약간 남는다. 측맥은 2개로 갈라진다.

열매
포자가 흩어진 포자낭은 적갈색을 띠며 포막과 환대가 없다.

줄기
땅속줄기는 굵고 지름이 5~8cm이며 끝에서 잎이 뭉쳐난다.

뿌리
굵은 근경 끝에서 잎이 모여나기한다.

분포
전국 각처에 분포한다.

생태
여러해살이풀이다. 깊은 산속의 습지 또는 계곡에 군생한다.

이용방안
어린잎을 말려 나물로 한다. 음습지 녹화용으로 사용할 만하다. 초물분재는 물론 실내식물로 이용할 수 있다. 다양한 용도의 조경식물로 이용이 가능하다.

나리난초

🍁 잎

잎은 전년도의 가짜비늘줄기 옆에서 2개가 나와 2~3개의 초상엽으로 싸여 마주서며 타원형 또는 긴 타원형이고 길이 4~12cm, 폭 2.5~7cm로서 끝이 둔하며 가장자리가 물결모양으로 주름져 있고 기부는 쐐기모양으로 좁아지면서 엽병으로 되어 줄기를 마주 안는다.

🌼 꽃

>> 꽃은 5~7월에 피고 지름 3cm내외로서 검은 자갈색이며 꽃대는 높이 10~20cm로서 곧게 서고 녹색이며 능선이 있으며 10개 정도의 꽃이 총상꽃차례를 이룬다. 포는 삼각상 달걀모양 또는 삼각형이고 길이 1~2mm로서 흑자

색이 돈다.

» 꽃받침조각은 넓은 선형이며 길이 1~1.5cm로서 퍼지고 꽃잎은 선형이며 꽃받침과 길이가 비슷하다. 입술모양 꽃부리는 도란상 원형이고 길이 1~1.5cm, 나비 1~1.3cm로서 끝이 둥글며 돌기같이 짧게 뾰족하다. 자웅예합체는 길이 3~5mm로서 위쪽 양편에 좁은 날개가 있다. 꽃가루덩이는 황색이다.

열매
열매는 삭과로 둥근 모양 또는 타원형이다.

줄기
비늘 줄기는 둥글고, 녹색, 묵은 비늘잎과 엽초에 싸여있다.

뿌리
가짜비늘줄기는 난상 구형이고 길이 8~12mm이며 마른 엽초로 싸여 있고 거의 지상에 나와 있다.

분포
전국 각처에 분포한다.

생태
여러해살이풀이다. 산지의 응달에서 자란다.

이용방안
관상용으로 심을 만 하다.

무늬천남성

🍁 잎

잎은 1개이며 길이 30~60cm의 엽병이 있고 소엽은 9~17개이며 선상 피침형 또는 피침형이고 중앙부의 소엽은 길이 10~25cm, 나비 1~4cm로서 가장자리에 톱니가 없으며 아래 위로 물결모양이 되고 짙은 녹색이다.

꽃

5월경에 높이 10~20cm의 꽃대가 나와 이삭꽃차례가 달리며 포는 흑자색이 돌고 판연은 달걀모양으로서 판통 윗부분을 덮으며 흑자색이 돌고 상반부는 밑으로 처지면서 끝이 실처럼 가늘어지며 길이 8~10cm이다. 꽃차례는 윗부분이 흑자색이고 채찍처럼 30~50cm로 길어지며 판연 밑에서 위로 나와 곧추섰다가 밑으로 처지고 밑부분은 굵어지며 잔주름이 많으나 밑으로 내려갈수록 점점 가늘어진다. 꽃은 이가화이다.

열매

열매는 옥수수 알처럼 붙어서 적색으로 익는다.

줄기

구경(알줄기)은 편평한 알형이다.

뿌리

알줄기는 편평한 구형이며 작은 알줄기가 옆에 달리고 수염뿌리가 윗부분에서 사방으로 퍼진다.

분포

남부 지방 도서지역에 분포

생태

여러해살이풀이다. 땅속의 알줄기 주위에 작은 알줄기가 붙어 있으므로 이것을 따서 번식시킨다. 또 실생도 된다.

이용방안

알줄기를 거담, 진경제로 약용하나 독성이 있다.

수영

잎

근생엽(根生葉)은 모여나기하며 엽병이 길고 창검같은 모양이며 길이 3~6cm, 폭 1~2cm로서 예두 또는 둔두이고 귀 같은 돌기가 좌우로 퍼진다. 줄기잎은 어긋나기하며 피침형 또는 긴 타원형이고 기부가 창검같으며 질이 연약하고 줄기를 둘러싼 탁엽이 있다. 잎은 신맛이 난다.

꽃

» 꽃은 암수딴그루로서 5~6월에 피며 홍록색이고 원줄기 끝에 달리는 원뿔모양꽃차례의 가지에서 돌려나기하며 짧은 녹갈색의 화경이 있다. 꽃받침조각은 6개이고 꽃잎은 없으며 수꽃은 수술이 6개이고 꽃밥은 황색으로서 밑으

로 처진다.
» 암꽃은 3개의 암술대가 있으며 잘게 갈라진 암술머리는 홍자색이다. 꽃이 진 다음 안쪽 꽃받침조각 3개는 길이 5mm정도 자라서 둥글게 되어 열매를 둘러싸고 뒷면에 그물 모양의 소맥이 있다.

열매

과실은 수과로서 세모난 타원형이며 길이 2mm정도이고 흑갈색이며 윤채가 있다. 원형의 날개모양인 3조각의 숙존 악에 싸여 있다.

줄기

높이 30~80cm이며 원줄기는 곧게 서고 원주형이며 모가 나고 보통 녹색 또는 홍자색을 띠며 신맛이 난다.

뿌리

» 땅속줄기는 다소 비후하며 짧고 수염뿌리가 많으며 단면은 황색이다.
» 뿌리를 산모(酸模)라 한다.

분포

전국 각처에 분포한다.

생태

여러해살이풀이다. 산야의 풀밭이나 빈터에서 자란다.

이용방안

연한 식물체를 식용으로 한다. 염료용으로 이용할 수 있다. 소리쟁이에 버금가는 훌륭한 염료 식물로, 유럽에 서는 명반을 매염제로 써서 양모의 황색 염료로 쓰고, 말린 땅속줄기에서는 담홍색의 염료를 얻고 있다. 뿌리는 산모, 잎은 산모엽이라 하며 약용한다.

애기수영

🍁 잎

근생엽은 모여나기하며 엽병이 길고 창모양이고 톱니는 없으며 길이3~6cm, 폭 1~2cm로서 예두 또는 둔두이고 귀같은 돌기가 좌우로 퍼진다. 줄기잎은 어긋나기하고 피침형 또는 긴 타원형이고 기부가 창검같으며 질이 연약하고 줄기를 둘러싼 탁엽이 있다.

꽃

꽃은 이가화로서 5~6월에 피며 원줄기 끝에 달리는 원뿔모양꽃차례의 가지에서 돌려나기하며 짧은 녹갈색의 화경이 있다. 꽃받침조각은 6장이고 꽃잎은 없으며 수꽃에 수술이 6개, 지름이 3mm이고, 암꽃에 암술대가 3개이며 잘게 갈라진 암술머리가 있으며, 꽃받침이 자라지 않는다.

열매
열매는 타원형의 수과로 3개의 능선이 있고, 갈색을 띠며, 광택은 없다.

줄기
» 높이 20~50cm이고 원줄기는 곧게 서며, 세로로 능선이 있고, 적자색이다.
» 잎과 함께 신맛이 난다.

뿌리
근경이 뻗으면서 왕성하게 번식하며 털이 없으나 털같은 돌기가 있다.

분포
중부 이남

생태
여러해살이풀이다. 들이나 길가에서 자란다.

이용방안
어린 잎은 식용한다. 뿌리는 산모, 잎은 산모엽이라 하며 약용한다.

여우꼬리사초

🍁 잎

잎은 거의 편평하며 질이 단단하고 나비 2~4㎜이다. 엽초는 밤색 또는 어두운 갈색이며 끝이 갈라진다.

꽃

작은이삭은 2~5개로서 서로 떨어져 있고 옆으로 벌어지며 웅소수는 곤봉같고 길이 1~3cm로서 줄기 끝에 달린다. 자소수는 짧은 주상(柱狀) 또는 긴 타원형이고 길이 1~3cm로서 끝이 가시처럼 뾰족하고 자화영(雌花穎)은 넓은 거꿀달걀 모양이며 구리색 또는 밤색이고 뒷면에 뚜렷하지 않은 1~3맥이 있으며 가장자리가 백색 막질이고 윗부분은 갈색으로서 절두 또는 요두 첨단(尖端)이며 웅화영은 윗부분이 백색 막질이다. 암술대는 밑부분이 약간 굵고 암술머리는 3갈래이다.

열매

과포는 포영보다 길고 세모진 방추상 긴 타원형 또는 긴 타원형이며 연녹색이고 길이 4~6mm로서 막질이며 맥이 거의없고 털도 없으며 부리는 짧고 얕게 2개로 갈라짐. 수과는 밀착하여 들어 있고, 세모진 긴 타원형, 길이는 3㎜로서 대가 있으며 끝에 짧은 부리가 있다.

줄기

원줄기는 밀생 또는 소생(疎生)하고 밑부분이 섬유로 덮이며 높이 10~50cm로서 삼각형이고 거칠거칠하다.

뿌리

근경은 갈색 섬유가 밀생한다.

분포

전국 각처에 분포한다.

생태

여러해살이풀이다. 산지의 음지에 난다.

요강나물

잎
잎은 마주나기하며 3개의 소엽으로 구성되거나 또는 단엽으로서 깊게 3개로 갈라져 단풍잎처럼 되는 것도 있고 양면 맥 위에 잔털이 있다.

꽃
꽃은 5~6월에 피고 줄기 끝에 1개씩 밑을 향해 달리며 화피에 흑갈색 털이 밀포한다.

열매
열매는 거꿀달걀모양으로서 표면에 갈색 털이 있고 암술대가 달려 있으며 암술대는 갈색의 우상모(羽狀毛)로 덮여 있고 길이 3cm정도이며 9월에 성숙한다.

줄기
높이 30~100cm이고 줄기는 곧게 선다.

분포
설악산 이북

생태
낙엽 반관목이다. 높은 지대의 풀밭에서 자라며 내한성이 강하고, 토심이 깊고 비옥한 사질양토를 좋아한다. 음지와 양지에서 모두 잘 자라나 내건성이 약하다.

이용방안
우단 같은 암자색 털에 덮인 종모양의 꽃은 귀엽고 사랑스러워 관상용으로 이용한다. 새순은 식용하지만 독이 있으므로 잘 삶은 후에 물에 담그었다가 이용한다.

갈색 꽃

패모

잎
잎은 마주나기 또는 3개씩 돌려나기하고 선형이며 길이 10cm로서 엽병이 없고 끝이 뾰족하며 윗부분의 잎은 덩굴손처럼 말린다.

꽃
꽃은 5월에 피고 길이 2~3cm로서 자주색이며 윗부분의 잎겨드랑이에 1개씩 밑을 향해 달린다. 화피열편(花被裂片)은 6개로서 주걱모양 둔두이고 수술은 6개로서 꽃잎보다 짧으며 암술머리는 3갈래로 갈라진다.

열매

삭과는 6개의 날개가 있으며 짧고 삼각형이다.

 줄기

원줄기는 곧추 25cm정도 자라며 털이 없다.

 뿌리

비늘줄기는 백색이고 둥글며 다소 납작하고 높이 0.5~1cm, 지름 0.8~2cm로 짙은 유백색이고 5~6개의 육질 비늘조각으로 되었으며 밑에 수염뿌리가 있다.

 분포

중남부 지역에 분포

생태

여러해살이풀이다. 약용으로 재배한다.

이용방안

비늘줄기를 패모라 하며 약용한다.

풀솜나물

🍁 잎

근생엽은 여러개가 나와서 꽃이 필때도 그대로 남아 있으며 선상 거꿀피침모양이고 길이 2.5~10cm, 나비 4~7mm로서 표면은 녹색이며 털이 약간 있으나 뒷면은 백색 털이 밀생하고 백색이다. 줄기잎은 어긋나기하며 선형이고 엽병이 없으며 길이 2~2.5cm, 폭 2~4mm로서 꽃차례 밑에 3~5개의 잎이 별모양으로 달린다.

꽃

꽃은 5~7월에 피며 통꽃만인 갈색의 작은 머리모양꽃차례가 줄기 끝에 여러 개 조밀하게 모여 달리는데 둘레는 암꽃, 중심부는 양성의 꽃이다. 꽃차례는 지름

1.5~2cm이다. 총포는 길이 5mm, 폭 4~5mm로서 종형이고 비늘잎은 3줄로 배열되며 둔두이고 검은 적갈색이 돌며 바깥 것은 보다 짧고 타원형이며 안쪽 것은 긴 타원형이다.

열매
수과는 길이 1mm 정도로서 점이 있고 관모는 약 3mm로서 흰색이다.

줄기
높이 8~25cm이고 1~10개가 한군데에서 나오며 전체가 백색 털로 덮여 있고 밑부분에 옆으로 뻗는 가지가 있다.

분포
전국 각처에 분포한다.

생태
여러해살이풀이다. 볕이 잘 드는 풀밭에서 자란다.

이용방안
어린잎은 식용으로 사용된다. 전초를 천청지백이라 하며 약용한다.

향모

🍁 잎

엽초에는 보통 짧은 털이 있으며 끝에 부드러운 털이 있기도 하다. 꽃대에 달린 잎은 길이 1~4cm이지만 근생엽은 자라서 길이 20~40cm로 되며 안으로 말리거나 편평하고 폭 2~5mm이며 표면에 잔털이 있거나 없고 뒷면에는 털이 없으며 가장자리에 짧은 가시털이 있다. 엽설(葉舌)은 막질로 길이 1.5~3mm이며 절두 또는 둔두이고 끝이 갈라지며 털이 없으나 때로는 가장자리에 털이 있다.

꽃

꽃은 4~5월에 피며 원뿔모양꽃차례는 넓은 달걀모양으로서 길이 4~8cm, 폭 1.5~3.5cm이고 마디에 가지가 2~3개 씩 달리며 옆으로 벌어진다. 작은 이삭은 넓은 거꿀달걀모양이고 다소 편평하며 길이 4~6mm로서 황갈색이 돌고 까락이 없으며 광택이 난다. 포영은 달걀모양으로서 안으로 접히며 예두이고 첫째 포영은 1맥, 둘째 포영은 첫째 것보다 다소 길고 3맥이 있다. 수꽃의 호영 하반부에는 잔점이 있으며 윗부분이 거칠고 보통 까락이 없다. 밑부분에는 모여나기하는 털이 없거나 간혹 있다. 양성꽃의 외영은 길이 2.5~3mm로 끝이 뾰족하며 윗부분에 잔털이 있다.

줄기
높이 20~50cm로서 원줄기는 매끄럽고 곧게 서며 모여나지 않고 작은 군락을 형성한다.

뿌리
백색의 가늘고 긴 땅속줄기가 가로 뻗으면서 번식하여 군집을 형성하고 향기가 있다.

분포
제주도, 울릉도를 제외한 전국 각처에 분포한다.

생태
여러해살이풀이다. 볕이 잘 드는 낮은 지대의 풀밭에서 흔히 자란다.

이용방안
향내나는 땅속줄기를 말려서 옷장에 두면 좀벌레를 막을 수 있다. 땅속줄기는 토혈, 혈뇨, 신염, 부종 등에 쓰이 며 꽃이삭은 복통, 중풍예방에 쓰인다.

수목 편

가문비나무

🍁 잎

잎은 길이 1~2㎝로서 편평하고 선형 예두이며 곧거나 구부러지고 표면 가까운 양쪽에 수지구가 있다. 잎의 뒷면에 백색 기공조선이 발달한다. 잎횡단면 양측 가장자리에 송진 구멍이 있다.

꽃

꽃은 5~6월에 황갈색으로 핀다. 수꽃은 원통형이며 길이 1.5cm로 황갈색이고, 암꽃은 타원형으로서 길이 1.5cm이며 연한 자주색이다. 자웅동주이다.

🍒 열매

구과는 9~10월에 익으며 황록색이고 원통형 또는 원통상 타원형으로서 길이 40~75mm이며 주로 가지끝에 매달리며 처음에는 상향하고 있다가 나중에는 하향하게 된다. 실편은 거꿀달걀모양 또는 마름모 비슷한 긴 타원형으로 윗 가장자리에 불규칙한 톱니가 있다. 포는 작고 침형으로서 뾰족하며 종자는 달걀모양 원두이고 길이 24~30mm로서 흑갈색이 돌며 날개는 긴 타원형으로서 길이 7mm정도이다. 종자에 날개가 있다.

🌳 줄기

높이 40m이상이고 지름이 1m에 달하며 수관이 원뿔모양이고 나무껍질은 회갈색으로 비늘처럼 벗겨진다. 1년생 가지는 털이 없고 누른빛이 돌며 잎이 떨어진 자리가 돌출하여 있다. 동아는 원뿔모양으로서 수지로 덮여 있다.

분포

전국 각처에 분포한다.

생태

상록 침엽 교목. 전국의 높은 산에서 자란다.

💡 이용방안

목재는 재질이 연하고 부드러우며 결이 곧기 때문에 악기재(피아노)나 건축재, 기구재, 펄프재, 조선재, 휨가공재, 차량 등에 쓰인다.

가시딸기

잎

맹아지의 잎은 길이 18cm정도로서 9~11개의 소엽으로 구성되며 소엽은 피침형이고 길이 4~7cm로서 겹톱니가 있다. 줄기잎은 어긋나기하며 3~5개의 소엽으로 구성된 우상복엽이고 소엽은 넓은 피침형이고 점첨두이며 원저 또는 넓은 예저이고 길이 4~7cm로서 겹톱니가 있으며 양면에 선점이 있고 털이 전혀 없다.

꽃

» 꽃은 가지 끝에 1개씩 달리며 지름 3cm정도로 백색이고, 꽃받침조각은 가늘고 길이 1cm정도로서 겉에 잔복모가 있으며 안쪽에 털이 많다.

🍒 열매

열매는 둥글고 망상으로 된 주름이 있으며 길이 1.5mm정도로 황홍색으로 성숙한다.

🌳 줄기

줄기에 털과 가시가 없으며 가지에 선점이 있고 털과 가시가 없다.

분포

제주도

생태

낙엽 활엽 소관목이다.

💡 이용방안

열매를 식용으로 이용한다.

가시복분자딸기

잎

잎은 어긋나기하며 우상복엽이고 소엽은 3~5개이며 넓은 달걀모양 또는 달걀모양이고 깊은 겹톱니가 있으며 길이 1~3cm로서 표면은 녹색이고 짧은 털이 있으며 뒷면은 연녹색으로서 잔털이 있다. 과지의 잎은 길이 1~2cm에 불과하고 땅으로 기면서 자란다.

꽃

편평꽃차례는 새가지 끝에 달리고 꽃받침통은 표면에 가시와 털이 있으며 꽃받침조각은 피침형으로서 뾰족하고 표면에 잔털이 있으며 안쪽에 융털이 있다.

꽃잎은 안쪽으로 꼬부라지고 장미색이며 꽃받침과 길이가 같거나 짧고 씨방에 털이 많다.

열매

열매는 집합과로 구형이다. 번식은 씨로 한다.

줄기

원줄기는 기어가고 가시가 많으며 자줏빛이 돌고 가지에 잔털과 더불어 구자(鉤刺)가 있다.

분포

제주도

생태

낙엽 활엽 관목으로 해안지대의 평지에서 자란다.

이용방안

열매는 식용 및 약용한다.

갈매나무

잎

잎은 마주나기 또는 반마주나기하며 긴 타원형이고 점첨두, 예형이며 길이와 폭은 각 5~10cm×2.5~5.0cm이고, 측맥은 4~5개로 양면에 털이 없거나 잎맥에 털이 있고, 가장자리에 둔한 잔톱니가 있으며 , 턱잎은 가늘고 빨리 떨어지며, 잎자루 길이는 6~25mm이다.

꽃

꽃은 암수딴그루로 5월 초~5월 말에 황록색으로 피며, 가지 아래 부근의 잎겨드랑이에 1~2 개씩 달리고, 4수성이며 꽃대 길이는 0.7~1cm이다.

🍒 열매

열매는 둥글고 검은색이며, 종자는 1~2개가 들어있고, 뒷면에 홈이 지며 9월 중순~10월 중순에 성숙한다.

🌳 줄기

줄기는 높이 4~8m, 가지 끝이 가시로 변하고, 껍질은 회색이 도는 갈색이다.

분포

전국 각처에 분포한다.

생태

낙엽 활엽 관목으로 습한 곳이나 계곡부에 나며 광선을 좋아하고 추위에는 강하나 공해에 약하다.

💡 이용방안

나무껍질과 열매에 황색 색소가 있어 염료용으로 사용한다. 가지에 나는 1년생 가지가 가시모양으로 되기 때문에 생울타리용으로 식재하기도 한다. 과실을 서리, 뿌리를 서리근, 나무껍질은 서리피라고 하며 약용한다.

감나무

🍁 잎

잎은 어긋나기하며 두껍고 타원상 달걀형이고 긴 달걀형 또는 거꿀달걀형이며 점첨두이고 넓은 예형 또는 원저이고 길이와 폭은 각 7~17cm×4~10cm로, 톱니가 없으며, 잎자루길이 5~15mm로 털이 있다.

꽃

암수한꽃 또는 암수딴꽃으로 5~6월에 개화하며 황백색으로 잎겨드랑이에 달리며 길이와 폭이 각 18mm×15mm이고 꽃받침조각은 길이와 폭이 각 10mm×12mm이며, 수꽃은 길이 1cm로 16개의 수술이 있으나, 암수한꽃에는 4~16개의 수술이 있고, 암꽃의 암술은 길이와 폭이 각 15×8mm이다.

🍒 열매

열매는 장과로 난상 원형 또는 편구형이며 지름 4~8cm로 황적색이고 10월에 성숙한다.

🌱 줄기

높이는 4m까지 자라며, 나무껍질은 코르크화되며 잘게 갈라지고 흑회색으로 1년생 가지에 갈색털이 있다.

📍 분포

경기이남

🌿 생태

낙엽 활엽 교목. 따뜻한 지방의 양지에서 잘 자라며 추위와 대기오염에 비교적 강하고, 수분이 적당한 비옥한 사질양토에서 생육이 왕성하다.

💡 이용방안

» 목재는 가구재나 기구재로 사용한다. 성숙한 과실의 꼭지는 시체, 뿌리는 시근, 수피는 시목피, 잎은 시엽, 꽃은 시화, 과실은 시자라 하며 약용한다.

개가시나무

🍁 잎

잎은 어긋나기이며 거꿀피침형이고 첨두이며 넓은 예저이고 길이 5~12cm, 너비 2~3.5cm로서 상반부에 예리한 톱니가 있으며 표면은 털이없고 뒷면은 황갈색의 성모가 밀생하며 10~14쌍의 측맥이 있다. 잎자루는 길이 1cm정도로서 잎 뒷면과 더불어 털이 있다.

꽃

꽃은 암수한그루로서 4월에 피고 수꽃차례는 길이 5~10cm로서 새가지의 기부에서 밑으로 처지며 암꽃차례는 윗부분의 잎겨드랑이에서 발달하고 길이 1cm로 2개의 암꽃이 달리며 꽃차례축은 융털이 있다. 수꽃은 5개의 화피열편과 7~8

개의 수술이 있으며 암꽃은 밀모로 덮여 있는 총포로 싸여 있고 3개의 암술머리가 있다.

열매

깍정이는 견과를 1/4정도 둘러싸고 길이 6~8mm로서 6~7개의 윤층(輪層)과 밀모가 있으며 얕고, 견과는 넓은 타원형 또는 난상 타원형이며 길이 14~18mm로서 끝부분에 털이 있고 11월에 성숙한다.

줄기

높이가 20m에 달하고 나무껍질은 암갈색이며 다소 조각으로 벗겨지고 1년생 가지는 황갈색 밀모로 덮여있다. 나무껍질은 암갈색이며 다소 조각으로 벗겨진다. 1년생 가지는 황갈색 밀모로 덮여있다.

분포

전라남도, 제주도

생태

상록 활엽 교목. 산기슭에서 자란다.

이용방안

정원수, 식용, 건축재로 이용한다.

개나리

🍁 잎

잎은 마주나기하며 달걀형의 피침형이고 첨두이며 넓은 예형으로 도장지의 잎은 깊게 3개로 갈라지는 것이 많고, 중앙부 또는 중앙 이하가 가장 넓으며 길이와 폭이 각 3~12cm×3cm로, 표면에 윤채가 있고 중앙 이상에 톱니가 있거나 밋밋하다.

🌼 꽃

꽃은 3~4월에 피고 밝은 노란색이며 잎겨드랑이에 1~3개씩 달리고, 꽃받침은 4갈래로 갈라지며, 꽃부리 길이는 1.5~2.5cm로 깊게 4개로 갈라진다.

열매

열매는 삭과로 달걀모양이며 편평하고 길이와 폭이 각 15~20mm×7~9mm로, 사마귀 같은 돌기가 있으며, 종자는 갈색이고 길이 5~6mm로 날개가 있으며, 9월에 성숙한다.

 줄기

높이가 3m내외에 달하고 여러 대가 뿌리로부터 3~6m정도 자라며 줄기 끝 부분은 늘어진다. 1년생 가지는 녹색이지만 점차 회갈색으로 되고 껍질눈이 뚜렷하게 나타난다.

 뿌리

잔뿌리가 많다.

분포

전국 각처에 분포한다.

생태

낙엽 활엽 관목으로 전국적으로 식재한다.

이용방안

정원수나 울타리용수, 공원용수, 옥상 정원용수로 좋다. 염료식물로 이용한다. 개나리/만리화의 과실을 연교, 뿌리는 연교근, 경엽은 연교경엽이라 하며 약용한다.

개박달나무

🍁 잎

잎은 어긋나기이고, 달걀모양 또는 원형이며 첨두이고 아심장저, 원저 또는 거의 예저이며 길이 4cm, 폭 3cm정도로서 단거치가 있고 측맥은 6~10(보통 8~10)쌍이며 표면은 간혹 털이 있고 뒷면은 맥을 따라 털이 있으나 지점(脂 點)은 없고 잎자루는 백색 털이 있다.

꽃

꽃은 5월에 암수 한 그루에 핀다. 수꽃이삭은 가지 옆에서 밑으로 처진다. 암꽃이삭은 가지 끝 잎겨드랑이에서 곧추선다.

🍒 열매

과수는 길이 1.5~2.0cm, 폭 1.4cm로서 달걀모양이며 씨앗바늘은 길이 6mm이고 열편은 선상 피침형이며 털이 많다. 열매는 소견과로 길이 3mm, 폭 2mm로서 갈색이고 날개가 거의 발달하지 않고 9월에 익는다.

🌳 줄기

나무껍질은 회색이고 벗겨지며 선상의 껍질눈이 옆으로 배열되고 1년생 가지는 자갈색이다.

분포

중부이북

생태

낙엽 활엽 교목 또는 관목. 산 중턱 이상의 숲속에 분포한다.

💡 이용방안

잎은 적고 모양이 아름다워 분재의 소재나 정원수로 적합하다. 목재는 견고하고 치밀하지만 굵은 나무가 별로 없으므로 농기구재, 방망이, 조각재, 공예품, 장식재, 기구재, 차륜도구 등으로 이용한다.

개비자나무

🍁 잎

잎은 선형으로 37~40mm×3~4mm정도이지만 맹아의 것은 75mm에 달하는 것도 있고 과지의 것은 길이 20~25mm이며 4~5년만에 떨어진다. 중앙의 잎맥이 두드러지며 뒷면에 2줄로 된 기공조선이 있다. 엽병이 없고 이열로 배열되며 비자나무에 비하여 부드러우며 잎끝이 예리하나 만져도 찌르지 않는다.

꽃

꽃은 암수딴그루로서 3~4월에 녹색으로 피고 수꽃차례는 길이 5mm내외로 편구형이며 10여개의 포로 싸인 것이 한 화경에 20~30송이씩 달린다. 암꽃차례는 길이 5mm이며 2송이씩 한군데에 달리고 10여개의 뾰족한 녹색 포로 싸여 있다.

열매

핵과처럼 육질의 종의로 싸인 열매는 둥글며 지름 17~18mm로서 다음해 9월에 적색으로 익고, 종자는 긴 타원형이며 길이 15mm, 폭 10mm로서 갈색이다. 열매에는 짧은 자루가 달려있다.

줄기

높이가 3m에 달하며 나무껍질은 암갈색이 나고 세로로 갈라져 있다. 가지는 횡장성이며, 1년생 가지는 녹색이다.

분포

경기도와 충북 이남지역(북위 38°이남) 표고 100~1,300m지역에 분포.

생태

상록침엽관목. 숲 속의 그늘을 좋아하며 습기가 약간 많은 곳에서 잘 자란다.

이용방안

정원수, 공원수로 이용될 수 있으며 생장이 빠른 특성 때문에 쉽게 녹화가 가능하다. 목재는 기구재로, 종자는 기름을 채취하여 식용, 등유용으로 사용하며, 열매는 맥주의 안주로 쓰인다. 종자를 조비라 하며 약용한다.

개야광나무

🍁 잎

잎은 어긋나기하고 달걀모양, 타원형 또는 거꿀달걀모양으로 둔두(鈍頭)이거나 예두(銳頭)에 원저(圓底) 또는 쐐기모양이다. 맹아에 달려 있는 잎은 넓은 피침형이고 점첨두이며 표면에 털이 없거나 약간 있고 뒷면에 처음에는 털이 많지만 점차 적어진다. 엽병은 길이 2~4mm정도로서 털이 있으며 탁엽은 선형이고 길이 1~4mm로서 끝까지 남는다.

꽃

꽃은 5~6월에 피며 산방상 원뿔모양꽃차례에 달리고 꽃자루의 털은 꽃이 핀 다음 떨어지며 흑자색의 포와 작은포가 있다. 꽃받침통은 작은포로 둘러싸이고 노목의 것은 털이 없으나 어린 나무의 것은 털이 있으며 꽃받침조각은 끝에 털이 있고 길이 3mm정도로서 백색이며, 꽃잎은 길이 3mm정도로서 백색이며 수술이 꽃잎보다 짧고 암술대는 2개 이다. 씨방은 2실이다.

열매

열매는 달걀모양이고 길이 6mm정도로서 9~10월에 적자색으로 성숙한다.

줄기

하나의 줄기가 올라와 윗가지는 밑으로 처진다. 나무껍질은 잿빛이 도는 자주색이며 1년생 가지에 털이 있다.

분포

강원도 이북지역

생태

낙엽활엽관목. 수풀이 무성한 산에서 자란다.

이용방안

생울타리로 좋으며 유럽에서는 조경수로 광범위하게 쓰이고 있다.

개옻나무

🍁 잎

잎은 어긋나기하며 홀수깃모양겹잎이며 소엽은 13~17개이며 타원형이고 점첨두, 원저이며 길이와 폭은 각 4~10cm×3~5cm이고, 뒷면에 털이 있고 가장자리가 밋밋한 것과 2~3개의 톱니가 있는 것이 섞여있으며 작은잎 자루가 짧고 엽축은 붉은빛이 돌고 털이 있다.

꽃

꽃은 암수딴그루로 4월 말~6월 중순에 개화하는데 녹황색의 작은 꽃이 조밀하게 달리고 원뿔모양꽃차례는 잎겨드 랑이에 달리며 갈색 털이 밀생하고 꽃받침 조각과 꽃잎 및 수술이 각각 5개이고 암꽃은 5개의 작은 수술과 3개의 암술머리가 있는 1개의 1실 씨방이 있다.

열매

열매는 핵과로 편구형이며, 지름은 6mm이고 자모로 덮여있으며 9월 초~11월 말에 성숙한다.

줄기

줄기는 붉은빛이 돌고, 가지를 자르면 유액이 나온다.

분포

전국 각처에 분포한다.

생태

낙엽 활엽 소교목 혹은 관목. 산기슭이나 중턱에서 전국적으로 흔하게 자란다.

특징

가을에 양지쪽에서 볼 수 있는 진홍색 단풍은 대부분 개옻나무와 붉나무이다.

갯버들

🍁 잎

잎은 어긋나기로 거꿀피침형 또는 넓은 피침형이며 첨두 예저이고 길이 3~12cm, 폭 0.3~3cm로서 표면은 밀모로 덮여 있지만 곧 없어지며 뒷면에는 융털이 밀생하여 흰빛이 돌거나 간혹 털이 없고 선상(腺狀)의 톱니가 있다. 잎자루는 길이 3~10mm로서 털이 있을 때와 없을 때가 있다. 주맥과 측맥이 뚜렷하며 잎맥은 10~15개이다.

꽃

꽃은 잎보다 먼저 3~4월에 피며 전년지에 액생하고 암수딴그루이며 유이꽃차례로 달린다. 수꽃차례는 길이 3~3.5cm로서 꽃대축에 털이 있고 포는 달걀모양으로 첨두이며 상반부는 흑색으로서 털이 있고 꿀샘은 1개이며 수술은 2개가 완전히 동합한다. 암꽃차례는 길이 2~5(7)cm로서 꽃대축에 털이 있고 포는 난상 긴 타원형으로서 털이 있으며 꿀샘은 1개이고 적색이다. 암술머리는 4개이고 1개의 꿀샘이 있다. 씨방에 긴 털이 있다.

열매

열매는 삭과로서 긴 타원형이고 길이 3mm정도이며 털이 있고 4~6월 초에 성숙한다.

줄기

높이 2m내외이며 뿌리 근처에서 많은 가지가 나오고 1년생 가지에 흰색의 부드러운 털이 털이 있으나 곧 없어진다. 가지는 활처럼 휘어진다. 뿌리 근처에서 많은 가지가 나오고 1년생 가지에 흰색의 부드러운 털이 있으나 곧 없어진다. 가지는 활처럼 휘어진다.

분포

전국 각처에 분포한다.

생태

낙엽 활엽 관목. 산골짜기나 물가에서 서식하며 내한성이 강하고 오리나무, 키버들 등과 혼생한다. 오염된 물에는 약하지만 바닷물에는 강하다.

이용방안

해안 및 제방의 방수림 조성에 적합하다. 나무껍질은 약용한다.

거제수나무

잎

잎은 어긋나기로 난상 타원형, 긴 달걀상 타원형 또는 긴 달걀모양이며 길이 5~8cm, 폭 2~2.8cm로서 끝이 좁고 길게 뾰족해지며 원저 또는 아심장저이고 가장자리에 겹톱니가 있으며 표면은 털이 없거나 있고 뒷면은 선점이 있으며 맥 위에 털이 있고 측맥은 10~16쌍이다. 잎자루는 길이 8~15mm이다.

꽃

꽃은 5~6월에 피는 암수한그루이나 수꽃은 밑으로 축 쳐지고, 암꽃차례는 긴타원모양으로 길이 1.8~2cm로 짧은 자루가 있다.

🍒 열매

과수는 달걀꼴이며 길이 2cm정도로서 짧은 대가 있고 씨앗바늘의 중앙열편은 길이 6mm정도로서 측편보다 2배 정도 길며 측열편은 달걀모양 또는 거꿀달걀모양이다. 소견과의 달걀꼴이고 날개는 열매의 나비보다 좁으며 열매는 날개와 더불어 나비 3mm정도이다. 9월에 익는다.

🌳 줄기

높이 30m, 지름 1m이고 나무껍질은 백색 또는 갈백색이 돌며 종이장처럼 벗겨진다. 가지는 지점(脂點)이 없고 갈색이고 1년생 가지에 털이 있으나 점차 없어지며 껍질눈은 옆으로 길어지고 선형(線形)이다. 나무껍질은 백색 또는 갈백색이 돌며 종이장처럼 벗겨진다.

분포

백두대간에 전라남도 지리산까지 분포하고 중부 이북의 표고 600~2,100m지대에 분포한다.

🌱 생태

낙엽활엽교목, 산지 숲 속에서 자란다.

💡 이용방안

목재는 건축재, 조각재, 특수용재, 고급용재로 Art 용지를 만들때 쓰인다. 이른봄에 수액을 채취해서 약용, 식용, 술로 이용한다. 잎은 염료, 비료로 이용가능하다. 수액은 위장병에 좋다고 하여 곡우날 받아서 복용한다.

검팽나무

🍁 잎

과지(果枝)의 잎은 어긋나기하고 달걀모양 또는 난상 긴 타원형이며 끝부분이 꼬리처럼 길거나 점첨두이고 밑부분은 좌우가 같지 않은 원저이며 길이 5~12cm, 너비 2.7~7cm로서 밑에 가까운 부분을 제외하고는 내곡거치(內曲鋸齒)가 있고 양면에 털이 없으며 뒷면은 회백색이고 측맥은 3쌍이다. 엽병은 긴 가지의 것은 길이 13~23mm, 가지의 것 은 길이 7~15mm이다.

꽃

꽃은 암수한그루로 5월에 개화한다.

🍒 열매

열매는 핵과로 둥글며 길이 12mm, 지름 10mm이고 10월에 흑색으로 성숙하며 식용할 수 있으며 길이 2~2.5cm의 열매자루에 달린다.

🌳 줄기

1년생 가지에 껍질눈이 있고 털이 없다.

분포

전라북도, 전라남도, 경상남도

생태

낙엽 활엽 교목. 산기슭에서 자란다.

💡 이용방안

목재는 건축재, 가구재, 정자목, 신탄재 등으로 이용된다. 열매는 식용한다.

겨우살이

잎

잎은 가지끝에 마주나기하고 두껍고 피침형이며 길이는 3~6cm, 폭은 0.6 ~ 1.2cm로서 둔두 원저이고 밑으로 갈수록 점점 좁아진다. 잎자루는 없고 짙은 녹색이며 잎은 두껍고 윤채가 없다.

꽃

꽃은 암수딴그루로 가지끝에 맺혀 4월에 피고 정생하며 화경이 없고 노란색이며 작은포는 술잔 모양이고 화피는 종모양이며 4개로 갈라지고 암술머리는 대가 없다.

열매

열매는 8~10월에 성숙하며 반투명의 장과로 되며 과육은 점성이 강하다. 둥글며 연한 노란색이며, 지름은 6mm정도로서 끝에 화피열편과 암술머리가 남아 있다.

줄기

기생성 상록수로서 둥지같이 둥글게 자라고 지름이 1m에 달하는 것도 있다. 차상(叉狀)으로 2~3개 갈라지며 둥글고 황록색으로 털이 없으며 마디 사이가 3~6cm이고 매끈하다.

 뿌리

기생식물이다.

 분포

전국 각처에 분포한다.

 생태

참나무, 팽나무, 물오리나무, 밤나무 및 자작나무에 기생하는 상록 활엽 관목

 이용방안

한방에서 열매를 약용으로 쓰며 특히 뽕나무에서 자라는 겨우살이는 상상기생(桑上寄生)이라 하여 그 약용가치가 더욱 크다. 지엽을 상기생이라 하며 약용한다.

겹산철쭉

🍁 잎

잎은 어긋나기하고 좁고 긴 타원형 또는 넓은 피침형이며 양끝이 좁고 길이 3~8cm, 폭 1~3cm로 가장자리에 톱니가 없으며 표면에 털이 드문드문 있고 뒷면, 특히 맥 위에 갈색털이 밀생하며 엽병은 길이 1~5mm로서 갈색털이 많다. 어린 순의 비늘조각에는 끈끈한 점액이 있다. 엽병과 잎가에는 양면에 모두 갈색의 잔털이 있다.

꽃

꽃은 4~5월에 만첩으로 피며 대에 털이 있고 가지끝에 2~3송이가 달리며 꽃받침은 5개로 갈라지고 갈색털이 있으며 열편은 좁은 달걀모양이고 길이 4~8mm

로서 둔두 또는 예두이며 꽃부리는 연한 홍자색이고 지름 5~6cm로서 깔때기모양이며 4개로 갈라지고 상부의 꽃잎 내측에는 진홍색의 반점이 있다. 수술은 10개이며 수술대는 털이 없거나 기부에 복모가 있다. 수술밥은 자색, 암술은 길게 쑥 나와 있다.

열매

열매를 맺지 않는다.

줄기

높이 1~2m이고 나무껍질은 회황갈색이 나며, 1년생 가지는 흰색의 털로 덮여 있다가 다음해에는 없어지고 화경과 더불어 점성이 있다.

뿌리

천근성으로 잔뿌리가 많다.

분포

전국 각처에 분포한다.

생태

낙엽활엽관목. 산기슭의 물가에서 자란다.

이용방안

꽃이 호화롭고 화사하여 정원수나 공원수, 절개사면의 녹화조경으로 훌륭하다. 꽃은 혈압강하제로 쓰이나 유독(有毒)하여 먹으면 두통, 구토를 일으켜 위험하다.

계수나무

🍁 **잎**

잎은 마주나기하고 넓은 달걀모양이며 둔첨두이고 심장저이며 길이와 나비가 각 3~7.5cm로서 표면이 녹색, 뒷면이 분백색이고 가장자리에는 물결모양의 거치가 있으며 5~7개의 장상(掌狀) 맥이 있다. 엽병은 길이 2~2.5cm로서 붉은 빛이 돈다.

 꽃

꽃은 암수딴그루로서 5월경에 피며 향기가 있고 잎보다 먼저 각 잎겨드랑이에 1개씩 달리며 화피가 없고 작은포가 있다. 수꽃은 많은 수술이 있으며 꽃밥은 길이 3~4mm로서 선형이고 암꽃은 3~5의 암술로 되며 암술머리는 실같이 가늘고 연한 홍색이다.

🍒 열매

열매는 골돌과로 3~5개씩 달리며 길이 15mm정도로서 굽은 원주형이고 길이 8~18mm이다. 8월에 암자갈색으로 성숙하는데 암술대가 잔존하고, 종자는 편평하며 한쪽에 날개가 있고 날개와 더불어 길이 5~6.5mm이다.

🌱 줄기

원줄기는 곧추 자라지만 굵은 가지가 많이 갈라지며 짧은 가지가 있다. 나무껍질은 회갈색으로 세로로 갈라져서 박 편상으로 떨어진다. 1년생 가지는 마주나기하며 동아는 자홍색이다.

🗾 분포

중부 이남

🌿 생태

낙엽 활엽 교목. 토심이 깊고 비옥한 사질양토를 좋아한다.

💡 이용방안

목재는 건축재나 합판재,가구재, 조각재, 미장재, 바둑판, 악기재 등으로 쓰인다. 가지의 모양이 우아할 뿐 아니라 5월에 잎보다 먼저 피는 꽃의 향기가 달콤하고, 가을에 오색으로 물드는 단풍이 아름다워 관상용으로 식재하고 있다.

고로쇠나무

🍁 잎

잎은 마주나기하고 달걀형 또는 열편 달걀형으로, 꼬리모양으로 길어지는 점첨두이며 심장저 또는 아심장저이고, 길이와 폭이 각 5cm×8cm로, 뒷면 맥액에 흰 털이 있으며, 가장자리에 톱니가 없다.

🌼 꽃

꽃은 암수한꽃 또는 암수한그루로 5월에 피며, 연한 황록색으로 취산상 원뿔모양꽃차례는, 새가지 끝에 달리며 수꽃은 나비가 8~9mm이고, 꽃받침은 낮은 컵모양이며 열편은 달걀형이고, 황록색이다. 암꽃은 지름이 1cm이고, 꽃 받침은 낮은 컵모양이다.

열매

열매는 시과로 예각이며, 길이 2~3cm로 9월 중순~10월 중순에 성숙한다.

줄기

곧게 자라고 웅대하게 퍼지며 껍질은 분백으로 평활하지만, 장령목이 되면서 부터 세로로 골이져 갈라지고 1년 생 가지는 회황색으로 얕게 갈라진다. 이른봄에 수액을 받아 약수로 한다.

분포

전국 각처에 분포한다.

생태

낙엽 활엽 교목. 양수 내지 중용수이며 산록, 계곡의 비옥하고 습윤한 지역에서 자라며 비옥한 사질양토가 적합하다.

이용방안

공원수, 생태공원, 가로수, 고로쇠 수액을 관광자원으로 이용할 가치가 크다. 목재는 건축재, 선박재, 차량재, 악기재로 이용한다. 새눈이 나올무렵 수액에는 1.5~2.0%의 당분이 들어 있고 약알카리성을 띠므로 특히 위장병에 좋다고 하며 허약체질, 신경통, 치질등에도 쓰인다. 잎은 설사 멈춤약으로 사용한다.

고추나무

잎

잎은 마주나기하며 소엽은 3개로 가운데 소엽 밑부분이 작은잎자루로 흐르고 달걀형이며 양 끝이 좁고 뒷면 맥 위에 털이 있으며, 길이와 폭이 각 (3)4~10cm ×1.8~3.5cm로, 가장자리에 침상의 잔톱니가 있고 옆 소엽은 작은 잎자루가 없다.

꽃

원뿔모양꽃차례는 길이 5~8cm로 가지 끝에 달리며, 꽃은 백색으로 4월 말~6월 중순에 피고 꽃부분 5수이며 암 술대 1개있고, 꽃대 길이는 8~12cm이다.

🍒 열매

열매는 삭과로 고무 베개처럼 부푼 반원형으로 윗부분이 2갈래로 갈라지고 길이 1.5~2.5cm로 첨두이고, 종자는 2실 씨방에 각각 1~2개씩들어 있고, 거꿀달걀형이며 노란색이고 길이는 5mm이고 8월 말~10월 중순에 성숙한다.

🌳 줄기

높이 3~5m이고 가지는 둥글며 회록색이고 1년생 가지에 털이 없다.

분포

전국 각처에 분포한다.

🌱 생태

낙엽 활엽 관목 또는 소교목. 내한성이 강하고 음지나 양지 모두에서 잘 자라며 건조한곳 보다는 습기가 있는 곳을 좋아한다. 내조성과 내공해성은 보통이다.

💡 이용방안

생울타리용으로 심어 나물도 채취하고 울타리로도 활용하면 이상적이다. 목재는 나무못이나 젓가락을 만들거나 신탄재로 이용한다. 고추잎나물은 떫다든가 쓰다든가 하는 잡맛이 없고 순하면서도 부드러워서 널리 이용된다.

공조팝나무

🍁 잎

잎은 어긋나기하고 피침형 또는 넓은 타원형이며 예두 예저이고 길이 2~5cm, 폭 0.6~2cm로서 상반부에 결각상 톱니가 있으며 양면에 털이 없고 뒷면은 흰빛이 돌며 엽병은 길이 2~10mm로서 털이 없다.

꽃

꽃은 4~5월에 잎과 같이 피고 백색이며 가지에 산형상으로 나열된다. 꽃자루는 길이 1~1.5cm로서 때로는 실같은 작은포가 있다. 꽃잎은 둥글며 꽃받침조각은 삼각상으로서 끝이 뾰족하고 털이 없다. 밀선반은 안쪽에 짧은 털이 있으며 수술은 25개이고 꽃밥은 백색이다. 꽃받침과 꽃잎이 각각 5개이다.

열매
열매는 골돌이며 5개로서 털이 없고 7~9월에 성숙한다.

줄기
줄기가 뿌리에서 무더기로 나와 덤불처럼 보이나 가지 끝부분이 활처럼 구부러진다. 1년생 가지는 털이 없고 적갈색이며 나무껍질은 가로로 벗겨져 떨어진다.

뿌리
땅속에 원뿌리가 자라며, 뿌리는 맛이 달다.

분포
전국 각처에 분포한다.

생태
낙엽 활엽 관목.

이용방안
관상용, 정원수, 꽃꽂이 용으로 쓰인다.

특징
꽃차례가 가지에 산방상으로 나열되어 마치 작은 공을 쪼개어 나열한 것 같아 공조팝나무라고 한다.

구기자나무

🍁 잎

잎은 어긋나기 또는 여러 개가 모여나기하며 중앙이 넓은 달걀형이고 첨두 또는 무딘형이며 넓거나 좁은 예형으로 길이 3~8cm로 양면에 털이 없으며, 가장자리는 밋밋하고 잎자루는 길이 1cm로 털이 없다.

🌸 꽃

꽃은 6월부터 9월까지 계속 피며 1~4개씩 잎겨드랑이에 달리며, 꽃대는 길이 3~8mm(간혹 12mm)이고 꽃받침은 3~5개로 갈라지고 열편 끝이 뾰족하며 꽃부리는 보라색이며 길이 1cm로 5갈래로 갈라진다. 5개의 수술과 1개의 암술이 있으며 수술대는 길고 털이 있다.

🍒 열매

열매는 장과로 긴 타원형이고 길이 1.5~2.5cm로 붉은색이며 9월 말~10월 중순에 성숙한다.

🌳 줄기

나무껍질은 회백색이며 1년생 가지는 황회색이고 털이 없으며, 원줄기는 비스듬하게 자라면서 끝이 밑으로 처지고, 가지에 가시가 흔히 있다.

🗾 분포

전국 각처에 분포한다.

🌱 생태

낙엽 활엽 관목. 산비탈, 들이나 길가의 둑이나 냇가에서 자란다.

💡 이용방안

열매는 각종 성분을 함유하여 차나 술을 만든다. 과실은 구기자, 근피는 지골피, 잎은 구기엽이라 하며 약용한다.

구슬댕댕이

🍁 **잎**

잎은 마주나기하며 달걀형이고 점첨두 또는 작은 오목형이며 원저 또는 아심장저로 길이와 폭이 각 3~10cm×3~6.5cm로, 표면 맥 위에 노란털이 밀생하고 뒷면 맥 위에 거센 털이 있으며 가장자리에 톱니가 없으나 맹아에 간혹 2~3개의 톱니가 있고 잎자루 길이는 5~10mm이다.

 꽃

꽃은 5월에 잎겨드랑이에 달리고 꽃대는 길이 3~4mm로서 샘털이 있고, 작은포는 갈색 털이 합쳐져서 꽃받침통을 완전히 둘러싸고, 꽃부리는 연한 노란색으로 상층은 얕게 갈라지고, 하층은 선형이며 판통은 길이 5mm이다.

열매
열매는 장과로 구형이며 잔털이 밀생하고 붉은색이며 7~8월에 성숙한다.

줄기
크기는 1.5m이고 나무껍질은 세로로 갈라지고, 이년지 회갈색이며 1년생 가지는 적갈색으로 굳은 털과 샘털이 있다.

분포
중부이북

생태
낙엽 활엽 관목. 높은산의 숲 속에서 진달래, 참나무류, 단풍나무 등과 혼재한다.

이용방안
꽃과 열매가 아름답기 때문에 조경용수로 이용하면 좋다. 정원수로 식재하여도 잘 어울리며 공원등에 식재하여도 좋다.

국수나무

🍁 잎
잎은 어긋나기하며 넓은 달걀형이고 첨두, 절저며 길이와 폭이 각 2~6cm× 3~4.5cm로, 결각상의 톱니가 발달하지만 전체 잎은 3갈래이고 뒷면 맥 위에 털이 있고 잎자루는 길이 3~10cm이다.

✿ 꽃
꽃은 6월~7월 개화하며 원뿔모양꽃차례는 새가지 끝에 달리고 길이 2~6m, 지름 4~5mm의 낱꽃이 40~80개로 달리고 꽃받침조각은 첨두이고 수술 10개로 꽃잎보다 짧다.

🍒 열매

열매는 원형 또는 거꿀달걀형으로 잔털이 있으며, 9월~10월 중순에 성숙한다.

🌳 줄기

크기는 1~2m정도로 자란다. 가지 끝이 밑으로 처지며, 1년생 가지는 둥글고 잔털 또는 샘털이 있으며, 적갈색이다.

분포

전국 각처에 분포한다.

생태

낙엽 활엽 관목. 산골짜기의 습기있는 그늘진 곳이나 밭 언덕의 양지쪽에서 잘 자라며 수림 속의 음지에서도 잘 자라는 중성식생이다.

💡 이용방안

여름에 가지 끝에서 피어나는 흰색의 꽃이 아름다워 자연공원에 식재하고 공간을 채우는 조경수로 적합하며 숯가마 포대 제작에 사용하기도한다.
염료식물로 이용할 수 있다.

✨ 특징

줄기의 속이 국수와 같다 하여 국수나무라 한다.

귀룽나무

잎

잎은 어긋나기하며 도란상 타원형, 거꿀달걀모양 또는 타원형이고 첨두 또는 점첨두이며 원저이고 길이 6~12㎝, 폭 3~6㎝로서 표면은 녹색으로 털이 없으며 뒷면은 회갈색이며 맥액에 털이 있고 가장자리에 잔톱니가 있으며 엽병은 길이 1.0~1.5㎝로서 털이 없고 꿀샘이 있다.

꽃

꽃은 5월에 피며 지름 1~1.5cm로서 백색이고 총상꽃차례는 새가지 끝에서 처지며 길이 10~15㎝로 털이 없고 밑부 분에 잎이 있으며 꽃자루는 길이 5~12mm로서 털이 없다. 꽃받침조각과 꽃잎은 각각 5개이다.

열매
핵과는 둥글며 6~7월에 흑색으로 익고 핵은 주름이 있으며 과육은 떫다.

줄기
1년생 가지를 꺾으면 냄새나고 나무껍질은 흑갈색으로 세로로 벌어진다. 가지의 신장은 분산형으로 수형은 원개형이다.

뿌리
원뿌리와 곁뿌리가 있다.

분포
전국 각처에 분포한다.

생태
낙엽활엽교목. 높은 산의 골짜기에 잘 자란다.

이용방안
목재는 기구재와 조각재로 쓰인다. 흰털귀룽나무, 귀룽나무, 흰귀룽나무, 서울귀룽나무의 과실은 앵액, 1년생 가지 및 잎은 구룡목이라 하며 약용한다.

길마가지나무

잎

잎은 마주나기하며 타원형이고 첨두 또는 무딘형으로 길이와 폭이 각 3~7cm × 2~4cm로, 양면 맥 위와 가장자리에 털이 있고 잎자루 길이는 3~5mm이다.

꽃

꽃은 4월에 잎과 같이 피고 새가지와 같이 잎겨드랑이에서 나와 밑을 향해 달리며, 꽃대는 길이 3~12mm이고, 포 는 2개로 길이 4~12(보통 4~6)mm이다. 꽃받침은 5갈래로 얕게 갈라지며, 꽃부리는 길이 10~13mm, 지름 15mm로 좌우대칭을 이룬다.

열매

열매는 장과로 2개가 거의 합쳐지며, 길이 3mm의 대가 존재하고 길이와 폭이 각 10mm×12~15mm로 붉은색이고, 종자는 타원형이며 길이와 폭이 각 3~4mm ×3mm로 다갈색으로 5월에 성숙한다.

줄기

크기는 3m에 이른다. 나무껍질은 회갈색이며 1년생 가지에 군센 털이 있고, 가지의 속은 충실하며 백색이다.

분포

전국 각처에 분포한다.

생태

낙엽 활엽 관목. 산기슭의 숲 가장자리에서 자란다.

이용방안

관상용, 어린잎과 꽃을 차 대용으로 한다.

까마귀밥나무

🍁 잎

잎은 어긋나기로서 둥글고 3~5개로 갈라지며 둔두, 심장저 또는 절저이며 길이와 폭 5~10cm×4~7cm로 뭉툭한 톱니가 있다. 잎 앞면에는 털이 없으나 뒷면과 잎자루에는 털이 난다. 뒷면은 연한 녹색이고, 잎자루의 길이는 2~3cm이다.

🌼 꽃

꽃은 4~5월에 노란색으로 피고, 암수딴그루로 잎겨드랑이에 여러 개 달린다. 수꽃은 작은꽃대가 길고 꽃받침통이 술잔 모양이며, 꽃받침조각은 노란색이고 난상 타원형이다. 암꽃 씨방은 거꿀달걀형이고 1실이며 꽃받침통은 술잔 모양이고, 꽃받침조각은 노란색이며, 꽃잎은 거꿀삼각형이고 노란색이다.

🍒 열매

열매는 장과로 타원형이고 9~10월에 붉게 익으며 쓴맛이 난다. 10여개의 종자가 들어 있는데, 세모진 방추형 또는 달걀꼴이며 겉이 끈적끈적하고 연노란색이다.

🌳 줄기

가지에 가시가 없으며 나무껍질은 검은 홍자색 또는 녹색이다.

분포

전국 각처에 분포한다.

생태

낙엽 활엽 관목. 산지 계곡의 나무 밑에서 자란다.

💡 이용방안

어린잎은 식용하며, 관상용으로 심는다.

까치박달

잎

잎은 달걀꼴, 긴 달걀꼴 또는 타원형이며 길이 7.5~10(14)cm, 폭 4~5(7)cm로서 점첨두 심장저이고 가장자리에 불규칙한 이중거치가 있으며 측맥은 16~22쌍이고 표면은 털이 없으며 뒷면은 잎겨드랑이와 맥 사이에 털이 있다. 잎자루는 길이 1~1.5cm로서 털이 있거나 없다. 과수가 달린 잎자루는 2~4cm로서 털이 없다.

꽃

꽃은 암수한그루이며 수꽃차례는 4~5월에 잎과 더불어 1년생 가지 끝에 달리고 길이 1~6cm이며 수꽃은 각 포에 1개씩 달리고 4~8개의 수술이 있으며 수술대는 2개로 갈라진다. 암꽃차례는 가지 끝에서 밑으로 처지고 길이 6~8cm ×

4.5cm에 원통형이며 포 양쪽에 톱니가 있고 길이는 15~20mm이다.

열매

과수는 길이 6~8cm, 폭 4.5cm로서 원통형이다. 엽상포는 양쪽에 톱니가 있고 길이 15~20mm로서 달걀모양이며 윗부분에 예거치가 있고 기부는 5맥이 있으며 뒷면은 털이 많다. 소견과는 타원형이고 길이 3~4mm로서 털이 없으며 9월에 익는다.

줄기

높이 15m, 지름 60cm이며 나무껍질은 회색으로서 거의 평활하고 세로로 갈라진다. 1년생 가지는 회색, 또는 암회 갈색이며 털이 있으나 점차 없어지며 동아는 가늘고 길이 2cm정도로서 뾰족하다. 나무껍질은 회색으로서 거의 평활하고 세로로 갈라진다. 1년생 가지는 회색, 또는 암회갈색이며 털이 있으나 점차 없어지며 동아는 가늘고 길이 2cm정도로서 뾰족하다.

분포

전국 각처에 분포한다.

생태

낙엽 활엽 교목. 숲속에서 자란다.

이용방안

목재는 조직이 치밀하고 단단할 뿐 아니라 무겁고 갈라지지 않아 탈을 만들거나 기구재, 세공재, 완구재, 기계재, 건축재 등에 사용된다. 또한 농기구재, 땔감, 방적목관, 표고버섯 재배원목 으로 쓰인다. 근피를 소과천금유라 하며 약용한다.

까치밥나무

🍁 잎

잎은 원형이고 3~5개로 갈라지며 예두 심장저(까마귀밥여름나무의 기부는 심장저 또는 절저임)이고 겹톱니가 있으며 표면은 녹색이고 길이와 폭이 각각 4~10cm로서 잔털이 산생하며 뒷면에 융털이 있고 엽병은 길이 1~6cm로서 털이 거의 없다(까마귀밥여름나무의 엽병에는 털이 많다).

 꽃

꽃은 양성으로 길이 20cm의 총상꽃차례를 이루며 꽃차례에 털이 밀생하고, 많은 양성꽃이 달리며 포는 숙존성이며, 꽃받침통은 난상 원형이다. 꽃받침조각은 둥글고 뒤로 젖혀지고, 꽃잎은 작으며 거꿀달걀모양으로 뒤로 젖혀지고 수술은 길게 밖으로 나오며 암술대는 2개로 갈라지며 5~6월에 녹황색으로 개화한다.

열매

열매는 둥글며 털이 없고 7~8월에 붉은 색으로 성숙한다. 먹을 수 있다.

줄기

높이가 2m에 달하고 가지는 털이 없으며 굵고 동아는 달걀모양이며 털이 있다. 1년생 가지에 짧은 털과 지점이 있다.

분포

지리산과 북부지방

생태

낙엽 활엽 소관목. 고산지대의 수림속에서 잘 자라는 내음성이 강한 수종이다.

이용방안

» 관상용으로 이용한다.
» 열매는 식용한다.
» 감기, 설사, 소변불통 등 약용한다.
» 어린 잎은 냄새를 줄이는 향료로 쓴다.

꼬리까치밥나무

잎

잎은 어긋나기하며 난상 원형이고 3~5개로 갈라짐. 톱니가 드물게 있고 첨두 예저이며 겹톱니가 있고 길이 3~4cm로서 표면에 털이 없으며 뒷면 맥위에 샘털이 있다.

꽃

꽃은 이가화로 4월 하순에 피고 총상꽃차례에 샘털이 있으며, 포는 떨어지고 암꽃꽃차례는 길이 5cm정도이다. 수꽃의 꽃받침통은 술잔모양이며 꽃받침조각은 둥글고 꽃잎은 도란상 타원형이며 수술이 꽃잎보다 길다. 암꽃에 있어서 씨방은 거꿀달걀모양이고 털이 없으며 꽃받침조각은 타원형이다.

🍒 열매

열매는 구형이며 7월에 붉은 색으로 성숙하고 먹을 수 있다.

🌳 줄기

높이가 2.5m에 달하고 가지에 털이 없다.

분포

북부지방

생태

낙엽 활엽 관목. 산속이나 숲 가장자리에서 자란다.

💡 이용방안

열매를 식용으로 이용한다.

꽃아까시나무

🍁 잎

잎은 어긋나기하며 홀수 1회 깃모양겹잎이고, 소엽은 마주나며, 7~15개이고 넓은 타원형이며 길이는 2~5cm이고 작은잎자루에는 잔털이 있다.

꽃

꽃은 5~6월에 피고 분홍색으로 3~7개씩 새가지 끝에 액생하는 총상꽃차례에 많이 달리며, 작은꽃대는 길고 굳센 적색 털이 밀생한다. 꽃받침은 뒷면이 연한 홍색이고 잔털이 있으며 열편이 뾰족하다. 기꽃잎은 거의 둥글고 미요두 이며 날개꽃잎은 원두 이저이고 용골꽃잎은 끝이 위로 굽으며 둔두이다. 암술대는 위로 굽고 암술머리에 털이 밀생 한다.

🍒 열매

협과는 편평한 긴 타원형으로 2개로 갈라지며 5~10개의 종자가 들어 있고 9월에 성숙한다.

🌳 줄기

높이가 1m에 달하지만 아까시나무와 접한 것은 높이 3m까지 자라며 줄기, 가지 및 화경에 길고 굳센 적색 털이 밀생한다. 줄기는 밑에서부터 휘어져 올라오며 나무껍질에는 붉은 가시가 밀생한다.

분포

전국 각처에 분포한다.

생태

낙엽 활엽 관목. 내한성이 강하여 전국적으로 식재한다.

💡 이용방안

관상용이나 황폐지나 절사면에 식재하면 뿌리에서 맹아가 발생하여 큰 군집을 형성하므로 사방용 지피식물로 좋은 수종이다.

꾸지뽕나무

🍁 잎

잎은 어긋나기하며 2~3개로 갈라지는 것과 가장자리가 밋밋하고 달걀모양인 것이 있다. 갈라지는 잎은 둔두 원저이며 가장자리가 밋밋한 것은 예두이고 넓은 예저이며 길이 6~10cm, 너비 3~6cm로서 표면에 잔털이 있고 뒷면에는 융털이 있다. 엽병은 길이 15~25mm로서 털이 있다.

꽃

꽃은 이가화로서 5~6월에 핀다. 웅화서는 낱꽃이 많이 모여 달리고 둥글며 황색이고 지름 1cm정도로서 짧고 연한 털이 밀포한 길이 10~12mm의 대가 있다.

자꽃차례는 지름 1.5cm정도로서 타원형이다. 수꽃은 3~5개의 화피 열편과 4개의 수술이 있고 암꽃은 4개의 화피 열편과 2개로 갈라진 암술대가 있다.

열매

열매는 취과로 둥글며 지름 2.5cm로서 육질이고 9~10월에 적색으로 성숙하며 수과는 길이 5mm정도로서 흑색이다. 과육은 달고 식용가능하다.

줄기

나무껍질은 회갈색으로 벗겨지고 가지에 길이 0.5~3.5cm의 가지가 변형된 가시가 있으며 1년생 가지에 털이 있다. 가지에 껍질눈이 발달되어 있고 오래된 나무껍질은 황회색을 띠며 세로로 찢어져 떨어진다.

분포

전국 각처에 분포한다.

생태

낙엽 활엽 소교목 또는 관목. 산록 양지 바른쪽이나 전답의 언덕에 잘 자란다.

이용방안

목재는 활이나 농기구재에 사용하며 잎은 누에의 사료로 쓰고 과실은 식용하거나 술을 담그는데 쓰기도 한다. 나무껍질과 뿌리로부터는 제지원료, 황색의 염료를 얻기도 한다. 목부(木部)는 자목, 수피 또는 근피는 자목백피, 경엽은 자수경엽, 과실은 자수과실이라 하며 약용한다.

난쟁이버들

 잎

잎은 넓은 거꿀피침모양 또는 타원상 거꿀달걀모양이고 길이 2~4cm, 폭 12~20mm로서 예두 예저이며 가장자리는 밋밋하거나 뚜렷하지 않은 톱니가 있고 표면은 녹색이며 털이 없고 윤채가 있으며 뒷면은 회록색이고 털이 있으나 점차 없어지며 엽병은 길이 2~5mm로서 붉은 빛이 돌고 털이 있으나 점차 없어진다.

 꽃

꽃은 4~5월에 피고 전년지의 잎겨드랑이에서 꼬리모양꽃차례로 나와 곧추 자라며 길이 2~11cm로서 긴 화경이 있고 포는 거꿀달걀모양으로서 검은 빛이 돌며 견모가 있으며 암술대는 짧고 털이 없으며 암술머리는 4개, 꿀샘은 1개 이다.

🍒 열매
과실은 삭과로서 6~7월에 성숙한다.

🌳 줄기
줄기가 옆으로 자라고 가지는 황색이며 처음에는 털이 있으나 점차 없어진다.

분포
북부지방

🌱 생태
낙엽활엽소관목. 고산지대에서 자란다.

💡 이용방안
관상용으로 심는다.

난티나무

🍁 잎

잎은 어긋나기이고 넓은 거꿀달걀형 또는 타원형이며 끝에 보통 3개의 결각이 생기고 급한 점첨두이며 이그러진 예저이고 길이 10~20cm, 너비 5~20cm로서 가장자리에 예리한 겹톱니가 있으며 표면은 거칠고 짧은 털이 있으며 뒷면은 연한 녹색으로서 잔털이 있다.

꽃

양성꽃으로서 1년생 가지 잎겨드랑이에 모여 달리고 4월에 개화한다. 화피가 5~6개로 갈라지고 5~6개의 수술은 자홍색이며 암술대가 2개로 갈라진다.

🍒 열매

열매는 시과로 편평하고 길이 1.5~2cm로서 넓은 달걀꼴이며 5~6월에 성숙한다.

🌱 줄기

높이 20m, 지름 1m이고 나무껍질은 회갈색이며 세로로 얕게 갈라진다. 1년생 가지는 연한 갈색이며 털이 있다가 점차 없어진다. 나무껍질은 회갈색이며 세로로 얕게 갈라진다. 1년생 가지는 연한 갈색이며 털이 있다가 점차 없어진다.

뿌리

많은 신생근이 잘 생긴다.

분포

전국 각처에 분포한다.

생태

낙엽 활엽 교목. 계곡과 하천 등 토심이 깊은 적윤지에서 잘 자라고 내음성과 내한성은 매우 크나 내조성과 내공해성이 약하다.

💡 이용방안

목재는 농구, 가구, 기구, 펄프, 신탄재 등에 쓰인다. 껍질은 섬유용으로 이용된다. 밀원으로 이용된다. 나무 껍질과 어린 잎은 식용으로 사용할 수 있다.

노간주나무

잎

잎은 침상으로 3개씩 돌려나기하며 3개의 능선이 있고 길이 12~20mm, 폭 1mm 로서 표면에 좁은 백색의 홈이 있다. 잎끝은 예리하고 딱딱하여 손을 갖다대면 통증을 느낄 정도이다.

꽃

암수딴그루이며, 꽃은 전년지의 잎겨드랑이에서 4~5월에 핀다. 수꽃차례는 1~3 개씩 달리고 20개 내외의 녹갈색 비늘조각이 있고, 밑 부분에 4~5개의 꽃밥이 있다. 암꽃차례는 1개씩 달리고 9개의 씨앗바늘이 있으며, 밑씨는 각각 3~4개이 다.

열매

구과는 구형 또는 타원형으로서 지름 7~8(12)mm이고 두꺼운 육질로 되어 있다. 동합된 씨앗바늘은 끝이 3개로 갈라지며 밑부분에 9개의 포가 있다. 처음에는 녹색이나 후에는 자흑색으로 된다. 종자는 3~4(1)개씩이고 달걀모양이며 길이 6.5mm로서 갈색이고 지점이 있다. 열매는 꽃이 핀 다음해 10~12월에 성숙한다.

줄기

높이 8m, 지름 20cm에 달하고 수관이 비짜루처럼 되며 직립한다. 나무껍질이 갈색으로 길게 세로로 얕게 갈라지고 2년지는 다갈색이다. 1년생 가지는 황갈색으로 노목에서는 드리워진다.

뿌리

천근성이다.

분포

전국 각처에 분포한다.

생태

상록침엽교목. 양지 바른 산비탈이나 건조하고 메마른 사력지대(砂礫地帶)에서 자란다. 비교적 토양은 가리지 않으며 석회암지대 에서도 잘자란다.

이용방안

목재가 치밀하고 날카로우므로 생울타리를 조성하면 좋다. 정원수나 분재용수로도 이용된다. 향료로 사용된다. 과실을 두송실이라 하며 약용한다.

노랑만병초

🍁 잎

잎은 어긋나기하며 가죽질이고 타원형, 난상 피침형 또는 긴 타원상 거꿀달걀모양이며 원두 또는 둔두이고 예저이며 길이 3~8cm, 폭 1.5~2.5cm로서 양면에 털이 없고 가장자리가 뒤로 약간 젖혀지며 톱니가 없고 엽병은 길이 1~1.5cm로서 털이 없다.

 꽃

꽃은 5~6월에 피며 가지끝에 5~8개의 꽃이 산형 또는 취산상으로 달리고 기부가 비늘조각으로 싸여 있으며 꽃자루는 길이 2.5~3.5cm로서 갈색털이 있다. 꽃받침조각은 작고 둔두로서 털이 있으며 꽃부리는 깔때기모양이고 지름

2.5~3.5cm로서 연한 황색이다. 수술은 10개로서 수술대 기부에 털이 있으며 씨방에 갈색털이 있고 암술대는 길이 1.5~2cm로서 수술보다 길며 털이 없다.

열매

열매는 삭과로 좁고 긴 타원형이며 길이 1~1.5cm로 9월에 성숙한다.

줄기

높이가 1m에 달하고 1년생 가지에 잔털이 있으나 곧 없어진다. 줄기는 눕고 가지는 비스듬히 자란다. 늙은 가지는 회갈색이며 흑갈색 피침형의 비늘잎이 가득 있고 애가지는 푸르고 털이 있다.

분포

강원도 이북지방

생태

상록 활엽 관목. 고산지대에서 자란다.

이용방안

관상용으로 식재한다. 만병초/홍만병초/노랑만병초의 잎을 석남엽이라 하며 약용한다.

녹나무

🍁 **잎**

잎은 어긋나기로 얇은 가죽질이고 자르면 향기가 있으며 달걀꼴 또는 난상 타원형이고 길이 6~10㎝, 넓이 3~6㎝로서 첨두 예저이며 기부는 넓은 쐐기모양이거나 둥글다. 양면에 털이 없고 가장자리에 물결모양의 톱니가 있으며 뒷 면은 회녹색이지만 어린 잎은 붉은빛이 돌고 3개의 맥이 뚜렷하며 3행맥의 분기점에 보통 2개의 소낭(일종의 선점(腺點))이 있다. 잎자루는 길이 1.5~2.5㎝로서 털이 없다.

 꽃

암수한꽃으로 꽃은 5월에 피며 흰색에서 노란색으로 되고 새가지의 잎겨드랑이에서 나오는 원뿔모양꽃차례로 달리며 꽃이 지름 4.5㎜로 작다. 화피열편은 3개씩 2줄로 배열되고 4줄로 배열된 12개의 수술과 1개의 암술이 있으며 안쪽의 수술은 꽃밥이 없다.

열매

열매는 장과로서 둥글고 지름 8mm이며 10~11월에 검은색으로 익는다.

줄기

높이 20m, 지름 2m에 달하고 1년생 가지는 황록색이며 윤채가 있고 껍질눈이 있으나 털이 없다. 나무껍질은 암갈 색으로 세로로 깊게 패인다. 동아(冬芽)의 비늘조각은 기와장을 인 모양이다. 나무껍질은 암갈색으로 세로로 깊게 패인다. 1년생 가지는 황록색이며 윤채가 있고 껍질눈이 있으나 털이 없다.

뿌리

원뿌리와 곁뿌리가 있다.

분포

남부지방, 제주도

생태

상록활엽교목. 음지, 양지 모두에서 자라며 유묘시 음수이나 성목이 되면 광을 요구한다.

이용방안

목재는 결이 치밀하고 고와서 건축재, 고급가구재, 조각재에 쓰이며 선박재로도 적합하다. 생잎을 차로도 끓여 마시며, 목욕물에 잎을 띄어 이용하기도 한다. 목재, 뿌리, 수피, 수엽, 추출한 결정, 과실 등을 약용 한다.

느릅나무

🍁 잎

잎은 어긋나기하며 긴타원모양으로 길이 3~10cm이고 끝이 뾰족하며 톱니가 있고 밑부분은 둥근 모양이다. 표면은 거칠고 미모가 있으며 평활하고 뒷면 맥 위에 털이 있으며 엽병의 길이는 3~7mm이고 10~16쌍의 측맥이 있다. 턱 잎은 길이 8~10mm로서 곧 떨어진다.

꽃

잎이 피기 전인 4월 초~5월 초순에 피고 양성꽃이며 전해에 자란 가지의 잎겨드랑이에 7~15개씩 모여서 난다. 꽃은 은종형이고 갈자색이며 네 갈래로 갈라진다. 수술은 4개이고 암술은 하나이나 암술대는 둘로 갈라진다.

🍒 열매

거꿀달걀모양 또는 타원형의 시과로 중앙부에 잔털이 있고 길이 1.0~1.5cm되고 5월 중순에 익는다. 종자는 날개의 상부에 치우쳐 있는 편이고 열매에는 전혀 털이 없다.

🌳 줄기

원줄기가 곧게 자라고 많은 가지가 생겨 둥근 수형을 이룬다. 나무껍질은 암갈색으로 세로로 균열이 생긴다. 1년생 가지는 적갈색으로 단모가 있다. 나무껍질은 암갈색으로 세로로 균열이 생긴다. 가지는 둥근 수형을 이루고 1년생 가지는 적갈색으로 단모가 있다.

뿌리

많은 신생근이 잘 생긴다.

분포

전국 각처에 분포한다.

🌱 생태

낙엽 활엽 교목. 산지의 계곡이나 하천변의 토심 깊은 비옥적윤지에서 잘 자란다.

💡 이용방안

조경 및 공원수(독립수또는 녹음수), 하천변 조림용으로 적당하다. 수액은 도자기의 광택을 내는 유액으로 쓰고 있다. 껍질은 이뇨제, 염증 등의 약제로 쓰이고, 속껍질은 물에 울거내어 소나무 속껍질 가루와 섞어서 먹는 구황식물이기도 했다. 한방에서 나무껍질을 유백피라 하고 치습, 이뇨, 소종독 등에 쓰며 완화제로 내복한다.

느티나무

🍁 잎

잎은 어긋나기로 긴 타원형, 타원형 또는 달걀꼴이고 점첨두 예저이며 길이 2~7(13)cm, 나비 1~2.5(5)cm로 변이가 심하고 가장자리에 단거치가 있고 양면의 털근 점차 없어지며 측맥은 8~14쌍이다. 붉은빛, 노란 빛으로 단풍이 든다. 잎자루는 길이 15mm이다.

꽃

꽃은 담황록색이며 암수한그루로 4~5월초에 피고 취산꽃차례로 달린다. 수꽃은 새가지 밑에 모여 달리며 4~6개로 갈라진 화피와 4~6개의 수술이 있고 암꽃은 새가지 윗부분에 1송이씩 달리며 퇴화된 수술과 암술대가 2개로 갈라진 암술이 있다.

열매

열매는 핵과로 대가 거의 없이 일그러진 편구형이고 딱딱하며 지름 4mm이고 뒷면에 능선이 있으며 5월에 익는다.

줄기

높이 26m, 지름 3m이고 나무껍질은 평활하나 비늘처럼 떨어지고 껍질눈은 옆으로 길어지며 굵은 가지가 갈라지며 끝으로 갈수록 가는 가지로 갈라진다. 1년생 가지는 가늘고 어린 것은 잔털이 있다. 나무껍질은 오랫동안 평활하나, 비늘처럼 떨어지고 껍질눈은 옆으로 길어진다.

뿌리

원뿌리와 곁뿌리가 잘 발달되어 있다. 천근성이고 발근력이 발달되어 있다.

분포

전국 각처에 분포한다.

생태

낙엽활엽교목. 산기슭, 골짜기에서 자란다.

이용방안

분재, 공원수, 가로수, 생태공원수로 이용되고 있다. 공원, 정원, 절, 향교 등에 노거수, 조경수목으로도 많이 식재된다. 목재는 결이 아름답고 재질이 뛰어나서 무늬단판, 마루판, 건축재, 기구재, 선박재, 공예재등으로 다양하게 이용된다. 어린 잎은 식용하였다.

능금나무

🍃 잎

잎은 어긋나기하며 달걀모양 또는 타원형이고 첨두이며 예저 또는 원저이고 길이 5~11cm, 폭 4.5~5cm로서 표면에 잔털이 있으나 점차 없어지며 뒷면에 면모가 있고 가장자리에 잔톱니가 있으며 엽병은 길이 1~4㎝로서 털이 있다.

꽃

양성꽃으로 5월에 피고 4~7개가 짧은 가지에 산형상으로 달리며, 꽃자루는 길이 1.8~2.8cm로서 털이 있고, 꽃부리는 지름 3~4cm로 연한 홍색이고, 꽃받침통은 종형이며 털이 있고 길이 4mm이다. 꽃받침조각은 뒤로 젖혀지며 넓은 피침형으로서 양면에 융털이 있고 길이 6~9mm이며 꽃잎은 연한 홍색이고 타원형 또는 도란상 타원형으로서 밑 부분이 좁으며 길이 13~16mm이다. 수술은 길이 5~10mm이고 암술대는 5개로서 밑부분이 합쳐지며 털이 있다.

열매

열매는 지름 4~4.5cm로서 꽃받침의 기부가 혹처럼 부푼 것이 사과와 다르고 10월에 황홍색으로 익으며 겉에 백분이 덮여 있다.

줄기

줄기는 직립하여 원뿔모양의 수형을 이루며 가지는 홍갈색이고 1년생 가지에 털이 밀생한다.

분포

전국 각처에 분포한다.

생태

낙엽활엽소교목. 화단이나 밭에 식재한다.

이용방안

과실은 단맛과 신맛이 알맞게 어우려져 생으로 먹어도 맛이 좋고 잼이나 주스를 만들어 먹기도 한다. 제과로도 만든다. 정원에 관상용으로도 많이 심는다. 능금은 방향성 나무이므로 향료만 뽑아 화장품의 원료로 쓰기도 한다.

능수버들

잎

잎은 피침형 또는 좁은 피침형이고 긴 점첨두이며 길이 7~12cm, 폭 10~17mm로서 쐐기모양이고 잔톱니가 있으며 표면은 녹색이고 털이 없으며 뒷면은 흰빛이 약간 돌고 털이 있거나 또는 없다. 엽병은 길이 2~4mm이다.

꽃

꽃은 암수딴그루 간혹 일가화로서 4월에 피고 웅화수는 길이 1~2cm로서 꽃대축에 털이 있고 포는 타원형이며 길이 1.5mm정도로서 둔두이고 긴 견모가 있으며 꿀샘과 수술이 각각 2개씩이고 수술대는 기부에 털이 있다. 자화수는 길이

1~2cm이며 포는 달걀모양으로서 녹색이고 털이 있으며 꿀샘은 1개이다. 씨방은 달걀모양으로서 털이 있으나 암술대는 털이 없고 암술머리는 2개이며 요두이다.

열매

열매는 삭과로서 길이 3mm정도이고 견모가 있으며 5월에 성숙한다.

줄기

높이 20cm, 지름 80cm이며 나무껍질은 회갈색이고 세로로 갈라지며 가지는 길게 아래로 처지고 1년에 2m정도 자라며 1년생 가지는 황록색으로서 보통 털이 없다.

분포

전국 각처에 분포한다.

생태

낙엽활엽교목. 평지나 강가에서 자란다.

이용방안

가지가 밑으로 처져 시선을 자연히 밑으로 끌어내리기 때문에 특히 물이 있는 강변, 냇가, 연못가 및 호수가 등에 식재하면 어울린다. 풍치수, 녹음수, 독립수 또는 가로수로 많이 이용하며 군식하기도 한다. 수렴제, 이뇨제의 약효를 가지고 있다.

닥나무

잎

잎은 어긋나기하며 달걀모양 또는 난상 타원형이며 긴 점첨두이고 원저 또는 아심장저이며 길이 5~20cm×3~7cm로서 끝은 날카롭고 간혹깊이 갈라진 것도 있으며 가장자리에 날카로운 톱니가 있다. 어린 나무에는 2~3개의 결각이 지는 것도 있다. 표면은 거칠며 뒷면은 처음에 털이 있다. 잎자루는 길이 1~2cm로서 꼬부라진 털이 있으나 점차 없어진다.

꽃

암수한그루로 꽃은 5~6월에 잎과 더불어 피고 수꽃차례는 새가지 밑부분에 달리며 길이 1.5cm로서 타원형이고 암 꽃차례는 윗부분의 잎겨드랑이에서 나오며 둥근 모양(1cm)이고 화경은 엽병과 길이가 거의 같다. 수꽃은 화피열편과 수술이 각 4개이며 암꽃은 끝이 2~4개로 갈라진 통상화피와 대가 있는 씨방에 실같은 암술대가 있다.

열매

핵과는 편구형(偏球形)이며 취합과(聚合果)는 구형이고 8월 말~10월에 익는다. 겉열매껍질은 열매자루와 더불어 굵어지며 육질로 되어 적색으로 익으므로 딸기와 비슷하고 안쪽열매껍질에 입상의 돌기가 있다. 과실을 저실자(楮實子)라 한다.

줄기

높이가 3m에 달하고 1년생 가지는 손으로 꺾을 수 없을 정도로 유연하며 갈색이고 짧은 털이 있으나 곧 없어진다. 나무껍질은 매우 질기고 회갈색이다. 나무껍질은 매우 질기고 회갈색이다. 1년생 가지는 손으로 꺾을 수 없을 정도로 유연하며 갈색이고 짧은 털이 있으나 곧 없어진다.

분포

남부지방

생태

낙엽 활엽 관목. 산기슭 양지 쪽, 밭둑에 난다.

이용방안

열매와 어린 잎을 식용으로 한다. 나무껍질의 섬유가 길고 질겨서 창호지나 표구용 화선지 등 오랫동안 보존을 요하는 종이를 만든다. 옷을 만들기도 한다. 부드러운 지엽, 수즙 또는 근피를 구피마라 하며 약용한다.

단풍나무

🍁 잎

잎은 마주나기하고, 원형에 가깝지만 5~7(9)갈래로 갈라지며, 열편은 넓은 피침형이고 점첨두이며 겹톱니가 있고, 길이와 폭은 각 5~7cm×6~8(9)cm로서, 뒷면에 털이 있으나 점차적으로 탈락한다. 잎자루 길이는 3~5cm이며, 약간의 털이 있다.

꽃

꽃은 잡성 또는 암수한그루로 5월에 피며, 편평꽃차례고 암꽃은 꽃잎이 없거나 2~5개의 흔적이 있지만, 수꽃은 없고 수술은 8개이고 꽃받침조각은 5개이다.

🍒 열매

열매는 시과로 길이 1cm정도로, 털이 없으며 날개는 긴 타원형이고 예각 또는 둔각으로 10월 중순~10월 말에 성숙한다.

🌱 줄기

크기는 15m까지 자란다. 나무껍질은 털이 없으며 적갈색이다.

분포

전라남도, 전라북도, 제주도.

🌿 생태

낙엽 활엽 관목. 음지와 양지 모두에서 잘 자라는 중용수이고 습기가 약간 있는 비옥한 사질양토에서 잘 자란다.

💡 이용방안

목재는 건축재나 기구재, 악기재, 조각재 등으로 사용된다. 염료 식물로 이용할 수 있다. 단풍나무에서 얻어진 염액은 짙게 물드는 좋은 염료로서 매염이 잘 되며 특히 철에 대한 반응이 좋다.

당단풍나무

잎
잎은 마주나기하며 원형 심장저이고, 길이 7~10cm로 보통 9~11개로 갈라지며, 표면에 털이 약간 있거나 없고, 뒷면 잎맥을 따라 연모가 있다.

꽃
꽃은 잡성 양성꽃으로 4월 말~5월 말에 개화하며, 백색 또는 황백색으로 편평 꽃차례로 정생하는 10~20개의 꽃이 달리며 암수한꽃으로 2~3개씩 달리고, 길이 1cm로 꽃받침에는 털이 있으며 5~6갈래로 갈라지며 꽃잎은 4개 이다.

열매

열매는 시과로, 자갈색이며 날개가 벌어지며 길이는 2cm로 끝이 둥글고, 9월 중순~10월 중순에 성숙한다.

줄기

높이 8m까지 자란다. 나무껍질은 잿빛이고, 1년생 가지 녹색 또는 자록색이며, 흰털이 성글게 있고, 묵은 가지는 흰가루로 덮인다.

분포

전국 각처에 분포한다.

생태

낙엽 활엽 소교목. 비옥한 북향의 산록과 계곡에서 잘자란다.

이용방안

목재는 재질이 치밀하며 단단하고 휘거나 갈라지지 않으므로 악기재, 조각재, 건축, 내장재로 쓰인다.

당마가목

잎
잎은 어긋나기하고 홀수깃모양겹잎이며 소엽은 13~15개이고 피침형 또는 넓은 피침형이며 점첨두이고 찌그러진 예 저이며 길이 4~6cm로서 표면은 녹색이고 털이 없으며 뒷면은 흰빛이 돌고 털이 있거나 없으며 상반부에 긴 톱니가 있다.

꽃
꽃은 백색으로 5~6월에 피며, 지름 1cm가량의 꽃이 모여 달리는 편평꽃차례는 털이 있거나 없으며 꽃받침에 잔털이 있고 꽃받침조각은 삼각형이며 꽃잎은 둥글고 백색이며 암술대는 3개이고 기부에 털이 있다. 밀원식물로 중요하다.

열매

이과로 타원형이며 지름 6~7mm로서 10월에 누른 빛이 도는 홍색으로 익고 종자는 콩팥모양과 비슷하며 길이 4mm로서 황적색이고 한 열매에 3개씩 들어 있다.

줄기

1년생 가지에 백색의 털이 약간 있으며 동아에 백색털이 밀생한다.

분포

중부 이북 및 제주도

생태

낙엽활엽소교목. 배수가 잘되는 습윤한 토양, 직사광선을 막아주는 약간의 음지로서 습기가 많은 곳에서 자란다.

이용방안

정원수, 공원수, 첨경수로 이용되고 있다. 당마가목, 마가목, 산마가목의 경피는 정공피, 종자는 마가자라 하며 약용한다.

당매자나무

잎

잎은 1년생 가지에서 어긋나기하고 짧은 가지에서는 모여나기하며 거꿀피침모양이고 길이 2~4cm로서 예두 또는 절두이며 예저이고 표면은 녹색이며 뒷면은 회록색이고 가장자리가 밋밋하다.

꽃

꽃은 양성꽃으로서 4~5월에 피며 액출(腋出)하여 아래로 늘어지고 황색이지만 표면은 붉은 빛이 돌며 짧은 가지위의 총상꽃차례에 8~15개의 꽃이 달린다. 꽃잎은 황색으로 6개이다.

🍒 열매

과실은 장과로서 길이가 약 1cm 정도이며 타원형 또는 긴타원모양이고 9월에 붉게 익는다.

🌳 줄기

높이가 2m에 달하며 가지에 털이 없으며 다소 능선이 지며 자갈색이고 가시는 단순하거나 3개로 갈라지며 길이 0.5~1cm이다.

분포

중부이북

🌱 생태

낙엽활엽관목. 산과 들에 나고 내한성이 커서 전국에서 볼 수 있으며 비옥하고 습기가 적당한 사질양토를 좋아한다.

💡 이용방안

줄기에 예리한 가시가 있고 전정으로 수형이 잘 다듬어지므로 울타리용이나 관상수, 정원수로 적합하다. 뿌리 및 뿌리줄기를 소벽이라 하며 약용한다.

대팻집나무

🍁 잎

잎은 어긋나기하지만 짧은 가지에서는 모여나기하고, 얇으며 넓은 달걀형 또는 타원형이고 예두, 원저 또는 예형이며, 길이와 폭이 각 3~10cm×3~4.5cm로, 뒷면의 맥 위에 끝까지 털이 남아있고, 가장자리에는 톱니가 드문드문 발달한다. 측맥은 6~8쌍으로 뒷면에 돌출한다.

꽃

꽃은 암수딴그루로 5월 중순~6월 중순에 개화하며 황록색이고, 암꽃은 짧은 가지 위에 달리고 4~5개의 작은 수술이 있고, 수꽃은 다수가 모여 붙으며, 꽃받침조각과 꽃잎 및 수술이 각각 4개씩있다.

🍒 열매

열매는 핵과로 육질이며 붉은색으로, 지름 7~8mm로 9월 말~11월 중순에 성숙한다.

🌳 줄기

높이가 15m에 달하고 곧게 자라며 가지는 짧고 1년생 가지에 털이 없다.

분포

전국 각처에 분포한다.

생태

낙엽 활엽 교목. 양지와 음지 모두에서 자라는 중용수이며 비옥한 사질양토에서 자란다.

💡 이용방안

가로수, 조경재료로 개발가치가 있는 수종이며 열매는 새들의 먹이가 된다.
목재는 치밀하고 무거우며 건조 후에도 갈라지지 않아 대팻집을 만든다.
목재는 공예품 제조에 쓰인다. 어린 순은 식용한다.

댕댕이나무

 잎

잎은 마주나기하며 피침형, 거꿀피침형 또는 타원형, 무딘형 또는 첨두, 예형으로 길이와 폭이 각 1~4cm×1~2(3.5)cm로, 표면에 털이 있거나 없고, 뒷면에 융털이 있다. 병은 길이 1~6mm이며 맹아에서는 턱잎이 합쳐진다.

 꽃

꽃은 5~6월에 잎겨드랑이에 달리며, 꽃대와 포는 털이 있고, 작은포는 동합하여 꽃받침통을 둘러싸고, 꽃받침은 톱니처럼 5갈래로 갈라지며, 꽃부리는 황백색으로 원통상 종형이며 길이 12~15mm로, 털이 약간 있고 꽃대는 길이 2~10mm이다. 수술은 암술대보다 짧고 털이 없으며, 수술은 5개이고 씨방은 2개가 동합한다.

🍒 열매

열매는 장과로 타원형 또는 거의 원형이며 길이 1~2cm로서 7~8월에 흑자색으로 익으며 백분으로 덮여있다. 달고 시며 약간 쓰다.

🌳 줄기

높이가 1.5m에 달하고 가지가 많이 갈라지고 속은 충실하다. 작은 가지에는 털이 밀생한다.

🗾 분포

북부지방

🌱 생태

낙엽 활엽 관목. 고산지대에서 자란다.

💡 이용방안

열매는 식용한다.

덜꿩나무

🍁 잎

잎은 마주나기하며 달걀형 또는 거꿀달걀형이고 점첨두이며 원저, 넓은 예형 또는 심장저로 길이와 폭이 각 4~11cm×2~7.5cm로, 표면은 별모양 털이 드문드문 있으며 뒷면에 별모양 털이 밀생하고 잎자루 길이는 2~6mm 로 털과 턱잎이 있다.

꽃

복우상모양꽃차례는 1쌍의 잎이 달린 짧은 가지 끝에 달리며 별모양에 털이 밀생하고 지름이 6~8cm이며, 꽃은 5월에 피고 지름 6~7mm로 흰색이며 수술이 꽃부리보다 길고 씨방에 털이 없다.

🍒 열매

열매는 핵과로 달걀형의 원형이며 지름 6mm로 붉은색으로 익으며 종자는 양쪽에 홈이 있고 9월 중순~10월 초에 성숙한다.

🌳 줄기

1년생 가지는 갈색이며, 별모양 털이 밀생한다.

분포

경기도, 충청남도, 충청북도, 전라남도, 전라북도, 경상남도. 경상북도

생태

낙엽 활엽 관목. 햇볕이 적당히 드는 숲 가장자리에 다른 잡초들과 어울려서 자란다.

💡 이용방안

정원수, 공원 등에 군식 또는 독립수, 관상수로 식재하여도 좋다.
어린 순을 나물로 한다.

덤불오리나무

잎

잎은 달걀모양, 타원형 또는 긴 달걀모양이고 첨두이며 원저 또는 넓은 예저이고 길이 6~10cm로서 선형(腺形)의 톱니가 있으며 표면은 털이 없고 뒷면은 연한 녹색이며 지점(脂點)이 많고 맥(脈)위에 털이 있다. 엽병은 길이 1~2.5cm이고 측맥은 10~12쌍이다.

꽃

꽃은 암수한그루로서 5~6월에 핀다. 웅화수(雄花穗)는 1~2개씩 달리고 길이 4~8cm로 밑으로 처지며 자화수(雌花穗)는 타원형이고 길이 1~1.5cm이다.

열매

과수는 길이 1.5㎝이하로 타원형이고 대는 길이 1.5~2.0㎝이다. 열매는 길이 2mm로서 타원상 달걀모양이고 날개는 열매의 폭보다 좁으며 9월에 익는다.

줄기

높이가 5m에 달하며 줄기가 곧고 수관이 좁으며, 나무껍질은 암록색인데 흰 가로선이 있다.

분포

중부이북

생태

낙엽활엽관목. 고산지대 습원에서 자란다.

이용방안

목재는 기구재나 토목용재, 화약원료로 사용한다. 과실과 나무껍질에서는 염료를 추출하거나 약용으로 설사, 외상출혈 등에 쓰인다.

돌가시나무

🍁 잎

잎은 어긋나기하고 깃모양겹잎이며 소엽은 7~9개이다. 소엽은 타원형 또는 넓은 거꿀달걀모양으로 길이 1~2.5cm이며 양면에 털이 없고 광택이 나며 가장자리에 톱니가 있고 엽축과 주맥에 샘털이 있다.

꽃

꽃은 5~6월에 백색으로 피고 향기가 있으며 가지 끝에 1~5개씩 달리고 화경에 샘털이 있다. 꽃받침조각은 피침형, 꽃잎은 도란상 원형으로 끝이 오목하다.

🍒 열매

과실은 난상 원형으로 가을에 붉게 익는다.

🌱 줄기

가지를 많이 치고 가시가 많으며 털이 없다.

📍 분포

전라남도, 전라북도, 제주도

🌾 생태

반상록 포복성 관목. 산기슭의 양지나, 바닷가 돌밭에서 자란다.

💡 이용방안

관상용으로 심는다.

돌갈매나무

🍁 잎

잎은 마주나기 또는 아마주나기하며 타원상 거꿀달걀모양 또는 타원형이고 첨두 예저이며 가장자리에 물결모양의 잔 톱니가 있고 길이 1.5~3.5cm, 폭1.5cm로서 표면은 짙은 녹색이며 흔히 털이 있고 뒷면은 회록색으로서 털이 없거나 맥액에 털이 있다. 엽병은 길이 5~16mm로서 털이 없으며 탁엽이 오랫동안 달려있다.

꽃

꽃은 이가화로서 1~2송이의 꽃이 짧은 가지의 끝 부분이나 긴 가지 기부의 잎겨드랑이에 달리고 화경은 짧다.

🍒 열매

열매는 장과로 둥글며 지름 5~10mm로서 털이 없고 1~2개의 종자가 들어 있으며 종자 기부에 구멍이 있다.

🌳 줄기

높이가 2m에 달하고 1년생 가지에는 털이 거의 없고, 가시가 있다.

분포

강원도 이북

생태

낙엽 활엽 관목. 개울 둑 및 산기슭의 암석지에난다.

💡 이용방안

나무껍질은 염료용으로 이용하고 열매는 약용한다.

돌배나무

잎

잎은 달걀상 긴 타원형, 긴 점첨두이고, 원저 또는 아심장저이며, 길이는 7~12cm로, 뒷면은 회녹색이며 털이 없고, 가장자리에 침상의 톱니가 있으며 잎자루 길이는 3~7cm로, 털이 없다.

꽃

꽃은 4월에 피며 백색이고, 양성꽃이며 총상꽃차례로 털이 없거나 면모가 있고, 지름이 3cm정도이며 꽃받침조각은 긴 점첨두이고 꽃잎은 난상 원형이며, 암술대는 4~5개로 털이 없다.

🍒 열매

열매는 둥글고, 지름이 3cm정도로서, 열매자루 길이는 3~5cm로, 8월경에 다갈색으로 성숙한다.

🌳 줄기

1년생 가지는 갈색이며 처음에는 털이 있으나 점차 없어진다.

분포

중부이남

생태

낙엽 활엽 소교목. 토양은 양토가 적당하며 저습한 계곡에서 잘 자란다.

💡 이용방안

정원, 분재로 이용한다. 과실은 이(梨), 뿌리는 이수근, 나무껍질은 이목피, 가지는 이지, 잎은 이엽, 과피는 이피, 회(灰)는 이목회라 하며 약용한다.

동백나무겨우살이

잎
잎은 퇴화되어 작고 마디의 위쪽 끝에 돌기처럼 달려 있다.

꽃
꽃은 일가화로 4~5월에 피며 지름 1mm미만 이며 1마디에 5~6개씩 달리고, 꽃대가 없으며, 화피는 3개로 갈라지며 꽃밥은 화피내부에 달려있고 구멍이 많다. 씨방은 하위이다.

열매
열매는 장과이며 10~12월에 익으며 지름 2mm로 넓은 타원형이고 끝에 암술대가 달려 있으며 종자는 1개씩 들어 있고 과피에서 튀어나온다. 수분을 많이 함유한 장과이다.

줄기

높이 5~30cm로서 가지는 녹색이며 털이 없으며 관절이 많이 갈라지며 마디사이가 편평하다. 길이 2~20㎜인 거꿀피침모양의 마디가 많이 있고 마디에서 가지가 마주나기한다. 잎은 퇴화하여 비늘처럼 되어 마디의 윗끝에 돌기처럼 달린다.

분포

남부지방과 제주도

생태

상록기생소관목. 동백나무, 사스레피, 모새 및 사철나무에 기생한다.

이용방안

약용식물로서 가치가 있다. 현재 구미 각국에서는 암 퇴치에 대한 생약연구를 많이 하고 있는데, 그중에서도 한국산이 효능이 크다고 한다.

된장풀

🍁 잎

잎은 엽병이 길며 어긋나기하고 3개의 소엽으로 구성되며 정소엽은 작은잎자루가 길고 소엽은 가죽질이며 긴 타원상 피침형이고 양끝이 좁으며 첨두 예저이고 길이 4.5~10cm로서 표면에 털이 없으며 뒷면 잎맥이 도드라져 있고 맥위에 털이 있다. 엽병의 길이가 1~4㎝로 좁은 날개가 있다.

꽃

꽃은 액생 또는 정생하는 길이 8~15cm의 총상꽃차례에 달리며, 꽃은 6월에 피고 길이 7mm로서 누른빛이 도는 백색이며 꽃받침은 털이 있고 윗부분이 5개로 갈라지며 열편은 피침형 또는 선형이다. 꽃받침 바로 아래로 작은 피침 형의 작은포가 있다.

🍒 열매

열매는 협과로 편평한 선형이고 길이 5~7cm로서 4~6개의 마디로 잘 떨어지고 겉에 갈고리 같은 털이 있고 옷에 잘 붙고 열매는 9월에 성숙한다.

🌳 줄기

줄기는 초본처럼 여러 갈래로 갈라져 자라고 나무껍질은 흑갈색이다. 전체에 털이 있다.

분포

전라남도, 제주도

생태

낙엽활엽소관목. 내한성이 강하여 때로 서울 지방에서도 월동하며 따뜻한 양지를 좋아한다.

💡 이용방안

된장 구더기 방지에 이용한다. 전초(全草)는 청주항(青酒缸), 뿌리는 청주항근(青酒缸根)이라 하며 약용한다.

두메닥나무

잎

잎은 어긋나기하며 길이 4.0~8.5cm로서 긴 거꿀달걀모양 또는 거꿀피침모양이고 예두 또는 둔두이며 표면은 청록 색이고 뒷면은 약간 분백색이 돌며 가장자리는 밋밋하고 엽병은 길이 5~7mm이다.

꽃

총상꽃차례는 전년지 끝의 잎겨드랑이에 발달하고 2~5개의 꽃이 달린다. 꽃은 암수딴그루로서 봄에 황색으로 피는데 암꽃이 다소 작으며, 꽃받침은 황색이고 달걀모양 또는 피침형으로서 첨두이며 꽃받침통은 녹색이다. 수술은 8개 이다.

열매

장과는 구형 또는 타원형으로 가을에 붉게 익는다.

줄기

줄기는 곧게 서거나 눕고 원주형이며 겉이 밋밋하고 회백색 또는 회갈색을 띠며 주름이 있다.

뿌리

근경은 황백색이며 가로 뻗고 원뿌리는 긴 원뿔모양이며 세로로 주름이 있고 회황색이다.

분포

강원도, 전라남도, 경상북도, 제주도

생태

낙엽활엽관목. 낙엽수림 하부의 배수가 잘 되고 부엽이 깊게 쌓인 곳에서 잘 자라며 적당하게 바람이 잘 통하고 반그늘 진 곳에서 재배하는 것이 좋다.

이용방안

약간 푸른 빛이 도는 꽃이 아름답기 때문에 그늘지고 바람이 잘 통하는 장소의 교목하부에 식재하면 좋다. 껍질은 제지용으로 이용하기도 한다.

들메나무

잎

잎은 마주나기하며 홀수깃모양겹잎이고, 소엽은 3~17개(보통 9~11개)이고 긴 타원상 달걀형이며 긴 점첨두이고 끝이 꼬리처럼 긴 것이 있고, 길이와 폭이 각 7~22cm×3~6cm로, 뒷면 맥 위에 털이 있으며 아랫부분 근처에 갈색 털이 발달하고 작은잎자루가 없으며 엽축에 날개가 발달했다.

꽃

꽃은 암수딴그루로 4월에 개화하며, 복총상꽃차례로 전년지의 잎겨드랑이에 달리며 화피가 없고 수꽃은 2개로 갈라진 수술이 있으며 암꽃은 2개의 수술과 1개의 씨방이 있고 암술머리가 2개로 갈라진다.

🍒 열매

열매는 시과로 긴 타원상 피침형이며 길이 2.5~4cm로 작은 오목형 간혹 무딘형이며 9~10월에 성숙한다.

🌳 줄기

높이 30m, 지름 1m정도로 자란다. 나무껍질은 밋밋하지만 세로로 약간 골이 졌으며 1년생 가지는 녹갈색이고 흰반점이 있으며 털이 없고 한쪽으로 편평해지며 동아는 암갈색이다.

분포

전국 각처에 분포한다.

🌱 생태

낙엽 활엽 교목. 심산 또는 산간지 계곡부 습지나 통기성이 양호한 곳에서 자란다.

💡 이용방안

목재는 재질이 질기고 보존기간이 길어 건축재, 기구재, 가구재, 운동용구재, 선박재, 차량재로 쓰인다. 조림용, 풍치 림, 방품림으로도 식재할 수 있다. 껍질은 염료, 탄닌을 채취할 수 있으며, 꽃에는 꿀을 생산할 수 있는 밀원이 풍부 하다.

딱총나무

잎
잎은 마주나하며 홀수깃모양겹잎이고, 소엽은 5개~7(9)개이며 긴 타원형이고 급한 점첨두, 예저이며 길이와 폭이 각 5~14cm×2~5cm로, 가장자리 톱니가 뾰족하다.

꽃
꽃은 5월에 피고 돌기가 있으며 가지끝에 원뿔모양꽃차례를 이룬다. 꽃부리는 황록색이고 털이 없으며, 약은 노란색이다. 꽃부리 위는 5조각으로 갈라져 있다.

🍒 열매

열매는 구형이며 붉은색으로 7월에 성숙한다.

🌳 줄기

높이 3m까지 자란다. 나무껍질은 암갈색이며 코르크질이 발달하고 길이 방향으로 깊게 갈라진다. 1년생 가지는 연한 초록빛이며 마디 부분은 보라색을 띤다.

🗾 분포

전국 각처에 분포한다.

🌱 생태

낙엽 활엽 관목. 반그늘지고 습한 산골짜기에서 자란다.

💡 이용방안

약용으로 쓰인다.

때죽나무

🍁 잎

잎은 어긋나기하며 달걀형 또는 긴 타원형이고 점첨두 또는 첨두 예형으로 길이와 폭이 각 2~8cm×2~4cm로, 뒷면에 털이 있으나 나중에는 맥의 겨드랑이에만 남는다.

❀ 꽃

총상꽃차례는 잎겨드랑이에 2~5개 간혹 1개의 꽃이 달리며 길이는 2~4cm이고, 꽃대 길이는 1~3cm이고 꽃지름은 1.5~3.5cm로 흰색이며, 꽃받침열편은 끝이 둥글고, 꽃부리는 긴 달걀형 또는 타원형이며 길이 1~2cm 로, 5~6월에 개화한다.

🍒 열매

열매는 핵과로 난상 원형이며 길이 1.2~1.4cm로 껍질이 불규칙하게 갈라지고 회백색이며 9월에 성숙한다.

🌳 줄기

높이가 10m에 달하고 가지는 성모가 있으나 없어지며 표피가 벗겨지면서 다갈색으로 되고 1년생 가지의 재부가 연녹색이다. 줄기는 흑갈색으로 세로로 줄이 지며 어린 줄기에서도 나무껍질이 세로로 일어난다. 나무껍질은 흑갈색이며 세로줄로 일어난다.

뿌리

원뿌리와 곁뿌리가 있다.

분포

강원도 이남

생태

낙엽 활엽 소교목. 토심이 깊은 사질양토로서 습기가 다소 있는 곳에서 잘 자라며, 양수이나 내음성도 약간 있어 나무 밑에서도 잘 견딘다.

이용방안

조경수, 가로수, 공원수, 정원수, 가로공원, 생태공원, 지방의 가로수로 적합하다. 덜 익은 푸른 열매는 농촌에서 물고기 잡는데 이용하고, Oil 함유량이 많아 기름을 뽑아 내기도 한다. 염료 식물로 이용할 수 있다.

떡잎윤노리나무

잎

잎은 어긋나기하며 거꿀달걀모양으로 두껍고 점첨두 예저이며 길이 3~8cm로서 양면에 털이 있으나 점차 거의 없어 진다. 가장자리에 잘고 예리한 톱니가 있으며 엽병은 짧다.

꽃

양성꽃으로 5월경에 피고 편평꽃차례는 지름 3~5cm로 백색꽃이 달리며 백색털이 밀생한다. 꽃은 지름 7~10㎜이고, 꽃잎은 도란상 원형이며 수술이 20개이고 암술대는 2~4개로서 밑부분이 합쳐진다.

🍒 열매

열매는 거꿀달걀모양으로 지름 12㎜이며 9월에 적색으로 익는다. 열매가 커짐에 따라 갈색 껍질눈이 열매자루와 소과경에 생긴다.

🌳 줄기

밑에서 옆으로 자라며 몇 개의 수간이 올라온다. 1년생 가지에는 백색털과 타원형의 껍질눈이 있다.

분포

제주도, 경상남도, 전라남도

생태

낙엽활엽소교목. 내한성이 강하고 음지나 양지를 가리지 않으며 수풀의 중간층을 형성한다.

💡 이용방안

개발가치가 높은 수종이며 가로수, 녹음수, 정원수, 분재(떡윤노리나무 분재)로 이용한다. 목재는 기구의 손잡이로, 꽃은 밀원으로, 열매는 식용으로 이용한다. 남도 등에 분포하는 한국 고유종이다. 떡윤노리나무라고도 부른다.

뜰보리수

🍃 **잎**

잎은 어긋나기하며 긴타원모양이고 첨두 또는 둔두, 예저이고 길이와 폭이 각 3~10cm×2~5cm로, 표면에 비늘 털이 있으나 점차 없어지고, 뒷면은 흰색 비늘털과 갈색 비늘털이 섞여있으며, 가장자리는 밋밋하고, 꽃대 길이는 4~8mm이다.

 꽃

꽃은 4~5월에 피며 연황색으로 향기가 있으며, 잎겨드랑이에 1~2개씩 달리고, 꽃받침통 밑부분이 좁아져 씨방을 둘러싸고, 꽃받침조각은 4개이고 수술이 각 4개이며 암술은 1개이다.

열매
열매는 핵과로 긴 타원모양이고 길이 1.5cm로 밑으로 처지며, 붉은색으로 6월에 성숙한다.

줄기
높이 3m까지 자란다. 1년생 가지 적갈색 비늘털이 있다.

뿌리
방추형의 백색 덩이뿌리가 있다.

분포
전국 각처에 분포한다.

생태
낙엽 활엽 관목. 민가주변에 심어 기른다.

이용방안
식용 또는 정원수로 이용한다. 과실은 목반하, 뿌리 및 근피는 목반하근이라 하며 약용한다.

라일락

잎

잎은 마주나기하고 길이 5~12cm의 넓은 달걀모양 또는 달걀모양이며 예두 또는 점첨두이고 아심장저 또는 절저이다. 톱니가 없고 양면에 털이 없으며 광택이 나고 잎자루는 길이 2~2.5cm이다.

꽃

꽃은 4~5월에 피며 지름 2cm로서 향기가 짙고, 원뿔모양꽃차례는 전년지 끝에서 마주나고, 꽃대축에 선상의 돌기가 있고, 작은꽃대는 길이가 2mm이하이며 백색, 자색, 적색의 많은 원예품종이 있다.

🍒 열매

열매는 삭과로 타원형이며 첨두이고 9~15mm로 9월에 성숙한다.

🌳 줄기

1년생 가지는 털이 없으며 회갈색이고 껍질눈이 뚜렷하지 않지만 2년생 가지는 회갈색이며 둥근 껍질눈이 있다.

📍 분포

전국 각처에 분포한다.

🌱 생태

낙엽 활엽 관목. 수분이 있는 사질양토에서 잘 자라나 아무곳에서나 잘 자라는 식물로 전국에서 재배가 가능하다.

💡 이용방안

향기가 좋아서 향수의 원료로 이용되며, 정원수나 공원수로도 좋다.

마가목

🍁 잎

잎은 어긋나기하며 깃모양겹잎이고 소엽은 9~13개이고 피침형이며 예저이고 길이 2.5~8cm로, 양면에 털이 없고 표면은 녹색이며 윤채가 없고 뒷면은 연녹색이며 가장자리에 길고 뾰족한 겹톱니 또는 단거치가 있고 턱잎이 일찍 떨어진다. 가을에 황적색으로 단풍이 든다.

 꽃

복산방꽃차례는 지름 8~12cm로서 털이 없으며 가지끝에 달린다. 꽃은 5~7월에 피고 백색이며 지름 8~10mm,이고, 암술대는 3개이다. 꽃받침, 꽃잎이 각 5개이며 수술은 20개이다.

🍒 열매
9~10월에 붉은색으로 성숙하는 둥근 이과로서 지름은 5~8mm이다.

🌳 줄기
높이 6~8m까지 자란다. 나무껍질은 황갈색이며 1년생 가지와 동아에 털이 없고, 동아에 점성이 있다.

🌱 뿌리
원뿌리와 곁뿌리가 있다.

분포
강원도 이남

🌾 생태
낙엽 활엽 관목. 여름이 시원한 고랭지 및 산지, 평지는 반음지가 적당하다.

💡 이용방안
관상용으로 도로변이나 공원, 정원, 가로수, 절지, 분재 등으로 이용된다. 열매는 차나 술을 만드는데 이용하거나 생식할 수 있다. 지팡이, 망치자루, 집조수, 염료, 연료 등으로 이용된다. 당마가목, 마가목, 산마가목의 경피는 정공피, 종자는 마가자라 하며 약용한다.

말채나무

잎

잎은 마주나기하며 넓은 달걀형 또는 타원형이고 점첨두이며 넓은 예형 또는 원저이고 길이 5~14cm로, 표면에 복모가 약간 있으며 뒷면은 흰빛이 돌고 거센 복모가 있고, 가장자리가 밋밋하며, 측맥은 4~5쌍이고 잎자루 길이는 1~3cm이다.

꽃

취산꽃차례는 지름이 7~8cm이고, 꽃대 길이는 1.5~2.5cm로 거센 털이 있고, 꽃잎은 피침형이며 길이 5mm로 흰색이며, 수술대와 길이가 거의 같고, 6월에 개화한다.

열매

열매는 둥근 핵과로 지름 6~7mm로 검은색이며, 종자는 거의 둥글고, 9~10월에 성숙한다.

줄기

높이가 10m에 달하고 오래된 줄기는 감나무 나무껍질과 같이 그물처럼 갈라지며 흑갈색이고 1년생 가지에 털이 있으나 점차 없어진다. 나무껍질은 그물처럼 갈라지며 흑갈색이고 줄기에 털이 있으나 점차 없어진다.

분포

전국 각처에 분포한다.

생태

낙엽 활엽 교목. 산기슭과 산골짜기에서 자란다.

이용방안

목재는 재질이 좋아 가구재나 무늬목 합판재로 사용한다. 꽃과 열매가 아름다워 공원에 식재할 만한 수종이다. 민간에서 잎을 지사제(止瀉劑)로 쓴다.

망개나무

🍁 잎

잎은 어긋나기하며 긴 타원형 또는 난상 긴 타원형이고 점첨두이며 예저 또는 원저이고 길이 7~12cm, 나비 3~5cm로서 표면에 털이 없으며 뒷면 분백색으로서 털이 없거나 맥액 근처에 털이 있고 가장자리는 밋밋하거나 뚜렷하지 않은 물결모양의 톱니가 있으며 엽병은 길이 6~10mm로서 털이 없다.

꽃

꽃차례는 털이 없고 가지 끝 부근의 잎겨드랑이에 달리는 취산꽃차례거나 또는 가지 끝에 달리는 총상꽃차례로서 화경이 짧으며 꽃은 양성으로서 6월에 피고 황록색이며 지름 3~3.5mm이고 5수이며 꽃자루는 길이 2~4mm이다.

꽃잎은 타원형인데 꽃받침조각보다 짧다. 수술은 5개이고, 수술대는 짧다. 포와 작은포는 작고 빨리 떨어지며 암술 대는 1개이고 기부에서 떨어지며 암술머리는 미요두이거나 2개로 갈라진다.

열매

열매는 핵과로 좁고 긴타원모양이고 길이 7~8mm로서 가을(8~9월)에 먼저 노란빛이 돌고 그 뒤 붉게되며 나중에는 암적색으로 되어 성숙한다.

줄기

가지는 적갈색이고 작은 껍질눈이 산재하며 원줄기는 곧게 자라지만 가지는 늘어지고 나무껍질은 세로로 잘게 갈라 진다.

분포

경상북도, 속리산, 주왕산

생태

낙엽활엽소교목. 토심이 깊은 적윤성 토양을 좋아하며 모든 토양에서 잘 자란다.

이용방안

관상가치가 높은 수종으로 양묘할 가치가 있는 나무이다. 재질이 우수하고 가공성이 좋아 기구재나 조각재로 이 용된다.

매발톱나무

🍁 잎

잎은 새가지에서 어긋나기하고 짧은 가지에서는 모여나기 한 것처럼 보이며 타원형 또는 도란상 타원형이고 둔두 또 는 예두이며 예저이고 길이 3~8cm, 폭 1.5~2.5(3.0)cm로서 예리하고 불규칙한 침상의 톱니의 간격이 다소 짧으며, 거치 수가 다소 많고, 뒷면은 주름이 많고 연한 녹색이다.

🌼 꽃

꽃은 5월 말~10월 초에 피고 지름 1cm이며 황색의 총상꽃차례는 길이 10cm로서 액출(腋出)하여 반쯤 처지고 10~20개의 꽃이 달린다. 꽃자루는 길이 5~10mm이고 꽃잎은 약간 작은 오목형이며 6개이다. 꽃받침조각은 6개로 바깥

3개는 달걀모양으로 길이 4mm정도이고 안쪽 3개는 거꿀달걀모양으로 길이 6mm정도이다. 수술은 여러개이고, 암술은 1개이며 기부에 2개의 작은 꿀샘이 있다.

열매

열매는 길이 1cm정도의 타원상 장과이고 9월 말~10월 중순에 붉게 익는다.

줄기

높이가 2m에 달하고 나무껍질은 암회색이며 가지는 회색이고 털이 없다. 1년생 가지에 구(溝)가 있으며 2년지는 회황색 또는 회색이고 가시는 3개로 갈라지며 길이 1~2cm이다. 나무껍질은 암회색이며 가지는 회색이고 털이 없다.

분포

전국 각처에 분포한다.

생태

낙엽 활엽 관목. 산기슭 및 산 중턱의 개방지(開放地)에 난다.

이용방안

조경수로 식재하고 있다. 뿌리 및 경지를 소벽이라 하며 약용한다.

매실나무

🍁 잎
잎은 어긋나기하며 달걀모양 또는 타원형인데 원저이며 가장자리에는 잔톱니가 있다. 잎은 길이 4~10cm이고 양면에 털이 약간 있으며 뒷면 맥액에 갈색털이 있다. 엽신기부 또는 엽병의 상부에 선점이 있다. 탁엽은 길이 5~9mm이다.

 꽃

백색 또는 담홍색으로 4월에 잎보다 먼저 피고 전년도 잎겨드랑이에 1~3개씩 달리며 화경이 거의 없다. 지름 2.5cm내외로 향기가 강하고 색깔이 다양한데 기본종은 분홍색이다. 꽃받침은 5개로 자갈색의 타원형이며 원두이다. 꽃잎은 넓은 거꿀달걀모양으로 끝이 둥글고 많은 수술이 울타리처럼 1개의 암술을 보호하고 있다. 씨방에 밀모(密毛)가 나있다.

열매

지름 2~3cm의 핵과로서 겉은 짧은 털로 덮여있고 6~7월에 녹색에서 황록색으로 익으며 신맛이 나며, 오매(烏梅)라한다. 열매의 한 쪽에 얕은 골이 진다. 종자는 과육이 잘 떨어지지 않으며 종자 표면에 작은 구멍이 많이 있다.

줄기

우산모양의 아름다운 수형이다. 1년생 가지는 녹색이나 오래된 가지는 암자색으로 나무껍질은 갈라진다.

분포

전국 각처에 분포한다.

생태

낙엽 활엽 교목. 전국적으로 식재한다.

이용방안

열매는 술이나 잼을 만든다. 4월경 잎보다 먼저피는 꽃은 감상가치가 높다. 정원수로 알맞다. 과실, 뿌리, 가지, 잎, 꽃봉오리, 미숙과, 종자를 약용한다.

매자나무

🍁 잎

잎은 마디 위에서 모여나고 두터우며 길이 3~7cm, 너비 2~3cm로 거꿀달걀모양, 달걀모양 또는 타원형이고 둔두 예저이며 침상의 예리한 톱니는 고르지 않고 양면에 털은 없으며 뒷면은 주름이 많고 회록색이다. 잎이 가을철에 적색으로 된다.

꽃

꽃은 노란색의 양성꽃으로 5월에 피며 잎보다 짧은 총상꽃차례에 달리고 화경은 길이 2~4cm이며 꽃자루는 길이 4~6mm이다.

열매

열매는 장과로 구형 또는 난상 원형이고 지름 7mm정도이며 광택이 있고 9월에 붉은색으로 익는다.

줄기

높이가 2m에 달하며 가지가 많이 갈라지고 1년생 가지에는 구(溝)가 있으며 마디 마다 1~3개의 날카로운 가시가 나있다. 2년지는 적색 또는 암갈색으로 되고 가시는 길이 6~12mm이다.

분포

경기도, 일부 강원도에 분포

생태

낙엽활엽관목. 양지바른 산기슭 등 햇빛이 잘 들고, 비옥하며 보습성, 배수성이 좋은 사질양토에서 잘 자란다.

이용방안

관상가치가 높은 관목이다. 가는 줄기는 각종 세공품의 재료로 이용된다.
어린 순을 나물로서 먹는다. 잎, 뿌리 등은 건위제와 천연 염료용으로 사용된다. 뿌리 및 경지를 소벽이라 하며 약용한다.

먼나무

잎

잎은 어긋나기하며, 두껍고 타원형 또는 긴 타원형이고 예두 예형으로, 길이와 폭이 각 4~11cm×3~4cm로, 주맥이 표면에서는 들어가며 뒷면에서는 도드라지고 마르면 갈색이 된다.

꽃

꽃은 암수딴그루이며 취산꽃차례로 새가지에서 액생하며 잎보다 짧고, 꽃 지름이 4mm로 연한 자주색이며, 꽃받침 조각과 꽃잎은 각각 4~5개이고, 꽃잎은 꽃받침보다 길고 뒤로 젖혀지며 수술도 4~5개이며, 5~6월에 개화한다.

열매

열매는 핵과로 둥글며 지름 5~8cm로 붉은색이며 10월에 성숙하는데, 겨울 동안에도 달려 있다.

 줄기

높이가 10m에 달하고 나무껍질은 녹갈색, 가지는 털이 없고 암갈색이다. 나무껍질은 녹갈색이다. 가지는 암갈색이다.

분포

남해안과 제주도

생태

상록 활엽 교목. 바닷가 숲에서 자란다.

이용방안

가로수 식재시 관광명소화 될 수 있는 중요한 나무이다. 목재는 기구재나 조각재로 사용하고 공원수, 가로수, 정원수로 적합하며 실내 조경소재로 개발가치가 있다. 수피 또는 근피를 구필응이라 하며 약용한다.

멍덕딸기

🍃 **잎**

잎은 3출 깃꼴잎이고 어긋난다. 잎자루에 융털과 때로는 가시가 있다. 끝은 소엽이 가장 크고 잎 앞면에는 잔털이 있으며, 뒷면은 백색 면모로 덮여 있고 가장자리에 불규칙한 톱니가 있다.

🌸 **꽃**

꽃은 6~7월에 흰색으로 가지끝이나 잎겨드랑이에서 자라는 편평꽃차례에 달린다. 꽃받침은 길게 뾰족해지고 샘털이 밀생하며, 꽃잎은 주걱모양으로 꽃받침보다 짧다.

열매
열매는 집합열매로 둥글고 씨방과 더불어 털이 있다. 적색으로 익는다.

줄기
줄기에 황갈색 또는 홍색의 침상 가시가 밀생하여 칙칙한 갈색으로 보이나 표면은 회색이다.

분포
강원도 이북

생태
낙엽 활엽 관목. 북부와 중부의 산기슭에서 자란다.

이용 및 활용
열매는 땀내기약으로 쓴다. 잎과 꽃의 우린 약은 치질, 눈의 염증을 치료한다. 신경쇠약, 고혈압, 동맥경화에도 쓴다. 꽃은 질 좋은 꿀을 생산하는 점에서 중요하다.

멍석딸기

잎
잎은 어긋나기하며 3출 깃털겹잎이지만 맹아에서는 5개씩 달리는 것도 있으며, 소엽은 달걀상 원형이고 둔두 예저이며 흔히 3개로 갈라지고 길이 2~5cm로 표면에 잔털이 있으며 뒷면에 흰색 밀모가 있고 잎자루에도 털이 나있다.

꽃
꽃은 5~6월에 피고 연분홍색이며 편평꽃차례, 원뿔모양꽃차례 또는 총상꽃차례로 꽃대에 가시와 털이 있으며 꽃 받침조각은 피침형으로 털이 있고, 꽃잎은 붉은색이며 위를 향하고 꽃받침보다 짧다.

🍒 열매
열매는 둥글며 붉은색으로 7~8월에 성숙한다.

🌳 줄기
처음에는 곧추서는 듯하지만 옆으로 뻗으며 짧은 가시와 털이 흩어져 난다.

분포
전국 각처에 분포한다.

생태
낙엽 활엽 관목. 산기슭 및 논이나 밭둑에 난다.

💡 이용방안
황폐지나 사방지 복구용으로 적합하다. 열매는 생식하거나 잼, 파이 등을 만들어 식용한다. 전초는 호전, 뿌리는 호전표근이라 하며 약용한다.

모과나무

잎

잎은 어긋나기하고 타원상 달걀모양 또는 긴 타원형이며 양끝이 좁고 가장자리에 뾰족한 잔톱니가 있으며 잎표면에는 털이 없고 뒷면에 털이 있으나 점차 없어지며 턱잎은 피침형이고 길이 7~8㎜이며 가장자리에 샘털이 있고 곧 떨어 진다.

꽃

꽃은 분홍색으로 4월말에 피며 지름 2.5~3cm로서 가지끝에 1개씩 달리며 꽃받침조각은 달걀모양 둔두이고 선상의 톱니가 있으며 안쪽에 백색 면모가 있고 표면에 털이 없다. 꽃잎은 거꿀달걀형 미요두이며 밑부분 끝에 잔털이 나고 수술은 길이 7~8mm로서 털이 없으며 꽃밥은 황색이다.
꽃받침, 꽃잎은 5개, 수술은 약 20개이다. 암술머리는 5개로 갈라진다.

열매

이과(梨果)는 원형 또는 타원형이며 지름 8~15cm로서 대형이고 목질이 발달하며 9월~10월에 황색으로 익고 향기가 좋으나 과육은 시며 굳다. 과실을 당목가(唐木瓜)라 한다.

줄기

1년생 가지에는 가시가 없으며 어릴 때는 털이 있으며 2년지는 자갈색으로서 윤채가 있다. 나무껍질은 붉은갈색과 녹색 얼룩무늬가 있으며 비늘모양으로 벗겨진다.

분포

중부 이남

생태

낙엽 활엽 교목. 산록부나 정원에 심는다.

이용방안

과수로 식재한다. 과육이 시고 딱딱하며 열매의 향기가 그윽하여 차나 술을 담그는데 사용한다. 과실을 명사라 하며 약용한다.

몽고뽕나무

🍁 잎

잎은 넓은 달걀모양이며 점참두이지만 흔히 꼬리처럼 길어지고 절저 또는 아심장저이며 갈라지기도 하고 길이 5~10cm로서 가장자리의 톱니가 매우 날카로우며 양면에 털이 거의 없으나 표면은 가장자리 부근이 거칠고 뒷면 주맥에 털이 산생한다. 엽병은 길이 2~3cm로서 털이 없다.

꽃

꽃은 암수딴그루로 5월에 피고핀다. 웅화수(雄花穗)는 꽃핀 뒤 지며 화피는 4갈래이고 수술도 4개이다. 암꽃도 화피 편이 4개이며 암술대가 짧으며 밑에서 2개로 갈라진다.

열매
취과는 길이 2~2.5cm되는 원주형으로 7~8월에 홍색 또는 흑자색으로 익는다.

줄기
1년생 가지는 갈색이며 긴 타원형의 껍질눈이 있고 털이 있거나 없다.

분포
중부 이북

생태
낙엽 활엽 관목. 산기슭에 자란다.

이용방안
잎은 누에의 먹이, 껍질은 섬유용, 열매는 식용 또는 약용으로 쓴다. 뽕나무, 산뽕나무, 노상나무(M. latifolia POIRET.), 몽고뽕나무의 잎, 뿌리, 근피, 눈지, 상피 중의 백색액즙, 잎 중의 백색액즙, 열매, 회(灰)를 약용한다.

물개암나무

 잎

잎은 길이 5~15cm로서 넓은 거꿀달걀모양이며 윗부분에 결각이 있고 끝이 급히 뾰족해지며 밑부분은 심장저이고 7~9쌍의 측맥과 겹톱니가 있으며 표면과 뒷면 맥 위에 잔털이 있다. 엽병은 길이 1~3cm로서 잔털이 있고 때로는 샘 털이 섞여 있다.

 꽃

꽃은 일가화로서 3월에 피며 웅화수(雄花穗)는 2~4개가 총상으로 액생한다.

🍒 열매

열매의 총포는 뿔모양이며 길이 4~5cm로서 열매 윗부분에서 뚜렷하게 좁아지지 않고 기부에 갈색털이 밀생하며 끝에 많은 결각이 있다. 견과는 달걀모양이고 지름 15mm정도로서 2~4개로 몰려 붙으며 10월에 성숙한다.

🌳 줄기

높이가 2~5m에 달하고 나무껍질은 회갈색이며 1년생 가지는 털과 샘털로 덮여 있다.

분포

전국 각처에 분포한다.

🌱 생태

낙엽활엽 관목. 각지의 숲속에서 자란다.

💡 이용방안

열매는 식용, 약용으로 이용하며 수꽃이삭 또는 화분을 민간에서 부스럼, 단독, 습진, 화상, 동상, 젖앓이, 타박상 등에 외용하고 간염복수, 신염부종에 쓴다. 이른 봄의 밀원으로도 된다.

물들메나무

잎

잎은 마주나기하고 홀수깃모양겹잎이며 소엽은 7개이고 작은잎자루가 없으며 도란상 긴타원모양이고 긴 점첨두이며 끝이 꼬리처럼 긴 것이 있고 예저이며 길이 7~22cm로서 표면은 암록색이고 털이 없으나 뒷면은 연한 녹색으로서 맥 위에 털이 있으며 기부 근처에 갈색털이 있다. 맹아의 잎은 뒷면에 잔털이 약간 있고 엽축에 날개가 있다.

꽃

꽃은 이가화로서 5월에 피며 꽃차례는 전년지의 잎겨드랑이에서 나오고 복총상 꽃차례로서 꽃이 많이 달리며 화피가 없고 수꽃은 2개로 갈라진 수술이 있으며 암꽃은 2개의 수술과 1개의 씨방이 있고 암술머리가 2개로 갈라진다. 꽃받침조각이 떨어지지 않는다.

열매

열매는 긴 타원상 피침형이며 길이 2.5~4cm로서 9~10월에 익고 미요두 간혹 둔두이다.

줄기

1년생 가지는 녹갈색이며 털이 없고 한쪽으로 편평해지며 동아는 암갈색이다.

분포

지리산 반야봉.

생태

낙엽활엽교목. 물이 흐르는 계곡의 바위틈에서 자란다.

이용방안

목재는 기구재, 운동용구재, 건축재로서 적당하며 생장이 왕성하고 맹아력이 좋아 하천변의 조림수로 적당하다.

물박달나무

잎

잎은 어긋나기이며 달걀모양이고 첨두이며 예저 또는 아절저이고 길이 3~8cm, 폭 3~5cm로서 이중거치가 있으며 표면은 맥 위에 털이 있고 녹색이며 뒷면에는 지점(脂點)이 많고 맥위에 잔털이 있으며 황록색이고 7~8쌍의 측맥이 뚜렷하고 잎자루는 길이 5~15mm로서 털이 있다.

꽃

꽃은 암수한그루이고 5월에 피며 이삭꽃차례로 수꽃차례는 아래로 처지고 수꽃이삭은 길이 6~7cm이며 밑으로 드리운다. 암꽃이삭은 곧게 서고 길이 2~3cm로서 긴 타원형이며 비늘조각은 털이 없고 광택이 나며 윗부분이 얕게 3개로 갈라진다. 포는 갈색으로서 연모(緣毛)가 있고 암꽃차례는 곧추서며 원통형으로 길이 4cm, 폭 1.2~1.5cm이고 포는 갈색이다.

열매

과수는 길이 2~4cm로서 원통형이며 씨앗바늘의 중앙열편은 긴 타원형 또는 넓은 피침형이고 측편은 콩팥모양, 달걀모양 또는 원형이며 씨앗바늘은 길이와 폭이 각각 7.5mm이다. 견과는 타원형이고 연한 적갈색이며 열매는 9월 하순에 익으며 10월에 떨어진다.

줄기

높이가 20m에 달하고 곧게 자라며 나무껍질은 회갈색 또는 회색이고 흰 선점이 있고 잘게 갈라져 얇은 조각으로 떨어지며 물에 젖어도 불에 잘 탄다. 1년생 가지는 흑갈색으로서 털이 있으며 지점이 많다. 나무껍질은 회갈색 또는 회색이고 흰 선점이 있고 잘게 갈라져 얇은 조각으로 떨어지며 물에 젖어도 불에 잘 탄다.

뿌리

천근성(淺根性)이지만, 넓게 신장하기 때문에 지지력이 좋다.

분포

전국 각처에 분포한다.

생태

낙엽 활엽 교목. 심산 또는 산간지 산록부나 산복부의 양지 바른 곳에서 자란다.

이용방안

목재는 기구, 가구, 건축토목재, 기계재, 농기구재, 공예재, 조각재, 합판, 단판재 등으로 쓰인다. 껍질은 염료, 벽지 등으로 쓰인다. 나무껍질과 이른 봄에 채취한 수액은 약용으로 한다.

물앵도나무

잎

잎은 마주나기하고 긴 거꿀달걀모양, 타원형 또는 피침형이며 점첨두 예저이고 길이 6~10cm로서 표면에 털이 거의 없으며 뒷면에 융털이 있고 가장자리가 밋밋하다. 엽병은 길이 5~8mm로서 융털이 있다.

꽃

꽃은 5~6월에 피고 액생하며 화경은 길이 1~2cm로 잔털이 있고 곧으며 2개의 꽃이 달리고 포는 가늘며 선형이고 길이 2cm정도이며 꽃받침보다 길고 털이 있으며 작은포는 달걀모양이고 털이 없거나 가장자리에 샘털이 있다. 꽃부리는 길이 1.5~1.8cm로서 판통은 짧고 겉에 털이 없으며 백색에서 황색으로 되고 기부가 사마귀처럼 되며 상순이 중앙까지 갈라진다. 수술은 꽃잎보다 짧고 수술대는 암술대와 더불어 털이 있으며 씨방은 서로 떨어져 있고 털이 없다.

열매

열매는 서로 떨어져 있고 둥글며 지름 5~7mm이고 9~10월에 홍색 또는 황홍색으로 성숙한다.

줄기

높이가 3m에 달하며 가지의 속은 비었고, 1년생 가지에 융털이 있다.

분포

북부 지방

생태

낙엽 관목.

이용방안

관상용으로 이용한다.

물오리나무

잎

잎은 어긋나기로 타원상 달걀꼴이며 길이 (6)8~10cm×5.5~8.5cm 로서 예두 원저이고 가장자리가 5~8개로 얕게 갈라지며 겹톱니가 있고 표면은 짙은 녹색이며 맥위에 잔털이 있고 뒷면은 회백색으로서 갈색 털이 있으나 점차 없어지고 맥 위에만 남으며 잎자루는 길이 2~4cm로서 털이 있으며 잎맥 7~8개이다.

꽃

꽃은 암수한그루로 3월 말~4월 중순에 피고 수꽃차례는 가지 선단에 3~5개가 달리며, 암꽃차례는 수꽃 바로 아래 3~5개씩 모여 달린다.

🍒 열매

과수는 보통 3~4개씩 달리고 타원형 또는 긴 타원상 달걀모양이며 길이 0.3~0.5cm×8(11.1)cm로서 짧은 대가 있거나 없고 익으면 흑갈색으로 되며 씨앗 바늘은 떨어지지 않고, 종자는 좁은 날개가 있으며 10월에 성숙한다.

🌳 줄기

높이 20m, 지름 60cm이며 나무껍질은 평활하며 회갈색이고 1년생 가지에 털이 밀생하나 점차 없어지고 동아에 털이 있다. 나무껍질은 평활하며 회갈색이다.

분포

전국 각처에 분포한다.

🌱 생태

낙엽 활엽 교목. 산지에서 자란다.

💡 이용방안

목재는 조직이 치밀하고 견고하여 기구재나 토목용재로 쓰인다. 껍질과 열매는 염료용으로 사용한다. 예로부터 동서를 막론하고 오리나무류의 잎, 수피, 열매에서 얻어진 타닌은 회색, 갈색, 흑색의 염색에 사용되어 왔다. 열매는 적은 양으로도 짙은 색을 얻을 수 있다. 봄,가을의 색상이 서로 달랐다. 수피를 색적양이라 하며 약용한다.

물푸레나무

잎

잎은 마주나기하며 홀수깃모양겹잎이고, 소엽은 5~7개이고 달걀형, 넓은 피침형 또는 피침형이며 6배체의 식물로 잎의 변이가 매우 심하고, 점첨두 예형으로 길이와 폭이 각 6~15cm×3~7cm로, 뒷면은 회녹색이고 주맥 위에 털이 있으며 가장자리는 물결모양의 톱니가 있거나 밋밋하다.

꽃

꽃은 암수딴그루 또는 암수한꽃도 섞여있고 4월~5월에 피며, 원뿔모양꽃차례 또는 복총상꽃차례로 새가지의 잎겨드랑이에 달린다. 꽃받침은 4개로 갈라지거나 거의 밋밋하며 털이 없거나 잔털이 있고 수꽃은 2개의 수술과 꽃받침조각이 있으며 암꽃은 2~4개의 꽃잎과 수술 및 암술이 있고 꽃잎은 거꿀피침모양이다.

🍒 열매

열매는 길이 2~4cm 되는 시과로서 날개는 피침형 또는 긴 피침형이고 무딘형 또는 작은 오목형으로 약간 뾰족하며 9월에 익는다.

🌳 줄기

높이 10m까지 자란다. 나무껍질은 세로로 갈라지고, 흰색의 가로 무늬가 있고 1년생 가지는 회갈색이다.

분포

전국 각처에 분포한다.

🌱 생태

낙엽 활엽 교목. 하천변에서 잘 자란다.

💡 이용방안

목재는 물리적 성질이 좋아 악기, 운동용구의 재료로 적합하고 그외 기구재나 총대, 가구재 등으로 사용된다. 꽃에는 밀원이 풍부하다. 물푸레나무/쇠물푸레나무/좀쇠물푸레의 나무껍질을 진피(秦皮)라 하며 약용한다.

미선나무

🍁 **잎**

잎은 마주나기하며 2줄로 달리고 달걀형 또는 타원상 달걀형이고 예두 또는 점첨두, 원저 또는 절저이며 길이와 폭이 각 3~8cm×0.5~3cm로, 가장자리가 밋밋하고 잎자루 길이는 2~5mm이다.

 꽃

꽃은 전년도에 형성되었다가 잎보다 먼저 피며, 총상꽃차례로 꽃은 자주색이며 길이는 3~4mm이다. 꽃받침은 종상 사각형으로 떨어지지 않고 길이는 3~3.5mm이고, 열편은 4개이며 꽃부리는 꽃받침보다 길며 흰색, 연한 노란 색 또는 약간 붉은색 등으로 3월 중순~4월 초순에 개화한다.

🍒 열매

열매는 시과로 원상 타원형이고 길이와 폭이 각 25mm로 끝이 오그라들며 넓은 예저이며 9월에 성숙한다.

🌳 줄기

가지는 끝이 처지며 자줏빛이 돌고 속이 계단모양이며 1년생 가지가 사각형이다.

🌱 뿌리

개나리의 뿌리와 비슷하다.

분포

경기도, 전라북도, 충청북도

생태

낙엽 활엽 관목. 햇빛이 잘 드는 암석지에 잘 자란다.

💡 이용방안

조경용수나 개나리의 대체수종, 공원, 생울타리 조성용, 경계용수로 식재해도 좋다. 꽃에 향기가 있어 어느 곳에 심어도 좋은 나무이다.

박태기나무

잎

잎은 어긋나기하며 심장형이고 두꺼우며 지름이 6~11cm로 표면은 윤채가 있으며, 아래에는 5개로 갈라지는 맥이 발달하였고 뒷면 맥 아랫부분에 잔털이 있다.

꽃

꽃은 4월 하순에 잎보다 먼저 피며 길이 1.2~1.8cm로 홍자색이며, 7~8개(20~0개)씩 우상모양꽃차례를 이루고, 꽃대가 없으며 작은꽃대의 길이는 6~15mm로, 2/3 정도에 마디가 있어 부러지며 기꽃잎은 길이 8~10mm이고, 용골꽃잎은 나비 5mm이다. 수술은 연한 붉은색으로, 길이는 10~12mm이다.

🍒 열매

협과의 길이는 7~12cm로, 긴 타원형이며 한쪽에 3개의 좁은 날개가 있고 종자는 황록색으로 편평하고 타원형이며, 길이는 7~8mm로 8~9월에 성숙한다.

🌳 줄기

밑에서 몇 개의 줄기가 올라와 포기를 형성한다. 나무껍질은 회갈색이고 1년생 가지는 지름3~4mm이고 지그재그로 자라며 껍질눈이 많고 동아는 흑색이다. 속은 사각형 비슷하며 백색이지만 점차 연갈색으로 변하고 수관(髓冠)은 녹 색, 목재는 연한 녹색이다. 나무껍질은 회갈색이고, 껍질눈이 많다.

분포

전국 각처에 분포한다.

생태

낙엽 활엽 관목. 반그늘이든 양지쪽이든 아무곳에서나 자라나 양지에서 잘 자라고 추위에 강하며 수분요구도와 비옥도가 낮아 황폐지나 척박지에 심어도 잘 자란다.

💡 이용방안

염료 식물로 이용할 수 있다. 매염제에 대한 반응, 특히 동에 대한 반응이 뛰어나다. 나무껍질은 자형피, 근피는 자형근피, 목부는 자형목, 꽃은 자형화, 과실은 자형과라 하며 약용한다.

백당나무

🍁 **잎**

잎은 마주나기하며 끝이 3개로 갈라지고 양쪽 2개의 열편이 밖으로 벌어지지만 윗부분의 잎은 갈라지지 않는 것도 있으며 점첨두 원저이고 길이 5~10cm로서 톱니가 약간 있으며 뒷면에 털이 있고 엽병은 길이 2.0~3.5㎝로서 끝에 2개의 꿀샘(蜜腺)이 있으며 밑에 2개의 탁엽(托葉)이 있다.

 꽃

꽃차례는 짧은 가지 끝에 달리고 꽃은 5~6월에 피며 화경은 길이 2~6㎝로서 주변에 무성꽃이 있고 잔털이 있는 것 도 있다. 중성화관(中性花冠)은 지름 3cm로서 백색이며 크기가 다른 5개의 열편으로 갈라지고 유성화관(有性花冠)은 지름

5~6cm로서 백색이며 5개의 열편으로 갈라지고 열편은 달걀모양 둔두(鈍頭)이다. 꽃차례 가장자리에는 중성화, 안쪽에는 양성꽃이 달린다. 수술은 5개이며 길이 3mm로서 꽃부리보다 길고 꽃밥은 자주색이다.

🍒 열매

핵과는 지름 8~10mm로서 둥글며 9월에 적색으로 익고 겨울까지 달려 있으나 악취가 난다.

🌳 줄기

높이가 3m에 달하고 많은 줄기를 내어 덤불을 이룬다. 나무껍질은 회갈색이며 1년생 가지에는 잔털이 있다.

뿌리

천근성이다.

분포

전국 각처에 분포한다.

🌱 생태

낙엽활엽관목이다.. 계곡과 산허리의 습기 있는 지역에서 군락을 이루어 자란다.

💡 이용방안

꽃과 열매가 아름다워 조경용수로 이용한다. 특히 공원의 교목하부에 식재하거나 사찰주변에 심어도 잘 어울린다. 잎과 가지를 풍습관절염, 타박상, 염좌상, 피부소양증, 옴병, 종기 등의 치료에 쓰며 열매를 기관지염과 기침, 위궤양, 위통에 쓴다.

백산차

🍁 잎

잎은 어긋나기하고 긴 타원형 또는 피침형이며 둔두 또는 예두이고 둔저이며 길이 2~7cm, 폭 4~12mm로서 표면은 짙은 녹색이고 털이 없으며 주름이 많지만 뒷면은 갈색 및 백색 밀모가 있고 향기가 있으며 가장자리가 뒤로 젖혀지고 엽병은 길이 1~5mm이다.

꽃

편평꽃차례는 전년지 끝에 달리며 꽃대축에 거친 털이 있고 지점(脂點)이 밀생하며 꽃은 5~6월에 피고 지름 7~10mm로서 백색이며 반 정도 벌어지고 꽃자루는 가늘며 길이 1~3cm로서 갈색융털이 밀생하고 포는 달걀모양 예두로서 일찍 떨어진다. 꽃받침열편과 꽃잎은 각 5개이고 수술은 10개로서 꽃잎보다 짧거나 길다. 씨방은 상위이고 암술대는 길며 숙존한다.

열매

삭과는 긴 타원형이고 길이 3.5~4mm로서 암술대가 달려 있으며 9월에 익는다.

줄기

높이 15~70cm이고 늙은 가지는 잿빛을 띤 갈색이나 수피조각이 벗겨지면 연한 자갈색이다. 1년생 가지에는 갈색의 융털과 황색의 선체가 밀생하고 짙은 향내를 뿜는다.

뿌리

뿌리에서 맹아가 많이 나온다

분포

북부지방

생태

상록소관목. 해발 1000~1700m의 숲속 또는 습초지에서 자란다.

이용방안

관상용. 줄기, 잎, 꽃과 열매로부터 휘발성 정유를 뽑아 공업용으로 하거나 기침약으로 쓴다. 잎은 차의 대용으로 사용한다.

백선

🍁 잎

잎은 어긋나기하고 2~4쌍의 소엽으로 구성된 홀수깃모양겹잎으로 엽축에 좁은 날개가 있으며 소엽은 타원형이고 양 끝이 좁으며 가장자리에 잔톱니가 있고 투명한 유점이 있다. 표면에는 작은 선점이 있다.

꽃

꽃은 5~6월에 피며 지름 2.5cm이고 꽃잎은 5개이며 연한 홍색이고 원줄기 끝의 총상꽃차례에 달리며 꽃자루는 길이 0.5~2cm로서 털과 더불어 샘털이 있고 꽃잎에는 홍자색의 줄이 있다. 수술은 10개이며 암술대와 더불어 처지지만 끝이 위를 향한다. 씨방은 5실이다.

열매

삭과는 5개로 갈라지며 털이 있다.

줄기

원줄기는 곧추 자라며 높이가 90cm에 달하며 줄기의 윗부분에 털이 퍼져 난다.

뿌리

굵은 뿌리가 있다.

 분포

전국 각처에 분포한다.

 생태

숙근성 여러해살이풀로 관화식물이다. 해발 800m이하의 낮은 야산에서 양지바른 풀밭에 키가 낮은 잡목들과 더불어 생육한다.

이용방안

꽃의 향기가 뛰어나고 관상가치가 있으므로 화단용 식물로 이용이 가능하다. 근피를 백선피라 하며 약용한다.

버들개회나무

🍁 잎

잎은 마주나기하고 피침형 또는 좁은 피침형으로 길이 3.2~8.7cm, 나비 1~2.4cm 이며 양끝은 뾰족하고 가장자리는 밋밋하며 표면은 녹색으로 털이 없고 뒷면 맥 위에만 약간 있으며 엽병은 길이 4~7mm이다.

꽃

꽃은 5월에 백색으로 피고 원뿔모양꽃차례로 달리며 꽃자루는 짧다. 꽃부리의 판통은 짧고 꽃받침통 속에 들어 있거나 약간 나오며 수술은 길게 나온다.

🍒 열매
과실은 삭과로 타원형이고 길이 8~11mm이며 9월에 성숙한다.

🌳 줄기
2년생의 가지는 갈색으로 소형의 껍질눈이 있다. 끝눈은 발달하지 않고 가장 끝의 겨드랑이눈에서 꽃차례 또는 가지에 나온다.

🗺 분포
강원도 이북

🌱 생태
낙엽활엽 관목. 산골짜기에서 자란다.

💡 이용방안
관상용으로 심는다.

보리수나무

🍁 잎

잎은 어긋나기하고 타원형 또는 달걀형의 긴 타원형이며 무딘형 또는 짧은 점첨두이고 원저 또는 넓은 예형으로 길이와 폭이 각 3~7cm×1~3cm로, 뒷면에 은백색 인모밀생하고, 잎자루 길이는 4~10mm이다.

꽃

꽃은 5월 초~6월 중순에 피며, 백색에서 연황색으로 변하고, 향기가 있으며, 새 가지의 잎겨드랑이에 1~7개가 우상모양꽃차례에 달리고, 꽃받침통 길이는 12mm정도로 끝이 4갈래로 갈라지고 수술은 4개, 암술은 1개이며 암술대에 인모가 있다

🍒 열매

열매는 둥글고 지름 6~8mm로 인모로 덮여있으며 붉은색이고, 작은 열매자루 길이는 8~12mm로 7월 말~9월 말에 성숙한다.

🌱 줄기

나무껍질은 회흑갈색이며 가지에는 가시가 있고, 1년생 가지 은백색 또는 갈색이다.

뿌리

곁뿌리가 잘 발달되어 있다.

분포

전국 각처에 분포한다.

생태

낙엽 활엽 관목. 어느곳에서나 잘자란다.

💡 이용방안

열매는 식용하며 잼이나 파이 원료로도 이용된다. 꽃은 밀원식물로도 중요하다. 염료용으로 이용할 수 있다. 염료용으로 이용된 적은 없지만 물이 잘들고 매 염에 대한 반응이 아주 좋아서 다양한 색을 얻을 수 있었다. 뿌리, 잎, 과실을 우내자라 하며 약용한다.

복분자딸기

🍁 잎

잎은 어긋나기하며, 홀수 깃모양겹잎이고 소엽은 5~7개로, 달걀꼴 또는 타원형이며, 예두, 넓은 예저 또는 원저이고, 길이 3~7cm로, 불규칙하고 예리한 톱니가 있으며, 면모로 덮여있으나 뒷면은 맥 위에 약간 남고, 잎자루는 가시가 있다.

 꽃

꽃은 분홍색으로, 5~6월에 피고 가지 끝의 산방 또는 복산방꽃차례에 달리며 꽃받침조각은 털이 있고 꽃이 지면 뒤로 말리며, 꽃잎보다 길다.

🍒 열매

열매는 둥글고, 붉은색으로 익지만 나중에는 흑색으로, 7~8월에 성숙한다. 과실을 복분자라 한다.

줄기

높이가 3m에 달하고 끝이 휘어져 땅에 닿으면 뿌리가 내리며 줄기는 자주색 또는 적색이고 백분(白粉)으로 덮여 있으며 구자(鉤刺)가 있다. 나무껍질은 자줏빛이 도는 붉은색이고, 백분으로 덮여있으며 가시가 있다.

뿌리

가지의 끝이 휘어져 땅에 닿으면 뿌리가 내린다.

분포

중부 이남

생태

낙엽 활엽 관목. 산기슭 양지쪽에 난다.

이용방안

복분자딸기, 산딸기의 열매를 복분자, 뿌리는 복분자근, 경엽은 복분자엽이라 하며 약용한다.

복자기

🍁 **잎**

잎은 마주나기하고 지질이며, 소엽은 3개이고 긴 타원상 달걀모양이며 점첨두이고 가운데 소엽은 예형이나, 옆 소엽은 일그러진 원저로 끝부분 가까이에 2~4개의 큰 톱니가 있으며, 정소엽은 길이 7~8(때로는 11)cm, 나비 5cm로, 뒷면 맥 위에 센털이 있고 가장자리와 잎자루에 털이 있다.

 꽃

꽃은 잡성으로 5월에 피고 편평꽃차례는 가지 끝에 달린다. 꽃이 3개가 달리며 꽃대에 갈색 털이 있다.

🍒 열매

열매는 시과로 회백색이며 밀강모 또는 침상의 센털이 있으며, 날개는 예각 또는 둔각으로 나란히 벌어지고, 길이와 폭은 각 5cm×1.5cm로, 9월 말~10월 말에 성숙한다.

🌱 줄기

나무껍질은 암수 모두 회백색이고 가지에 붉은빛이 돌며 껍질눈은 백색이고 동아는 흑색이며 달걀모양이다.

🌾 뿌리

원뿌리와 곁뿌리가 잘 발달되어 있다.

🗺 분포

중부 이북

🌿 생태

낙엽 활엽 교목. 어릴때는 음지에서 자라지만 크면 햇빛을 좋아한다.

💡 이용방안

조경수로써 독립수, 군식하며 풍치림, 가로수 개발이 시급하다. 목재는 치밀하고 무거우며 무늬가 아름다워 가구재나 무늬합판 등의 고급용재로 쓰인다.

복장나무

잎

잎은 마주나기하며, 3소엽으로 구성되고 소엽은 긴 타원형 또는 타원상 피침형이며 점첨두 예형으로 길이와 폭이 각 5~10cm×1.5~2.5cm로, 주맥의 털은 점차적으로 탈락하며, 10~12개의 톱니가 있고 표면은 암녹색이고, 뒷 면은 회색이다. 작은잎자루 길이는 5mm로, 털이 없고 붉은빛이 돈다.

꽃

꽃은 잡성주고 양성꽃 또는 암수딴그루로 5월 초~6월 초에 피며, 황록색이고 3~5개씩 취산꽃차례에 달린다.

🍒 열매

열매는 시과로 자갈색이고, 털이 없으며 날개는 둔각 또는 거의 직각으로 길이는 3~3.5cm로 9월말에 성숙한다.

🌳 줄기

높이가 10m에 달하고 1년생 가지는 털이 없으며 적갈색이고 나무껍질은 잿빛이며 거칠고 동아가 뾰족하다.

분포

전국적으로 분포한다.

생태

낙엽 활엽 소교목. 어릴때는 음수지만 크면 양수로 바뀐다.

💡 이용방안

조경수로써 독립수, 군식하며 풍치림, 가로수 개발이 시급하다. 목재는 치밀하고 무거우며 무늬가 아름다워 가구재나 무늬합판, 건축재, 차량재, 선박재 등의 고급용재로 쓰인다.

부게꽃나무

잎

잎은 마주나기하며 타원상 달걀형이고 첨두, 심장저이며 5갈래로 갈라지고, 길이와 폭이 각 8~14cm×8~13cm로, 결각에 예리한 톱니가 있고, 표면은 잔털 점차 없어지며, 뒷면 잎맥을 따라 밀모가 있고, 잎자루 길이는 3~12cm로, 붉은빛이 돌며 잔털이 있다.

꽃

꽃은 잡성, 양성 또는 암수한그루로, 5월 말~6월 말에 개화하며, 노란색이고 모여나고, 원뿔모양꽃차례는 가지 끝에 달리고, 털이 밀생하며 30~40여개의 꽃이 달린다. 꽃은 수꽃+암수한꽃 또는 암수한그루이며, 4수이다.

🍒 열매

열매는 시과로, 길이 1.5cm정도로서 잔털이 있고, 붉은빛에서 황갈색으로 변하며, 9~10월에 성숙한다.

🌳 줄기

높이가 14m에 달하고 나무껍질이 연한 갈색이며 1년생 가지는 황색 또는 적색이고 털이 있다.

🗺 분포

강원도, 전라남도

🌱 생태

낙엽 활엽 소교목. 공해에 강하여 도심지에서 잘 적응하며 해안에서 잘 자란다.

💡 이용방안

정원수로 심을만하며, 목재는 건축재, 가구재, 조각재, 신탄재 등으로 이용한다.

분꽃나무

🍁 잎

잎은 마주나기하며 넓은 달걀형이고 심장저이며 길이와 폭이 각 4~6(10)cm× 4~5(7)cm로, 가장자리에 불규칙한 톱니가 있고, 표면에 별모양 털이 드문드문 있으며, 뒷면에 별모양 털이 밀생하고 잎자루는 길이 5~10mm이다.

꽃

꽃은 4월 중순~5월 중순에 피고 취산꽃차례는 전년지 끝 또는 1쌍의 잎이 달려 있는 짧은 가지 끝에 달리고 지름이 5~7cm이고, 꽃은 잎과 같이 피고 지름 1~1.4cm로 연한 붉은색이며, 꽃부리는 판통 길이와 폭이 각 (7)9.8(14) mm× (1.8)2.2(3.)mm이고 열편 판통 길이의 1/2 정도이다.

열매

열매는 핵과로 달걀형의 원형이고 길이와 폭이 각 1~1.2cm×0.5cm로 검은색이며 10~11월에 성숙한다.

줄기

크기는 2m까지 자라고 가지는 마주나며, 1년생 가지에 성모가 밀생한다.

분포

경기도, 충청남도, 전라남도, 전라북도

생태

낙엽 활엽 관목. 햇빛이 잘드는 산허리에서 다른 관목들과 함께 자란다.

이용방안

도시내의 공원수는 물론 정원수로도 매우 좋다.
다양한 녹화공간에 식재할 수 있다.

붉은병꽃나무

잎

잎은 마주나기하며 달걀형의 타원형이고 점첨두, 원저 또는 예형이며 길이와 폭이 각 4~10cm×2~4cm로, 표면 가운데 맥에 잔털이 있고 뒷면 가운데 맥에 흰색 털이 밀생하며 잔톱니가 있으며 잎자루는 길이 1~3mm이다.

꽃

꽃은 5월에 피고 새 가지의 잎겨드랑이에 1개씩 달리며 꽃받침조각은 5개이고 중열되며 길이 6~13mm로서 털이 거의 없다. 꽃부리는 길이 3~4cm로서 통형의 깔대기모양이며 중앙 이하가 갑자기 좁아지고 잔털이 있으며 연한 홍색이고 열편은 둔두이며 약간 뒤로 젖혀지고 씨방에 잔털이 있다. 꽃은 20~30일간 계속피며 잎과 같이 핀다.

 열매

열매는 삭과로 길이 12~20mm로 종자에 날개가 없고, 9월 중순~10월 중순에 성숙한다.

줄기

여러 대가 지상부에서 자란다. 높이 2~3m이고 1년생 가지에 2줄의 털이 있으며, 녹색에서 홍록색으로 변하고, 2년 생지는 붉은 갈색, 오래된 가지는 회흑갈색이 난다.

뿌리

보통 뿌리가 잔근성이다.

분포

전국 각처에 분포한다.

생태

낙엽 활엽 관목. 산록 양지바른 곳이나 암석지에서 자란다.

이용방안

가정이나 주택단지, 도로변에 식재하거나 관상용(정원수)으로 좋다. 1년생 가지는 고리를 만드는데 쓰인다.

비술나무

🍁 잎
잎은 어긋나기로 타원형, 긴 타원형 또는 피침형이며 첨두 또는 점첨두이고 길이 7(보통 3~5)cm로서 예저 또는 원 저이며 가장자리에 단거치 또는 겹톱니가 있고 양면에 털이 없다. 잎자루는 길이 2~8mm로서 처음에는 털이 있으나 점차 없어진다.

꽃
꽃은 양성으로서 3월에 잎보다 먼저 피며 취산꽃차례는 잎겨드랑이에 달린다. 수술도 4~5개이고 씨방은 납작하고 암술대는 2개이다.

열매

열매는 시과이고 털이 없으며 거꿀달걀모양이고 길이 12~13mm이며 너비가 길이보다 넓으며 끝이 오목하고, 종자는 중부 또는 중상부에 있으며 5월에 성숙하고 떨어지면 곧 싹이 돋는다.

줄기

높이 15m, 지름 1m에 달하고 가지는 밑으로 늘어지는 성질이 있으며 나무껍질은 회흑색으로 조각조각 갈라진다. 1년생 가지는 처음에는 털이 있으나 점차 없어지며 2년생은 회갈색이다. 나무껍질은 회흑색으로 조각조각 갈라진다. 가지는 밑으로 늘어지는 성질이 있다.

분포

중부 이북

생태

낙엽활엽교목. 계곡과 산기슭에서 자란다.

이용방안

가로수, 녹음수, 공원수로 이용된다. 어린잎과 껍질을 식용, 열매는 사료용으로 쓰인다. 수피 및 근피는 유백피, 잎은 유엽, 꽃은 유화라 하며 약용한다.

뿔남천

🍁 잎

잎은 어긋나기하며 가지 끝에 모여나고 기수 1회 우상복엽이며 엽축에 마디가 있다. 잎자루의 밑부분은 엽초로 된다. 소엽은 5~8쌍이며 잎자루가 없고 난상 피침형 또는 긴타원모양으로 예리한 거치가 있다. 표면은 녹색으로 윤이 나고 뒷면은 황록색이다.

꽃

꽃은 3~4월에 노란색으로 핀다. 줄기끝에서 몇 개의 총상꽃차례가 나와 밑으로 처지고 화경이 있는 작은 꽃이 달린다. 화수는 길이 13cm정도이고 화경은 가늘며 길고 꽃자루 밑의 포는 끝까지 남는다. 꽃받침조각은 9개, 꽃잎은 6개로 끝이

2개로 갈라진다. 밑은 2개의 꿀샘이 있다. 수술은 6개이고 꽃밥은 들창문처럼 터진다. 암술은 1개이며 씨방은 1실이다.

열매

열매는 장과로 둥글고 흑자색으로 7월에 성숙한다. 백분이 덮인다. 씨방은 1실이다.

줄기

줄기는 높이 1.5~3m이고 모여나기한다. 나무껍질은 코르크질이고 목재는 황색이다.

분포

남부지방

생태

상록 활엽 관목. 숲 속에서 자란다. 공원 등지에 식재한다.

이용방안

잎은 십대공로엽, 뿌리는 자황련, 줄기는 공로목, 과실은 공로자라 하며 약용한다.

사스레나무

🍁 잎

잎은 어긋나기이고, 삼각상 달걀꼴이며 점첨두이고 예저, 아심장저 또는 둥근 원저이며 길이 5~7(10)cm×3.5~5(6)cm로서 불규칙하고 성긴 톱니가 있고, 측맥은 7~11(14)쌍이며 표면은 털이 없고 뒷면은 지점이 있으며 맥 위에 털이 있다. 양면 잎맥에 미모와 불규칙한 중거치가 있으며, 잎맥은 길이 1~2.4cm이다. 잎자루는 5~30㎜이다.

꽃

암수한그루이며 꽃은 5월 중순~6월에 피고, 암꽃차례는 달걀모양으로, 길이 3cm이다.

🍒 열매

과수는 곧게 서고 길이 2~3cm로서 긴 타원형이며 대는 길이 3~5mm이고 털이 많다. 실편의 중앙열편은 측편보다 길고 선상 긴 타원형이며 측편은 도란상 타원형이다. 열매의 날개는 열매 나비의 1/2정도이고 소견과는 거꿀달걀모양 이며 9월에 성숙한다.

🌳 줄기

높이 7~8m이고 나무껍질은 회적갈색 또는 거의 회백색이며 종이처럼 벗겨져서 줄기에 오랫동안 붙어있다. 1년생 가지에 지점(脂點)과 점상 껍질눈이 있다.

분포

전국 각처에 분포한다.

생태

낙엽 활엽 교목. 산 정상부근에서도 자라고 있다.

이용방안

목재는 견고하여 농기구재, 기구재, 건축재, 조각재, 땔감 등으로 사용된다.

산돌배나무

🍁 잎

잎은 어긋나기하며, 달걀상 원형으로, 원저이고, 길이는 5~10cm로, 양면에 털이 없으며 가장자리에는 침상의 톱니가 있다. 잎자루 길이는 2~5cm이고, 털이 없다.

꽃

꽃은 지름이 3~3.5cm이고, 5월에 백색으로 피며, 5~7개씩 편평꽃차례에 달리고, 작은꽃의 길이는 1~2cm로, 털이 없고 꽃부리는 지름이 3~3.5cm로 백색이며, 꽃받침조각은 삼각상 피침형이고 끝이 둥글며 옆으로 퍼진다. 암술 밑 부분에 털이 있다.

🍒 열매

열매는 둥글고, 지름이 3~4cm이며, 노란색으로 8~10월에 성숙한다.

🌳 줄기

높이가 10m에 달하며 줄기는 단립하여 통직하고 나무껍질은 흑갈색으로 잘게 갈라지며 1년생 가지는 갈색이며 털이 없다.

분포

전국 각처에 분포한다.

생태

낙엽 활엽 교목. 마을 근처 또는 산지에서 자란다.

💡 이용방안

하얀꽃과 수형이 우아하여 도시의 공원에 적합하다. 열매는 이(梨), 뿌리는 이수근, 나무껍질은 이목피, 가지는 이지, 잎은 이엽, 과피는 이피, 회(灰:불에태운재)는 이목회라 하며 약용한다.

산딸기

🍁 잎

잎은 손바닥모양으로 3~5개로 갈라지며 열편은 달걀꼴로, 예두 또는 점첨두이며, 이중거치가 있고 잎자루는 길이 2~5cm이고, 갈퀴 같은 가시가 있다.

🌼 꽃

꽃은 지름이 2cm로, 백색이고, 양성꽃으로서, 6월에 피고, 산방상이거나 단립 또는 2개씩 달리는 것도 있고, 꽃받침 조각은 피침형으로, 안쪽에 털이 있고 꽃잎은 타원형이다.

🍒 열매

열매는 둥글고 붉은색으로 7~8월에 성숙한다.

🌳 줄기

줄기는 적갈색이고, 뿌리에서 싹이 나와 군집을 형성하고, 어릴 때는 털이 있고 윗부분에서 긴 가지가 나오며 갈퀴 같은 가시가 산생한다.

🌾 뿌리

뿌리에서 싹이 나오므로 군락을 형성한다.

분포

전국 각처에 분포한다.

🌱 생태

낙엽 활엽 관목. 각지의 산야에서 자란다.

💡 이용방안

과실은 맛이 감미로와 잼, 파이 등으로 식용한다. 복분자딸기, 산딸기의 열매는 복분자, 뿌리는 복분자근, 경엽은 복분자엽이라 하며 약용한다.

산벚나무

🍁 잎

잎은 어긋나기하며, 타원형이고, 점첨두 아심장저이며, 길이와 폭은 각 8~12cm ×4~7cm이다. 표면은 진한 녹색으로, 털이 없고 톱니가 발달했으며, 잎자루의 윗부분에 1쌍의 붉은색 꿀샘이 있다.

꽃

꽃은 4월 말~5월 중순 개화하고, 연홍색 간혹 백색으로, 꽃대 없는 작은꽃대에 2~3개가 산형으로 달린다. 꽃받침 조각은 가장자리가 밋밋하며, 꽃잎은 둥글고 끝이 오므라지며, 향기가 없고, 암술대 및 씨방은 털이 없다.

🍒 열매

열매는 핵과로, 구형이고, 지름은 1cm이며, 검은 보라색으로 6월 말~8월 말에 성숙한다.

🌳 줄기

통직하고 많은 가지를 내어 원뿔모양의 수형으로 되며, 나무껍질은 암자갈색이고 옆으로 벗겨지며 껍질눈이 옆으로 길게 나타난다. 벚나무와 비슷하지만, 1년생 가지가 굵으며 새싹에 약간 점착성이 있는 것이 다르다.

🗺 분포

전국 각처에 분포한다.

🌱 생태

낙엽 활엽 교목. 바다에 가까운 수림 중에서 자란다.

💡 이용방안

봄에 잎과 같이 피는 꽃은 화려하고 우아하며 가을에 붉게 물드는 단풍과 벚나무 특유의 붉은 자색의 나무껍질은 대중적 아름다움을 주어 공원수, 가로수 소재로 적합하다. 목재는 조각, 칠기, 장식, 제도판, 가구, 악기, 무늬단판에 사용한다.

산뽕나무

🍃 잎

잎은 어긋나기로 달걀꼴 또는 넓은 달걀꼴이며 밑은 절저 또는 심장저이고 끝은 뾰족하며 가장자리에 불규칙한 날카로운 톱니가 있고 뒷면은 주맥 위에 털이 약간 있으며 길이 2~22cm, 나비 1.5~14cm로서 끝이 꼬리처럼 길다. 턱 엽은 일찍 떨어지고 잎자루는 길이 5~25mm로서 잔털이 있다.

꽃

꽃은 암수딴그루 또는 잡성주도 있다. 5월에 꽃이 피며 수꽃차례는 새가지 밑에서 밑으로 처지고 수꽃은 화피 열편과 수술이 각 4개이다. 암꽃차례는 타원형이며 길이 5~15mm로서 화경에 잔털이 있고 암꽃은 녹색이며 화피는 길이 2mm내외이고 암술대는 2개로 갈라진다.

🍒 열매

취화과이고, 육상과이며 6~7월에 갈색에서 흑자색으로 익으며 육질로 되는 화피가 합쳐져서 1개의 열매처럼 된다. 열매는 구형 또는 타원형이며 상심자, 상실(桑實)이라 한다.

줄기

높이 7~8m, 지름 1m이고 나무껍질은 회갈색이며 세로로 불규칙하게 갈라지고 얇게 벗겨진다. 1년생 가지는 잔털이 있거나 없고 점차 흑갈색으로 된다. 나무껍질은 회갈색이며 세로로 불규칙하게 갈라지고 얇게 벗겨진다.

뿌리

근피(根皮)를 상백피(桑白皮)라 한다.

분포

전국 각처에 분포한다.

생태

낙엽 활엽 소교목. 자생종은 논, 밭둑이나 산기슭의 양지에서 자란다.

💡 이용방안

어린 잎과 열매는 식용으로 한다. 잎은 누에의 사료로 쓰인다. 뽕나무, 산뽕나무, 노상나무(M. latifolia POIRET.), 몽고뽕나무의 잎, 뿌리, 근피, 눈지(嫩枝), 상피(桑皮) 중의 백색액즙, 잎 중의 백색액즙, 열매, 회(灰)를 약용한다.

산사나무

🍁 잎

잎은 어긋나기하고 넓은 달걀모양, 삼각상 달걀모양 또는 능상 달걀모양이며 절저 또는 넓은 예저이고 길이 5~10㎝, 너비 4~7cm로서 5~9개의 깃모양으로 깊게 갈라지며 밑부분의 열편은 흔히 주맥까지 갈라지고 양면의 주맥과 측 맥에 털이 있으며 표면은 짙은 녹색이고 윤채가 있으며 가장자리에 뾰족하고 불규칙한 톱니가 있다. 잎자루 길이 2~6cm이며 턱엽은 크고 톱니가 있다.

꽃

꽃은 잎이 핀 다음 4~5월에 피고 지름 1.8㎝로서 백색 또는 담홍색이며 편평꽃차례는 지름 5~8cm로서 털이 있고 꽃잎은 둥글며 꽃받침조각과 더불어 각 5개이고 수술은 20개이며 꽃밥은 홍색이다. 배꽃같은 작은 꽃이 몇 송이씩 뭉쳐서 핀다.

🍒 열매

이과(梨果)는 둥글고 지름 1.5cm로서 백색 반점이 있으며 9~10월에 빨갛게 혹은 노랗게 익는다. 열매가 많이 달려 꽃 못지 않게 아름답고, 한 개의 이과안에 보통 3~5개의 종자가 들어 있다.

🌳 줄기

줄기는 대부분 회색을 띠며 어린줄기에는 예리한 1~2cm 길이의 가시가 있다. 가시가 없는 경우도 있다.

분포

전국 각처에 분포한다.

생태

낙엽 활엽 교목. 산지에서 자란다. 자갈 섞인 밭이나 개간지에서도 생육이 좋다.

💡 이용방안

꽃과 열매가 아름다워 정원수나 공원수로 심어도 좋다. 열매의 신맛을 살려 떡, 술, 정과 등 별미의 음식을 만드는데도 쓰인다. 산사나무, 야광나무, 이노리나무, 미국산사의 과실, 뿌리, 목재, 경엽, 종자를 약용한다.

산수유

잎

잎은 마주나기하며 달걀형이고 긴 점첨두이며 넓은 예형으로 길이와 폭이 각 4~12cm×2.5~6cm로, 표면은 녹색이며 복모가 약간 있고 뒷면은 연한 녹색 또는 흰빛이 돌며 맥 겨드랑이에 갈색 밀모가 있다.

꽃

암수한꽃으로 3~4월 잎보다 먼저 개화하고 노란색이며 지름이 4~5mm이고, 우상모양꽃차례에 20~30개의 꽃이 달린다. 총포조각은 4개이고 노란색이며 길이 6~8mm로, 타원형 예두이고, 꽃의 길이는 6~10mm이며, 꽃받침조각은 4개로 꽃받침통에 털이 있고, 꽃잎은 피침상 삼각형이며 길이 2mm이다.

🍒 열매

열매는 장과로 긴 타원형이며 길이 1.5~2cm로 광택이 있고, 종자는 타원형으로 8월에 성숙한다.

🌱 줄기

높이 7m이며 나무껍질은 벗겨지고 연한 갈색이다. 1년생 가지는 처음에 짧은 털이 있으나 떨어지며 분녹색이 돌고 겉열매껍질은 벗겨진다. 나무껍질은 벗겨지고 연한 갈색이고, 줄기는 처음에 짧은 털이 있으나 떨어지며 분록색이 돈다.

🗺 분포

경기도와 강원도 이남

🌿 생태

낙엽 활엽 소교목. 비옥한 산간계곡, 산록부, 논뚝, 밭뚝에서 자란다.

💡 이용방안

정원수로도 사용되며, 유실수로도 많이 심는다. 과육을 산수유라 하며 약용 한다.

산앵도나무

🍃 잎

잎은 어긋나기하며 넓은 피침형이고 넓은 거꿀피침형 또는 달걀형이며 예두이고 길이 2~5cm로, 뒷면 맥 위에 털이 있고 가장자리 안으로 굽은 잔톱니가 있다.

🌼 꽃

꽃은 5~6월 개화하며 총상꽃차례는 지난해 가지 끝에서 나오고 밑으로 처지며 2~3개 꽃이 달리고, 꽃부리는 종 형으로 붉은빛이 돌고, 길이와 폭이 각 5~6(8)mm×5~6mm이며 수술은 5개이다.

🍒 열매

열매는 달걀형으로 남아있는 꽃받침조각 때문에 절구같이 보이며 붉은색으로 9월에 성숙한다.

🌳 줄기

높이 1m에 이른다. 가지가 많으나 옆으로 퍼지며 어린 가지에는 털이 있다.

분포

전국 각처에 분포한다.

생태

낙엽 활엽 관목. 산의 중턱 이상에서 자란다

💡 이용방안

과실은 식용한다.

산조팝나무

🍁 잎

잎은 어긋나기하며, 달걀꼴이며, 둔두이고, 원저 또는 넓은 예저로, 상반부에 얕은 결각이 있고, 길이와 폭은 각 2~3.5(4)cm×2.5~3cm로, 양면에 털이 없으며 잎맥이 돌출하였고 잎자루에는 털이 없다

꽃

꽃은 5월 중순~7월 말에 피고, 백색이며, 지름이 8mm, 산형상 편평꽃차례이며, 길이 3cm에 15~20개씩 달리고 작은꽃대의 길이는 10mm이다. 꽃받침조각은 끝이 뾰족하고, 길이는 2mm이며 꽃잎은 둥글고, 길이보다 너비가 넓으며, 수술이 꽃잎보다 짧다.

열매

열매는 골돌과로, 길이가 1.5~2mm로, 복면이 돌출하였고, 10월 중순에 성숙한다.

줄기

높이가 1m에 달하고 가지에 털이 없으며 전년지는 적갈색이다.

분포

전국적으로 분포한다.

생태

낙엽 활엽 관목. 산지의 능선 바위 겉에서 때로 작은 군집을 형성하며 자란다. 석회암 지대에도 잘 자란다.

이용방안

관상용으로 이용한다. 새잎은 식용한다. 뿌리 및 근피는 마엽수구, 과실은 마엽수구근이라 하며 약용한다.

산진달래

잎

일부의 잎은 상록성이다. 잎은 어긋나기하며 가죽질이고 타원형, 긴 타원형 또는 피침상 타원형이며 예저 또는 원저에 둔두 또는 첨두이고 길이 1~5cm, 폭 1~1.5cm로서 가장자리는 밋밋하며 표면은 짙은 녹색이고 비늘조각이 약간 있으며 뒷면은 연한 갈색으로서 비늘조각이 밀포하고 맥에 잔털이 있으며 향기가 있고 엽병은 길이 2~5mm이다.

꽃

꽃은 4월에 피며 짧은 가지끝의 겨드랑이눈에서 1개 또는 2~3개가 달려서 나오고 밑부분에 눈껍질이 남아 있으며 꽃부리는 벌어진 깔때기모양이고 지름

3~4cm로서 자적색이며 열편은 판통보다 길며 넓은 달걀모양 또는 원형이며 가장자리가 물결모양이다. 수술은 10개이고 수술대 기부에 털이 있으며 암술대보다 짧다.

열매
열매는 삭과로서 긴 타원형이며 선상의 인모가 밀생한다.

줄기
높이 1~2m이고 가지가 많으며 1년생 가지에 비늘조각이 있다.

분포
북부 지방, 제주도

생태
상록 관목. 높은 산 바위지대에서 자란다.

이용방안
관상용으로 심는다. 잎은 만산홍, 뿌리는 만산홍근이라 하며 약용한다.

산철쭉

🍁 잎

잎은 어긋나기 또는 마주나기하고 좁고 긴 타원형 또는 넓은 피침형이며 양끝이 좁고 길이 3~8cm, 폭 1~3cm로 가장자리에 톱니가 없으며 표면에 털이 드문드문 있고 뒷면, 특히 맥 위에 갈색털이 밀생하며 엽병은 길이 1~5mm로서 갈색털이 많다. 어린 순의 비늘조각에는 끈끈한 점액이 있다. 엽병과 잎가에는 양면에 모두 갈색의 잔털이 있다.

꽃

꽃은 4~5월에 피며 대에 털이 있고 가지끝에 2~3송이가 달리며 꽃받침은 5개로 갈라지고 갈색털이 있으며 열편은 좁은 달걀모양이고 길이 4~8mm로서 둔두 또는 예두이며 꽃부리는 연한 홍자색이고 지름 5~6cm로서 깔때기 모양이며 4개로 갈라지고 상부의 꽃잎 내측에는 진홍색의 반점이 있다. 수술은 10개이며 수술대는 털이 없거나 기부에 복모가 있다. 수술밥은 자색, 암술은 길게 쑥 나와 있다. 화경 및 꽃받침에 끈적끈적한 액이 있다.

열매
삭과는 달걀모양이고 길이 8~10mm로 겉에는 긴 털이 있으며 9월에 성숙한다.

줄기
높이 1~2m이고 나무껍질은 회황갈색이 나며, 1년생 가지는 흰색의 털로 덮여 있다가 다음해에는 없어지고 화경과 더불어 점성이 있다.

뿌리
천근성으로 잔뿌리가 많다.

분포
전국 각처에 분포한다.

생태
낙엽활엽관목. 산기슭의 물가에서 자란다.

이용방안
꽃이 호화롭고 화사하여 정원수나 공원수, 절개사면의 녹화조경으로 훌륭하다. 꽃은 혈압강하제로 쓰이나 유독(有毒)하여 먹으면 두통, 구토를 일으켜 위험하다.

살구나무

🍁 잎
잎은 어긋나기하며 넓은 타원형 또는 넓은 달걀모양이고 점첨두이며 절저 또는 넓은 예저이고 길이 6~8cm, 폭 4~7cm로서 양면에 털이 없으며 가장자리에 불규칙한 단거치가 있고 엽병도 길이 20~35mm로서 털이 없다.

꽃
꽃은 4월 중순에 잎보다 먼저 피고, 지름 25~35mm로서 연한 홍색이고 꽃대가 거의 없이 단립 또는 쌍생한다. 꽃 받침조각은 5개이며 홍자색이고 젖혀지며 꽃잎은 둥글고 수술은 많으며 암술은 1개이다.

🍒 열매

열매는 핵과로서 구형이며 융털이 있고 지름 3cm정도로서 7월에 황색 또는 황적색으로 익고 핵은 요점이 없으며 거칠고 측면에 날개 같은 돌기가 없다. 종자를 행인(杏仁)이라 한다.

🌳 줄기

가지가 많고 나무껍질에 코르크질이 발달하지 않은 것이 특징이다.

분포

중부 이남

🌱 생태

낙엽 활엽 소교목. 집 근처에 심어 기른다.

💡 이용방안

식용, 밀원용, 공업용으로 이용된다. 살구나무, 개살구나무, 시베리아살구나무, 털개살구나무의 종인, 수근, 수피, 수지, 잎, 꽃, 과실을 약용한다.

삼나무

🍁 잎

잎은 나선상으로 달려서 5줄로 배열되며 침형으로 새의 날개 모양이며 3~4모가 지고 끝이 뾰족하다. 길이 12~25mm이지만 윗부분의 것은 짧으며 수지구가 중앙 가까이에 1개 있다. 가지가 고사하여도 잎이 떨어지지 않는다. 잎 하면의 주맥은 도드라져 있으며 양면에 4~6줄의 기공이 있다.

꽃

암수한그루로 꽃은 3월에 피고 수꽃차례는 가지 끝에 짧은 이삭꽃차례처럼 달리고 타원형으로서 길이 10mm이며 황색이고 포는 4~5개의 꽃밥이 달린다. 암꽃차례는 구형으로서 끝에 1개씩 달리고 녹색이며 자록색 포가 있다.

🍒 열매

구과는 둥글고 적갈색이며 지름이 16~30mm 가량이고 숙존성의 씨앗바늘은 방패모양으로 두꺼우며 끝에 몇개의 치아상 돌기가 있고 뒷면에 젖혀진 돌기가 있다. 포는 밑부분에 붙어 있으며 뾰족하고 종자는 각 씨앗바늘에 3~6개씩 들어 있으며 긴 타원형이고 길이 8mm, 지름은 2.5~3mm로서 둘레에 좁은 날개가 있으며 자엽은 3개이다. 열매는 10월에 성숙한다.

🌳 줄기

줄기가 통직하며 나무껍질은 얇고 붉은색이며 세로로 갈라지나 오래된 나무 껍질은 벗겨진다. 가지가 많이 나오고 위로 또는 수평으로 퍼진다.

🗾 분포

남부 지방

🌱 생태

상록 침엽 교목. 햇볕이 잘드는 산기슭에서 잘 자란다.

💡 이용방안

목재는 재질이 우수하여 건축, 토목, 술통, 선박, 조각, 가구재 등으로 사용된다. 잎은 향료의 원료로 쓰이고, 나무껍질은 염색제, 선박의 물막이 등으로 쓰인다. 근피를 삼목근피라 하며 약용한다.

삼지닥나무

잎

잎은 어긋나기하고 막질이며 넓은 피침형이고 길이와 폭이 각 8~15cm × 2~4cm로, 양면 특히 뒷면에 털이 있고 뒷면은 흰빛이 돌고 가장자리가 밋밋하며, 잎자루 길이는 5~8mm, 복모가 있다.

꽃

가을철 잎이 떨어질 무렵에 가지 끝에서 1~2개의 꽃봉오리가 생기고, 4월에 잎보다 먼저 둥글게 모여 피고 노랑색으로 길이는 1cm이며, 꽃받침은 통형이며 4개로 갈라지고, 길이 12~14mm로 겉에 흰색의 잔털있으며, 열편은 타원 형이고 길이는 5mm이다.

열매

열매는 수과이고 달걀모양의 작은 견과로서 끝에 잔털이 있으며 6월 초에 성숙한다.

줄기

높이 1~2m까지 자란다. 나무껍질은 회녹색이며 털을 가지고 있고, 가지 굵으며 황갈색이고 흔히 3개로 갈라진다.

분포

전라남도, 경상남도 및 제주도

생태

낙엽 활엽 관목. 추위에 약하여 남부지방에 식재한다.

이용방안

남쪽의 따뜻한 지역에서는 봄에 피는 꽃을 감상하기 위해서 정원에 식재하기도 한다. 꽃봉오리는 몽화, 뿌리는 몽화근이라 하며 약용한다.

새덕이

🍁 잎

잎은 어긋나기이나 가지 끝에서는 혹은 가지 끝에서는 모여나기이고 긴 타원형이며 거치가 없고 첨두이며 길이 5~12cm, 너비 2~4cm이다. 표면은 녹색이며 윤채가 있고 뒷면은 흰빛이 돌며 뚜렷한 3출맥이 있고 털이 없다. 새로 난 잎은 밑으로 처지며 견모가 있으나 성엽이 되면 옆으로 퍼지고 털이 없어진다. 잎자루는 길이 8~15㎜이다.

꽃

꽃은 암수딴그루이고 화경이 없는 우상모양꽃차례를 이루며 붉은 색으로 (2월 말)3월 중순~4월에 개화한다. 화피는 4개로 갈라지고 수꽃은 18개의 수술이 6

개씩 3줄로 배열되며 암꽃은 긴 암술대가 있는 1개의 암술이 있다.

🍒 열매

열매는 타원형으로 흑자색이며 길이 1.2cm정도이고 8월 말 성숙한다.

🌳 줄기

높이가 10m에 달하고 나무껍질은 회갈색이며 둥글고 작은 껍질눈이 많다.

분포

전라남도 섬 및 제주도.

생태

상록 활엽 교목. 산기슭에서 자란다.

💡 이용방안

정원수나 풍치수로 식재하고 배의 돛대, 목탄재로 이용된다.

새우나무

🍁 잎

잎은 어긋나기이고 달걀꼴 또는 타원형이며 길이 5~10(12)cm, 폭 3~4.5cm로서 긴 점첨두이고 넓은 예저 또는 원저이며 깊은 이중거치가 있고 측맥은 8~17쌍이며 처음에는 양면에 곧추선 잔털(연모)이 있어 비로드처럼 보이며 나중에는 없어지나 뒷면 맥상에만 끝까지 남는다. 잎자루는 길이 2~8mm로서 털과 샘털이 드문드문 있다.

꽃

꽃은 암수한그루로서 7월 개화하고 수꽃차례는 대가 없이 전년도 가지 끝에 달리며 길이 3cm정도이고 수꽃은 비늘 잎 속에 들어 있으며 수술은 다수이다.

암꽃차례는 신년지 끝에서 위를 향해 피고 암꽃은 각 비늘잎에 2개씩 들어 있으며 암술머리도 각각 2개이다

열매

과수는 긴 타원형이고 길이 4~5cm로서 약간 밑으로 처지며 포는 길이 1~1.8cm로서 톱니가 없고 타원상 달걀꼴이며 기부 가까이에 잔털이있고 기부가 주머니처럼 되어 소견과를 둘러싼다. 소견과는 긴 달걀꼴이며 길이 5~6mm로서 윗부분에 털이 없고 암술대가 남으며 8월 말~10월에 익는다.

줄기

높이 20m, 지름 70cm이며 나무껍질은 갈색 또는 회갈색이고 얇게 세로로 갈라진다. 가지는 적갈색이며 1년생 가지에 밀모 또는 샘털이 있다.

분포

제주도 및 전라남도 남해안 일대.

생태

낙엽 활엽 교목. 우리 나라 남부 산 중턱 이하의 산골짜기에서 자란다.

이용방안

함지박이나 신탄재로 이용한다. 목재는 땔감, 가구재, 밥상을 만드는데 쓰인다.

생강나무

🍁 잎

잎은 어긋나기로 길이 5~15cm, 나비 4~13cm로서 달걀꼴 또는 난상 원형이며 둔두이며 심장저 또는 원저이다. 윗 부분이 3~5개로 갈라지지만 가장자리는 밋밋하다. 잎자루는 길이 1~2cm로 털이 있다. 잎뒷면 맥에 털이 있으며 잎자루는 길이 1~2㎝이며 털이 있다.

꽃

암수딴그루이고 꽃은 3월 초~5월 초에 잎보다 먼저 피고 황색이며 화경이 없는 우상모양꽃차례에 많이 달린다. 꽃자루는 짧으며 털이 있다. 화피는 깊게 6갈래로 갈라진다. 수술은 9개, 암술은 1개인데 수꽃은 암술이 퇴화하여 있고, 암꽃은 수술이 퇴화하여 있다.

열매

열매는 장과로서 둥글고 지름 7~8㎜이며 작은 열매자루 길이는 1cm이고 녹색에서 황색 또는 홍색으로 변하며 검은색으로 9월 중순~10월 중순에 성숙 한다.

줄기

높이가 3m에 달하며 나무껍질은 흑회색이고 1년생 가지는 황록색이다. 1년생 가지와 동아에 털이 없다. 길이 1㎝의 열매자루가 있다.

뿌리

굵은 뿌리가 몇 개 있다.

분포

평안남도와 함경남도 이남.

생태

낙엽활엽 관목. 산기슭은 물론 야산의 계곡, 개천가, 전석지, 바위틈을 비롯한 다양한 곳의 반그늘진 비옥한 토양에서 잘 자란다.

이용방안

가을의 단풍이 아름다워 관상가치가 뛰어나므로 경관수, 정원수로 아주 좋다. 부드러운 어린 잎은 기름에 튀겨 식용하거나 차로 음용한다. 말린 가지는 황매목이라 하여 한방에서 약용하고 나무껍질도 삼찬풍이라 하며 약용한다.

서향나무

🍁 잎
잎은 어긋나기하며 타원형이고, 예두 또는 무딘형이며 예형으로 길이 3~8cm로, 가장자리가 밋밋하다.

꽃
꽃은 암수딴그루로 3~4월에 개화하며 백색 또는 홍자색으로 향기가 있고, 전년지 끝에 십자모양꽃부리의 잔꽃이 10~20 송이씩 두상으로 뭉쳐 달리며, 꽃받침은 통같고 길이 1cm로 끝이 4갈래로 갈라지며 열편은 길이 6mm로, 겉은 붉은 보라색이며 안쪽은 흰색이고, 수술은 2줄로 배열되며 꽃받침통에 달려있다.

열매

열매는 핵과로 적색이며 수나무에서는 결실되지 않는다. 우리나라에 심어져 있는 것은 대부분 수나무 뿐이므로 열매를 보기 힘들다.

줄기

원줄기가 곧으며 가지가 많이 갈라지며 매끄럽고 광택이 있으며 1년생 가지는 청갈색이고 튼튼한 갈색 섬유가 있다.

분포

남부 지방

생태

상록 활엽 관목. 반그늘진 숲속에서 잘 자란다.

이용방안

서향, 백서향의 꽃은 서향화, 뿌리 또는 근피(根皮)를 서향근, 잎은 서향엽이 라 하며 약용한다.

석류나무

잎

잎은 마주나기하고 거꿀달걀모양 또는 긴 타원형이며 예두 예저이고 길이 2~8cm로서 앞뒤 양면에 털이 없다. 잎이 나오는 것이 다른 종류의 나무에 비해 늦어 4월 하순이나 5월 상순이 되어야 한다.

꽃

양성꽃으로 5~7월에 피며 주홍색이고, 꽃받침은 통형이며 육질이고 6개로 갈라지며 붉은빛이 돌고 꽃잎도 6개로서 적색이며 기왓장처럼 포개진다. 수술은 많고 씨방은 꽃받침통 기부에 붙어 있으며 상하 2단으로 되어 있고 윗단은 5~7실, 아랫단은 3실이며 암술은 1개이다.

🍒 열매

열매는 구형이고 끝에 꽃받침열편이 있으며 지름 6~8cm로서 9~10월에 황색 또는 황홍색으로 익고 육질이며 흔히 외피가 불규칙하게 터져서 종자가 보인다. 홍보석같은 열매가 내비치는 특색있는 열매로서 신맛이 강하다.

🌳 줄기

높이 4~10m까지 자란다. 나무껍질은 뒤틀리는 모양으로 짧은 가지 끝이 가시가 된다.

분포

전국 각처에 분포한다.

생태

꽃도 많이 피고 결실도 잘 되게 하려면 해가 잘 들고 바람이 적은 곳이 가장 좋다.

💡 이용방안

정원수로 사용한다. 열매안에 있는 종자는 식생한다. 열매와 잎을 끓여서 염액을 얻었다. 열매에서 보다 밝은 색이 나오며 매염제에 대한 반응도 좋다. 과피는 석류피, 근피는 석류근, 잎은 석류엽, 꽃은 석류화, 과실은 산석류라 하며 약용한다.

섬개야광나무

🍁 잎

잎은 어긋나기하고 달걀모양, 타원형 또는 거꿀달걀모양이며 양끝이 좁고 가장자리가 밋밋하며 둔두이다. 길이와 폭 이 3.5~5cm×1.5~2.5cm이고 맹아에 달려 있는 잎은 넓은 피침형이고 점첨두이며 표면에 털이 없거나 약간 있고 뒷면에 처음에는 털이 많지만 점차 적어진다. 잎자루 길이는 2~4mm정도로서 털이 있으며 턱잎은 선형이고 길이 1~4mm로서 끝까지 남는다.

꽃

꽃은 5~6월에 피며 산방상 원뿔모양꽃차례에 달리고 길이는 2.5cm에, 3~5개의 꽃이 달리고 꽃자루의 털은 꽃이 핀 다음 떨어지며 흑자색의 포와 작은포가 있다. 꽃받침통은 작은포로 둘러싸이고 노목의 것은 털이 없으나 어린 나무의 것은 털이 있으며 꽃받침조각은 끝에 털이 있고 길이 3mm 정도로서 백색이며, 꽃잎은 길이 3mm정도로서 백색이며 수술이 꽃잎보다 짧고 암술대는 2개이다. 씨방은 2실이다.

열매

열매는 달걀꼴이고, 길이 7~8mm정도로, 붉은 보라색이며, 달걀모양이다. 길이는 6mm로, 8월~9월에 성숙한다.

줄기

하나의 줄기가 올라와 윗가지는 밑으로 처진다. 나무껍질은 잿빛이 도는 자주색이며 1년생 가지에 털이 있다.

분포

울릉도

생태

낙엽 활엽 관목. 햇볕이 잘 들고, 배수가 잘 되는 사질양토 또는 양토가 적합하다.

이용방안

바위를 이용한 정원이나 생울타리로 좋으며 유럽에서는 조경수로 광범위하게 쓰이고 있다.

섬나무딸기

잎

잎은 장상이고 3~5개로 갈라지지만 과지의 잎은 3개로 갈라지거나 또는 갈라지지 않으며 열편은 달걀모양 또는 난 상 피침형이고 예두 또는 점첨두이며 겹톱니가 있고 표면에 털이 없다. 산딸기와 달리 엽병과 잎 뒷면 주맥에 갈퀴같은 가시가 없다.

꽃

꽃은 6월에 피며 지름 2cm로서 가지 끝의 산방상화서에 달리고 2개씩 달리는 것도 있다. 꽃받침조각은 피침형이며 안쪽에 털이 있고 꽃잎은 타원형으로서 백색이다. 꽃잎은 5개이고 수술은 적갈색이다.

🍒 열매

열매는 둥글고 7~8월에 황홍색으로 익으며 지름 1cm내외이다.

🌳 줄기

원줄기는 길이 4m이고 가시가 없다.

🌱 뿌리

지표면 가까이 있는 가근성(假根性) 땅속줄기에서 근맹아가 발생한다.

🗺 분포

울릉도, 여수 오동도

🌾 생태

낙엽활엽 아관목. 바닷가 산기슭에서 자란다.

💡 이용방안

한방에서는 딸기를 약용하며 맛이 감미로와 잼, 파이 등으로 식용한다.

섬노린재

잎

잎은 어긋나기하고 넓은 거꿀달걀모양이며 끝이 꼬리처럼 길고 넓은 예저이며 길이 5~8cm, 나비 3~5cm로서 표면은 녹색이고 털이 없으며 뒷면은 연한 녹색으로서 맥 위에 털이 있고 가장자리에 길고 뾰족한 톱니가 있으며 엽병은 길이 3~7mm로서 잔털이 있다.

꽃

원뿔모양꽃차례는 새가지 끝에 달리고 길이 4~7cm로서 털이 있거나 없으며 꽃은 5~6월에 피고 지름 1cm정도로서 백색이다. 꽃받침은 녹색이며 5개로 갈라지고 꽃부리는 지름 6~7mm로서 5개로 갈라지며 열편은 타원형이고 마르면 연한 황색으로 변한다. 수술은 다소 5군으로 갈라지며 암술대는 털이 없다.

🍒 열매

열매는 달걀모양이며 길이 6~7mm로서 꽃받침이 남아 있고 9월에 벽흑색으로 익는다.

🌳 줄기

높이 3~5m이고 가지는 회갈색이며 1년생 가지에 털이 없다.

분포

제주도

생태

산지에 자라는 낙엽 떨기나무이다.

💡 이용방안

정원수, 세공재, 기구재로 이용한다.

섬매발톱나무

잎

잎은 새가지에서는 어긋나기하고 짧은 가지에서는 모여나기한 것처럼 보이며 거꿀피침모양이고 둔두 또는 예두이며 예저이고 길이 1~3cm로서 예리하고 모상(毛狀)의 톱니가 있으며 뒷면은 주름이 많고 연한 녹색이다.

꽃

꽃은 5월에 피고 황색이며 지름 1cm이고 총상꽃차례는 길이 10cm이며 반쯤 처지고 10~20개의 꽃이 달리며 꽃자루는 길이 5~10mm이고 꽃잎은 약간 미요두이다.

🍒 열매

열매는 장과로서 긴타원모양이며 9월에 붉게 익는다.

🌳 줄기

높이가 2m에 달하고 1년생 가지에 구(溝)가 있으며 2년지는 회황색 또는 회색이고 가시가 크며 3출하고 길이 12cm이다.

분포

제주도

🌱 생태

낙엽활엽성 관목. 반그늘에서 잘 적응하며 재배가 용이하다.

💡 이용방안

조경수로 식재하고 있다. 잎과 가지는 염료로 사용하고 뿌리, 뿌리껍질, 줄기, 줄기껍질 약용으로 이용한다.

센달나무

잎

잎은 어긋나기하며 피침형 또는 거꿀피침모양으로 길이 8~20cm, 너비 2~4cm이며 좁고 긴 점첨두이거나 꼬리 처럼 길며 좁은 예저이고 표면은 청록색, 뒷면은 청백색이며 양면에 털이 없고 가장자리에 톱니가 없으며 뒷면에 깃 모양맥은 12쌍이다. 잎자루는 길이 1~3cm로서 털이 없다.

꽃

꽃은 암수한그루로 원뿔모양꽃차례에 달리고 연한 황록색이며 5~6월에 개화한다. 꽃차례는 꽃대가 길며 새가지 밑부분에 달린다. 꽃대는 길이 6mm정도이고 화피는 3개씩 2줄, 수술은 3개씩 3줄로 배열되며 암술은 1개이다.

🍒 열매

열매는 구형으로 지름 1cm이고 녹흑색(綠黑色)으로 이듬해 9월에 성숙하며 밑부분에 화피열편이 남아있다.

🌳 줄기

높이가 10m에 달하며 1년생 가지는 회갈색이고 동아와 더불어 털이 없으며 속이 연한 갈색이다.

분포

전라남도와 제주도 분포.

생태

상록 활엽 교목. 600m이하의 숲속이나 냇가에서 잘 자란다.

💡 이용방안

관상용, 방풍림, 기구재 등으로 이용한다. 늘 푸른 나무로 높이 10m에 달한다. 독립수로 이용 가능하다.

소나무

🍁 잎

잎은 침엽으로 2개가 속생하고 비틀리며 길이 8~9(14)cm, 폭 1.5mm 여름에는 진록색, 겨울에는 연두색으로 되며 밑부분에 눈껍질이 있고 2년 후 낙엽이 된다.

꽃

암수한그루이고, 수꽃차례는 새가지 밑부분에 달리며 타원형이고 갈색으로 길이 1cm이며 암꽃차례는 새가지 끝에 2~3개가 돌려나기하여 달리고 달걀모양으로서 길이 6mm이다.

🍒 열매

구과는 달걀모양이며, 이를 솔방울이라 한다. 길이 4.5cm, 지름 3cm로 황갈색이고 씨앗바늘은 70~100개이다. 종자는 타원형이며 날개가 있고 길이 5~6mm, 폭 3mm로서 각 씨앗바늘에 2개씩 있는데 흑갈색이고 날개는 연한 갈색 바탕에 흔히 흑갈색 줄이 있다. 다음해 9월에 성숙한다.

🌱 줄기

높이 35m, 지름 1.8m이며 가지가 퍼지고 윗부분의 나무껍질은 적갈색이며, 노목의 나무껍질은 흑갈색이고 거칠며 두껍다. 동아는 적갈색이다.

뿌리

심근성이다.

분포

전국 각처에 분포한다.

생태

전국의 산 능선 양지바르고 건조한 곳에 자라는 상록성 바늘잎 큰키나무이다.

💡 이용방안

수형이 부정형으로 아름다워 동양식 정원의 관상수로 이용된다. 도시공간의 정원수로는 공해와 음지에 약하여 적합하지 않다. 소나무는 그 용도가 대단히 다양하고 쓸모가 많다. 목재는 건축재, 가구재, 기구재, 토공용재, 펄프재로 쓰이고 예전에는 관재로 숭상되었다. 소나무의 각 부분을 약용한다.

소태나무

🍁 잎

잎은 어긋나기하고 홀수깃모양겹잎이며, 소엽은 9~15개이고 달걀형으로, 점첨두이며 잎밑은 비스듬형(의저)이고 원저이며, 길이와 폭이 각 4~10cm×1.5~3cm로, 표면에 털이 없고 윤채가 있으며, 뒷면 맥 위에 털이 있거나 없고 가장자리에 물결모양의 톱니가 있다. 잎은 가을에 황색으로 된다.

꽃

꽃은 암수딴그루로 지름 4~7mm로, 녹색이 돌고 4월 말~5월에 피고 편평꽃차례는 지름 8~15cm이며 꽃잎은 4~5개로 수술과 합쳐진다. 동합하는 암술대가 갈라진 씨방 밑에 달리고 암술머리가 4개로 갈라진다.

열매

열매는 핵과로 난상 원형이며, 길이 6~7mm로 붉은색이며 밑부분에 꽃받침이 달려있고 노란색으로 8월 말~9월 중순에 성숙한다.

줄기

줄기가 직립하고 가지가 층을 형성하여 수평을 이루며, 나무껍질은 적갈색이고 오랫동안 갈라지지 않고 맛이 쓰며 황색 껍질눈이 있다. 어릴때에는 가는 털이 있으며, 겨울눈에는 비늘조각이 없고 홍갈색의 가는 털이 많이 나있다.

분포

전국적으로 분포한다.

생태

낙엽 활엽 소교목. 햇볕이 드는 곳을 좋아하나 토성은 가리지 않는 편이다.

이용방안

목재는 단단하고 치밀하여 기구재, 조각재로 사용한다. 수피, 근피 혹은 목부를 고수피라 하며 약용한다.

수수꽃다리

잎

잎은 마주나기하며 넓은 달걀형이고 예두 또는 점첨두이며 아심장저 또는 절저이고 길이 5~12cm로, 톱니와 양면에 털이 없으며 잎자루는 길이 20~25mm이다.

꽃

꽃은 4월에 피고 지름 2cm로 연한 자주색이며, 원뿔모양꽃차례로 전년지 끝에서 마주나며 길이 7~12cm로, 꽃대축에 선상의 돌기가 있으며, 작은 꽃대는 길이 2mm이하이다. 꽃받침은 4갈래로 갈라지며 길이가 서로 같지 않고, 화관통 길이는 10~15mm이고 4개의 열편은 길이가 4~7mm로 타원형이며 둔두이다.

🍒 열매
열매는 삭과로 타원형이며 첨두이고 길이 9~15mm로 9~10월에 성숙한다.

🌳 줄기
1년생 가지는 털이 없으며 회갈색이고 껍질눈이 뚜렷하지 않으나 2년지에는 둥근 껍질눈이 있다.

분포
북부 지방

생태
낙엽 활엽 관목. 산기슭 양지(석회암지대)에서 자란다.

💡 이용방안
향기가 좋아 관상용으로 심는다.

시닥나무

🍁 잎

잎은 마주나기하고 3~5개로 갈라지며, 열편은 달걀형이고 점첨두, 아심장저이며, 길이와 폭은 각 5~9cm×5~10cm이고, 뒷면 맥 위를 따라 갈색 털이 밀생한다. 가장자리에 치아상 또는 물결모양의 톱니가 있고 잎자루는 붉은 빛을 띤다.

꽃

꽃은 암수한그루로 5~6월에 피고, 총상꽃차례는 가지 끝에 달리며, 길이가 6~8cm로 털이 없고 6~8(10)개의 꽃이 달리고 꽃받침조각과 꽃잎은 각각 4개이며 길이가 서로 비슷하다.

🍒 열매

열매는 시과로 황갈색이며, 털이 없고 길이와 폭은 각 2~2.5cm×5mm이며 날개는 피침형이고, 9월 말~10월 중순에 성숙한다.

🌳 줄기

높이 약 10m에 달하며 나무껍질은 회색이고, 1년생 가지는 자주색이나, 점차 회색을 띤다.

분포

전국 각처에 분포한다.

생태

낙엽 활엽 소교목. 깊은 산의 숲 속에서 자란다.

💡 이용방안

가구재, 관상용으로 이용한다.

시무나무

🍁 잎

잎은 어긋나기로 긴 타원형 또는 타원형이며 첨두이고 원저, 아심장저 또는 예저이며 길이 2~6cm, 너비 1~2cm 로서 가장자리에 단거치가 있고 양면에 털이 없거나 뒷면 맥 위에 털이 있으며 측맥은 8~15쌍이고 잎자루는 길이 1~3mm로서 잔털이 있으며 턱잎은 일찍 떨어지고 긴 타원형이다.

꽃

꽃은 암수한그루 또는 잡성주로서 4~5월에 피며 잎겨드랑이에 1~4개씩 달리고 화피는 4갈래로 갈라지며 길이 1~2mm로서 연한 노란색이다. 화경은 길이 1~1.5mm로서 털이 없고 수술은 4개, 씨방은 1개, 암술대는 2개이다.

🍒 열매

열매는 시과로 편평한 반달모양이며 한쪽에만 날개가 있고 9~10월에 성숙하며 끝이 2개로 갈라지고 길이 5~6mm이며 밑부분에 화피가 남아 있고 종자는 꾸부러지며 씨껍질이 얇다.

🌳 줄기

높이 20m, 지름 2m이며 줄기는 직립하여 원뿔모양의 수형을 이루고 가지에 큰 침지(針枝)가 있으며 나무껍질은 회갈색이고 얕게 세로로 갈라진다. 1년생 가지에 1.5~10cm정도의 긴 자갈색의 가시가 있다.

분포

전국 각처에 분포한다.

생태

낙엽 활엽 교목. 하천 유역이나 구릉지에서 자란다.

💡 이용방안

목재는 재질이 견고하고 질겨 기구재나 운동구재, 토목용재로 쓰인다. 어린가시가 있으므로 보호, 방어용의 높은 생울타리 조성에 적합하다. 나무껍질을 식용으로 한다. 잎은 사료로 이용한다. 근피, 수피, 어린잎을 자유라 하며 약용한다.

신나무

🍁 잎

잎은 마주나기하며, 달걀형의 타원형이고 꼬리모양의 예첨두이며 원저 또는 아심장저이고, 길이와 폭은 각 4~8(10)cm×3~6cm로, 흔히 밑에서 3갈래로 갈라지며, 가장자리에 불규칙한 결각이 있으며 날카로운 거치가 발달하고 잎자루는 연한 붉은색이다.

🌸 꽃

꽃은 잡성주로 5월에 개화하고 황백색으로 복산방꽃차례는 가지 끝에 달리고 길이가 7cm이다. 수꽃에 지름은 4.5mm로, 5개씩의 꽃받침조각과 꽃잎이 있고, 8개의 수술이 있으며 암수한꽃은 5개씩의 꽃받침조각과 꽃잎 및 8~9개의 수술이 있고, 흰색 털이 밀생한다.

열매

열매는 시과로, 길이가 4~5cm이고 날개는 거의 평행하거나 혹은 서로 합쳐지고, 8월 중순~10월 중순에 성숙한다.

줄기

줄기는 회갈색이거나 홍갈색이다.

뿌리

원뿌리와 곁뿌리가 있다.

분포

전국 각처에 분포한다.

생태

계곡 주변 또는 산기슭에 자라는 낙엽 떨기나무 또는 작은키나무이다.

이용방안

단풍이 아름다워 풍치수나 조경용수로 이용되며, 때로는 분재 소재로 이용된다. 목재는 기구재나 기목세공재, 공구의 자루감으로 쓴다. 어린순과 잎을 간장염, 눈병에 차제로서 쓴다. 잎과 1년생 가지는 염료재로 사용한다.

실거리나무

🍁 잎

잎은 어긋나기하며 2회 깃모양겹잎이고, 소엽은 5~10쌍으로 긴 타원형이며 원두, 원저이고 길이 1~2cm로 많은 잔점이 있으며 예리하고 꼬부라진 가시가 산생하며 잎겨드랑이에 덧눈이 있다.

꽃

꽃은 6월에 피며 좌우 대칭으로 달리고 노란색이며, 가지 끝에 달리는 총상꽃차례로 길이 20~30cm이며, 꽃받침조각과 꽃잎은 각각 5개로, 뒤쪽 꽃잎에 붉은색 줄이 있으며 수술은 10개이고, 수술대 아랫부분에 털이 있다.

🍒 열매

협과는 길이와 폭이 각 9cm×2.7cm로 긴 타원형이고 딱딱하며 잘 벌어지지 않으며, 종자는 흑갈색으로 거꿀달걀모양이며 6~8개씩 들어있고, 9월에 성숙한다.

🌳 줄기

꼬부라진 예리한 가시가 산생한다.

뿌리

잔뿌리가 길게 뻗는다.

분포

전라남도 및 제주도.

생태

주로 남쪽 지역에 자라는 덩굴성 낙엽 떨기나무다.

💡 이용방안

꽃이 아름다워 남부지방의 공원이나 학교조경 등의 조경용수로 식재하면 좋고 과수원 등의 생울타리용으로 사용한다. 열매를 염주용으로 사용하기도 하였으며, 유독식물이다. 뿌리 및 경피는 도계우, 종자는 운실이라 하며 약용한다.

아구장나무

 잎

잎은 어긋나기하며 타원형으로 첨두 또는 예저이고 길이는 3~4cm로, 상반부에 톱니가 있고 간혹 3개로 갈라지는 것도 있으며, 뒷면은 황갈색 털이 많이 있거나 없기도 하며, 잎자루의 길이는 2~3mm이다.

 꽃

꽃은 5월 말~6월 말에 피며, 지름이 5~8mm로 백색이며 양성꽃으로서 새가지 끝에 15~20개가 우상모양꽃차례에 달리며, 꽃차례에 털이 없고 수술의 길이는 꽃부리와 비슷하다.

🍒 열매

열매는 4~5개의 씨방으로 되어 있는 골돌로서, 복봉선을 따라 털이 간혹 있고 끝에 돌기가 있으며, 9월 초~10월 중순에 성숙한다.

🌳 줄기

높이가 2m에 달하고 줄기는 곧추서며 가지는 회갈색 또는 황갈색이고 1년생 가지에는 털이 있다. 나무껍질은 회갈색 또는 황갈색이다.

🗾 분포

중부 이북

🌱 생태

깊은 산의 건조한 바위틈에 자라는 낙엽 떨기나무이다.

💡 이용방안

황폐하고 척박한 도로변이나 절사면등에서 잘 적응하여 군집을 형성하므로 식재가 용이하고 관상용으로 많이 이용 한다.

앵도나무

🍁 잎

잎은 어긋나기하며, 거꿀달걀형이고 길이와 폭은 각 5~7cm×3~4cm로, 표면에는 잔털이 있으며, 뒷면에는 흰색 융털이 밀생한다. 가장자리에 잔톱니가 있고, 잎자루 길이는 2~4mm이고, 털이 있다.

꽃

꽃은 4월에 잎보다 먼저 또는 같이 피며, 백색 또는 연홍색으로, 둥글며 1개 또는 2개씩 모여 달리고, 꽃대의 길이는 2mm정도로서 밀모가 있다. 꽃받침통은 원통형이며, 꽃받침열편은 톱니같고 겉에 잔털이 있으며, 꽃잎은 연한 홍색 또는 백색으로 거꿀달걀모양이고, 씨방에 털이 밀생한다.

🍒 열매

열매는 핵과로, 구형이며, 잔털이 있고, 지름이 0.5~1.2cm로, 붉은색으로, 6월에 성숙한다.

🌳 줄기

가지가 많이 갈라지며 나무껍질이 흑갈색이고 1년생 가지에 융털이 밀생한다.

분포

전국 각처에 분포한다.

생태

집 근처에 심어 기르는 낙엽떨기나무이다.

💡 이용방안

열매는 식용한다. 4월경에 피는 꽃과 6월경에 붉게 달리는 열매는 감상가치가 높다. 독립수, 차폐용, 경계식재용으로 이용되며 전정이 강하기 때문에 생울타리용으로 적합하다. 관상용, 정원수로 식재한다. 아스라지(산앵도), 풀또기, 앵도, 산이스라지의 종자를 욱리인이라 하며 약용한다.

야광나무

🍁 잎
잎은 어긋나기하고 달걀모양 또는 넓은타원모양이며 첨두 예저이고 길이 3~7cm, 폭3~5cm로서 표면에 털이 없으며 뒷면에 백색 융털과 얕은 결각이 있고 측맥은 3~7쌍이며 엽병은 길이 1~2cm이고 털이 있다.

꽃
복산방꽃차례는 융털이 밀생하고 짧은 가지에서 정생하며 꽃은 5월에 피고 백색이며 꽃받침조각에 털이 없고 꽃잎은 둥글다.

열매

이과(梨果)로서 어릴때는 밀모가 있으나 점차 없어지며 타원형으로서 10월에 암갈색으로 익고 종자는 장란형(長卵形)이며 불규칙한 5개의 줄이 있고 첨두 둔저이며 길이 5mm, 폭 3mm로서 황색이다. 열매는 10월에 익는다.

줄기

높이 5m에 달한다. 작은 가지에 털이 있으나 점차 없어지며 적갈색으로 된다.

분포

제주도를 제외한 전국에 분포한다.

생태

낙엽 활엽 소교목. 깊은 산의 산골짜기 및 도랑의 둑에 난다.

이용방안

소화제, 지사, 어혈에 쓰인다. 열매는 그대로 먹을 수 있다.

양버즘나무

잎

잎은 넓은 달걀꼴이며 3~5개로 얕게 갈라지고 길이 10~20㎝, 폭 10~22cm로서 절저, 심장저 간혹 예저이며 중앙 열편은 길이보다 폭이 넓고 처음에는 양면에 털이 많으나 뒷면 맥위에만 짧은 털이 남으며 가장자리에 톱니가 드문 드문 있거나 밋밋하다. 턱잎은 크고 밋밋하거나 물결모양의 톱니가 약간 있으며 잎자루는 길이 3~8㎝로서 기부가 다음해의 눈을 완전히 감싸고 있다.

꽃

꽃은 암수한그루로 3월 말~5월에 피고 수꽃은 검은 빛이 도는 적색이며 가지 옆에 달리는 꽃차례로 암꽃은 연한 녹색으로가지 끝에 달리는 꽃차례로 달린다.

수꽃의 꽃받침은 3~6개로 갈라지며 꽃잎은 3~6개이고 수술은 꽃받침과 마주나기하며 암꽃의 꽃받침은 3~6(보통 4)개로 갈라지고 같은 수의 꽃잎보다 훨씬 짧으며 수술은 비늘같고 윗부분에 털이 있다.

열매

열매는 상과로 둥글게 모여 1개씩 달리며 많은 수과가 모여서 지름이 3㎝정도로 된다. 수과는 긴 거꿀달걀모양이고 둔두 예저로서 밑부분에 털이 있다. 9~11월에 성숙하여 이듬해 봄까지 나무에 달려 있다.

줄기

높이가 40~50m에 달하며 암갈색 나무껍질이 세로로 갈라지면서 떨어져 얼룩무늬를 형성한다.

분포

전국적으로 식재한다.

생태

전국의 도로나 공원에 가로수로 심는다.

이용방안

목재는 재질이 단단하고 무늬가 좋아 일반용재나 가구재, 펄프재로 사용한다. 미국 동부지역에서는 상업적으로 조림을 하고 있다. 공해에 강하고 공기 정화능력이 크므로 도시내 식재에 이용된다. 수고 30m정도로 커지기 때문에 대단위 조경단지에 알맞으며 녹음수, 가로수 및 독립수의 용도로 적합하다.

오미자

🍁 잎

잎은 어긋나기로 또는 짧은가지에서는 속생하며 길이 7~10cm,폭 3~5cm로서 넓은 타원형, 긴 타원형 또는 달걀모양 이고 점첨두 예저이며 뒷면 맥 위를 제외하고는 털이 없고 가장자리에 작은 치아모양톱니가 있으며 잎자루는 길이 1.5~3.0cm이다.

꽃

암수딴그루로 꽃은 4~6월에 피고 3~5송이의 꽃이 새로 나온 짧은가지의 잎겨드랑이에 각기 한송이씩 핀다. 꽃은 지름15mm로서 약간 붉은 빛이 도는 유백색이며 화피열편은 6~9개이고 길이 5~10mm로서 난상 긴 타원형이며 수술은 5개이고 암술은 다수로 둥근 꽃턱상에 모여있으며 꽃턱 꽃잎은 핀후 길이 3~5cm가 된다.

열매

꽃이 핀 다음 꽃턱은 길이 3~5cm로 자라서 열매가 수상(穗狀)으로 달린다. 열매는 장과로서 8~10월에 붉은색으로 익으며 구형 또는 거꿀달걀상 구형이고 길이 6~12mm이며 여러개가 송이모양으로 달려 밑으로 처지고 1~2개의 종자가 들어 있다. 열매는 신맛이 강하다. 건조하면 검은색을 띤 진홍색으로 변하고 쭈그러진 주름이 생긴다.

줄기

길이 6~9m에 이르며 나무껍질은 가늘며 드문드문 분지하고 회갈색이 난다.

뿌리

천근성이다.

분포

전국 각처에 분포한다.

생태

전국의 산골짜기에 흔하게 자라는 낙엽 덩굴나무이다.

이용방안

어린순을 나물로 먹거나, 열매는 차로 우려 마신다. 8~9월에 송이를 이루어 붉게 익는 열매가 감상할 가치가 있다. 과실을 오미자라 하며 약용한다.

왕매발톱나무

잎

잎은 새가지에서는 어긋나기하고 짧은 가지에서는 모여나기한 것처럼 보이며 원형 또는 난상 원형이고 둔두 또는 예 두이며 예저이고 길이 3~8cm로서 예리하고 불규칙한 침상의 톱니가 있으며 뒷면은 주름이 많고 연한 녹색이다.

꽃

꽃은 5월에 피고 황색이며 지름 1cm이고 총상꽃차례는 길이 10cm이며 반쯤 처지고 10~20개의 꽃이 달리며 꽃자루는 길이 5~10mm이고 꽃잎은 약간 미요두이다.

열매
열매는 장과로서 타원형 또는 긴타원모양이며 9월에 붉게 익는다.

줄기
높이가 2m에 달하고 1년생 가지에 구(溝)가 있으며 이년지는 회황색 또는 회색이고 가시는 3개로 갈라지며 길이 12cm이다.

분포
울릉도 및 강원도.

생태
낙엽활엽관목. 산기슭 및 산 중턱의 개방지(開放地)에 자란다.

이용방안
조경수로 식재하고 있다. 약용으로서 뿌리, 뿌리껍질, 줄기, 줄기껍질을 위장염, 세균성이질, 장티브스, 소화불량, 황달, 간경화복수, 비뇨계감염, 급성신염, 편도선염, 구강염, 폐염, 기관지염, 결막염, 자궁출혈, 임파결핵, 타박상 등에 쓴다. 그 밖에 경엽(莖葉)은 염료로 쓰인다.

왕벚나무

🍁 잎
잎은 어긋나기하며, 타원상 달걀꼴이고, 점첨두 원저이며, 길이는 6~12cm로, 뒷면의 맥 위와 잎자루에 털이 있고, 가장자리에 예리한 이중 거치 발달했다.

꽃
꽃은 4월 초~중순에 잎보다 먼저 피며, 백색 또는 홍색이고, 짧은 편평꽃차례에 3~6개의 꽃이 달린다. 작은꽃대는 길며 털이 있고, 꽃받침통은 원통형으로, 털이 있거나 없고 암술대에는 털이 있다.

열매
열매는 핵과로, 구형이며, 지름은 7~8mm이고, 검은색으로, 6~7월에 성숙한다.

줄기
1년생 가지에 잔털이 있고, 나무껍질은 평활하며 회갈색 또는 암회색이다.

뿌리
원뿌리와 곁뿌리가 있으며, 잔뿌리가 많지 않다.

분포
제주도, 전라남도

생태
한라산과 두륜산의 숲속에 자라는 낙엽 큰키나무이다.

이용방안
목재는 조직이 치밀하고 비틀어지는 일이 없어서 가구재, 기구재, 건축내장재로 쓰인다. 공원수나 독립수, 군식 용, 녹음수 및 가로수로 적합하다. 껍질은 세공용으로 이용된다. 열매는 식용으로 쓴다.

왕초피

잎

잎은 어긋나기하며 홀수깃모양겹잎으로, 윤채가 있고 향기가 강하며, 소엽은 7~13개로 달걀형 또는 긴 달걀형으로, 밑은 좁고 끝은 날카로우며 길이와 폭은 각 2~5cm×1~3cm이며, 가장자리에 투명한 샘과 더불어 물결모양의 톱니가 있다. 엽축과 잎맥에는 흔히 가시가 있다.

꽃

암수딴꽃이고 짧은 원뿔모양꽃차례로 지름이 4~6cm이고 액생하며 꽃은 단성으로 4~5월에 피며 꽃잎이 없고, 수꽃은 5~6개의 꽃받침조각과 5개의 수술이 있으며 암꽃은 5~8개의 꽃받침조각과 2개의 암술이 있다.

🍒 열매

열매는 삭과로, 붉은빛이 돌고 구형이며, 길이와 폭은 각 5mm×4mm로 선점이 있고, 8~9월에 성숙한다.

🌳 줄기

잔가지는 잔털이 있으며 굵고, 길이 6~20mm이다.

분포

남부 지방

생태

낙엽 활엽 관목. 산기슭에 자라는 낙엽 작은 키 나무이다.

💡 이용방안

어린잎에는 특이한 향기가 있어서 국이나 된장국 등을 끓일 때 향신료로 사용한다. 왕초피나무, 산초나무, 초피 나무의 과피는 화초, 뿌리는 화초근, 잎은 화초엽, 종자는 초목이라 하며 약용한다.

왕팽나무

잎

잎은 어긋나기하며 원형 또는 넓은 거꿀달걀모양이고 양면에 털이 없으며 길이 4.5~11.5cm, 나비 3.7~7.4cm로서 윗부분이 결각상이고 가장자리에 크고 예리한 톱니나 굴곡형 톱니가 있으며 끝이 길게 뾰족해지고 밑부분은 밋밋하며 원저 또는 아심장저이다. 엽병은 길이 7~15mm로서 표면에 홈이 있다. 산팽나무는 가장자리의 상반부에만 거치가 있는 반면에 왕팽나무는 기부주위을 제외한 가장자리 하부에까지 거치가 있다.

꽃

꽃은 잡성주로 4~5월에 피고 수꽃은 취산꽃차례, 암꽃은 잎겨드랑이에 피고,

꽃대는 길다.

열매

열매는 핵과로 둥근모양이며 길이 10~30mm로서 털이 없고 검은색으로 익는다.

줄기

가지에 털이 없고 2년지에 홍갈색 껍질눈이 있거나 없다.

분포

중부 이북

생태

낙엽활엽 소교목. 산록부 및 산골짜기의 비옥한 적습지에서 잘 자란다.

이용방안

풍치수, 녹음수로 심을 만하다. 목재는 건축재, 가구재 등으로 쓰인다. 열매는 식용한다.

월계수

 잎

잎은 어긋나기하고 긴 타원형이며 길이 8~10cm, 나비 2~2.5cm로서 점첨두이고 유선저이며 가장자리가 물결모양이고 짙은 녹색이며 잎을 비비면 향기가 난다. 측맥은 10~12쌍이며 엽병은 길이 0.7~1cm이다.

 꽃

꽃은 암수딴그루로서 3~4월에 피며 봄철에 황색 꽃이 잎겨드랑이에 밀생하고 화경은 길이 7mm이다. 꽃덮이는 4개로 깊게 갈라지며 각 열편은 거꿀달걀모양이다. 수술은 8~14(보통 12)개이고 암술대는 짧으며 암술머리는 둥글다.

열매

열매는 타원상 구형이고 길이 약 1㎝로 9~10월경에 흑자색으로 성숙한다.

줄기

높이가 12m에 달하며 나무껍질은 흑갈색이고 원뿔모양의 수형을 이룬다. 가지와 잎이 무성하며 1년생 가지가 녹색 이다. 가지를 자르면 향기가 난다.

뿌리

뿌리 부근에 맹아가 많이 나와 모여나기한다.

분포

경상남도와 전라남도

생태

상록 활엽 교목. 유럽 원산으로 우리나라 남부지방에서 심어 기른다.

이용방안

관상용으로 이용하기도 한다. 열매와 잎에서 향료를 취하기도 한다. 잎이 달린 가지를 틀어서 화환을 만들어 운동경기에서 이긴 사람에게 씌워준다. 목재는 공예품으로 쓰인다. 과실은 월계자, 잎은 월계엽이라 하며 약용한다.

일본잎갈나무

🍁 잎

잎은 밝은 녹색이고 선형이며 20~50개가 짧은가지에 모여 나고 길이 15~35mm, 폭 1~1.2mm로서 뒷면에 5개의 기공조선이 있으며 표면에도 불완전한 것이 있다.

꽃

꽃은 일가화로서 4~5월에 피며 짧은 가지 끝에 1개씩 달리고 웅화수는 구형, 달걀모양 또는 긴 타원형이며 많은 비늘잎으로 구성되고 각 비늘잎에는 2개의 꽃밥이 있으며 자화수는 타원형이고 각 실편에 2개의 눈이 있다.

열매

구과는 위를 향하며 난상 원형으로 길이 15~35mm이고 황갈색이며 실편은 50~60개이고 난상 원형이며 절두 또는 미요두로서 끝이 뒤로 젖혀진다. 포편은 넓은 피침형으로서 예두이며 종자는 삼각형이고 길이 3~4.5mm, 폭 23mm이며 날개는 종자 길이의 2배 정도이다. 9~10월에 성숙한다. 구과가 한 번 많이 맺히면 2~3년간은 적게 달린다.

줄기

높이 30m, 지름 1m로서 가지가 수평으로 퍼지지만 보통 예각으로 달리며 나무껍질은 암갈색이며, 세로로 찢어지고 긴 비늘조각으로 되어 떨어진다. 1년생 가지는 황갈색 또는 적갈색으로서 털이 없거나 있다.

분포

전국 각처에 분포한다.

생태

산지에 자라는 낙엽 침엽 큰키나무이다.

이용방안

목재는 단단하여 힘받이 구조재, 가설재, 비계목 등의 건축재로 많이 쓰이고 이 밖에 선박, 갱목, 전주, 합판 농업용구 및 펄프용으로 쓰인다. 나무껍질에서는 염색제 및 타닌을 채취한다. 수지에서 테르핀유를 채취한다.

자도나무

🍁 잎

잎은 어긋나기이며, 타원상 긴 달걀꼴이고, 급한 점첨두로, 예저이고, 길이와 폭은 각 5~ 10cm×2~4cm이다. 가장자리에 둔한 톱니 또는 이중거치가 있고, 잎자루 길이는 1~2cm이며 꿀샘은 2~5개가 있다..

꽃

꽃은 4월에 잎보다 먼저 피고 대개 3개씩 달리며, 지름은 2~2.2cm로, 백색이며 작은꽃대의 길이는 17~18mm이다. 꽃받침열편은 톱니가 약간있으며, 꽃잎의 길이는 1cm이다.

열매

열매는 구형이고, 밑부분이 들어가며 지름 2.2cm(재배종은 보다 크고)이고, 핵은 거꿀달걀형이며, 양 끝이 약간 좁고 겉이 거칠며, 황색 또는 자주색으로, 7월에 성숙한다.

줄기

1년생 가지는 적갈색이며 털이 없고 윤채가 있다.

분포

전라북도 이북 지역

생태

낙엽 활엽 교목. 집 근처에 심어 기르는 낙엽 작은키나무이다.

이용방안

꽃은 4월에 백색으로 잎이 나오기 전에 개화하여 나무 전체를 수놓는다. 보통 과수로 재배되나 정원에 식재하여 꽃과 과일을 감상할 수 있다. 독립수 및 경계 식재용으로 적합하다. 생식하기도 하고 잼이나 파이 등으로도 가공한다.
과실, 뿌리, 근피, 수지, 잎, 종자를 약용한다.

조록나무

🍁 잎

잎은 길이 3~6(8)cm, 폭 1.5~3cm로서 어긋나기하며 두껍고 타원형 또는 좁은 거꿀달걀모양이며 첨두 또는 둔 두이고 예저이며 가죽질이고 가장자리는 밋밋하며 광택이나고 양면에 털이 없으며 잎자루 길이는 3~8mm이고 턱 잎이 일찍 떨어진다. 붉나무처럼 앞에 충영이 잘 생긴다.

꽃

꽃은 잡성주로서 꽃부리없이 붉은 꽃받침으로만 구성된 작은 꽃이 4~5월경에 핀다. 총상꽃차례는 액생하고 별모양의 털이 있으며 길이 8cm정도이고 꽃받침은 붉은색으로 5~6개로 갈라지며 피침형이고 겉에 갈색의 성모가 있다.

수술은 6~8개이며 꽃밥은 적색이고 암술은 수꽃에서는 퇴화되며 양성꽃에 1개 있고 씨방은 2실이며 겉에 성모가 있고 암술대는 1개로서 2개로 갈라진다.

열매

삭과는 길이 1~1.5cm이고 목질이며 겉에 밀모가 있고 9~10월에 익으며 2개로 갈라져서 종자가 나온다.

줄기

교목이나 대개 관목상으로 자라며 수형이 타원형이다. 바람에 민감하여 주풍방향의 반대편으로 수관이 비뚤어져 모양을 이루며 나무껍질은 적갈색이고 가지에 성모가 있으나 곧 없어진다.

분포

전라남도 완도 및 제주도에 분포

생태

산기슭에 자라는 상록 큰키나무이다.

이용방안

생울타리(남부지방), 정원수, 공원수, 독립수, 열식, 낙엽수와 혼식, 첨식이 이상적이며 생태공원에 적당하고 중부 지방에서는 화분에 심어 실내에서 감상한다. 목재는 질이 좋아 기구재나 악기재, 조각재로 사용된다. 목회즙은 도자기의 유액으로 쓴다.

조팝나무

🍁 잎
잎은 어긋나기하며 달걀형에서 긴 타원형이며, 첨두예저로서, 가장자리에 잔톱니가 발달했으며 양면에 털이 없고, 길이와 폭은 각 2.5~4cm×1.5~2cm이다..

꽃
꽃은 우상모양꽃차례로 윗부분의 짧은 가지에서 4~6개의 꽃이 달리고 4월 말 ~5월 말에 핀다. 작은꽃대 길이는 1.5cm로 털이 없으며, 꽃받침조각은 5개로 첨두이고 안쪽에 면모가 있으며, 꽃잎은 백색으로 5개이고 거꿀달걀형 또는 타원이며 길이가 4~6mm이고 암술대는 수술보다 짧다.

열매

열매는 골돌로서 길이 3~4mm이고 털이 없으며 8월 말~10월 초에 성숙한다.

줄기

줄기는 밤색이며 능선이 있고 윤채가 난다. 밑에서 많은 줄기가 나와 큰 포기를 형성하며 곧게 자란다.

분포

전국 각처에 분포한다.

생태

북부 고산지대를 제외한 전국의 양지바른 곳에 흔하게 자라는 낙엽 떨기나무다.

이용방안

군집생활을 좋아하고 10~15일간이나 개화하므로 생울타리, 차폐용으로 식재하거나 첨경수로 단식하면 좋으며, 조경수나 절화용으로도 이용된다. 어린 순을 나물로 한다. 조팝나무, 당조팝나무, 가는잎조팝나무의 뿌리를 소엽화라 하며 약용한다.

졸가시나무

잎

잎은 어긋나기하고 넓은 타원형 또는 도란상 긴 타원형이며 가죽질이고 약간 윤채(潤彩)가 있으며 둔두 또는 약간 예 두이고 원저 또는 얕은 심장저이며 길이 3~6cm, 나비 1.5~3cm로서 가장자리에 물결모양의 톱니가 있고 표면은 짙은 녹색, 뒷면은 연한 녹색이며 양면의 주맥 기부에 털이 있고 측맥은 6~9쌍이다. 엽병은 길이 2~5mm이며 털이 있다. 어린잎일때는 황색의 털이 있지만 후에 거의 없어진다.

꽃

꽃은 일가화로서 4~5월에 피며 수꽃꽃차례는 길이 2.5~4cm로서 새가지 밑부분에서 나와 누른빛이 도는 꽃이 많이 달려 밑으로 처지고 꽃대축에 황갈색 융털이 있으며, 암꽃 꽃차례는 길이 4cm로서 새가지 윗부분에서 나오고 꽃은 대개 2개씩 달린다. 수꽃은 4~5개로 갈라진 꽃덮이와 4~5개의 수술이 있고 암꽃은 총포로 싸여 있으며 3개의 암술 머리가 있다.

열매

깍정이는 견과를 1/2~2/3 정도 둘러싸고 기와장을 인 모양으로 덮여 있는 비늘잎과 잔털이 밀포한다. 견과는 길이 15~22mm, 지름 8mm로서 타원형 또는 긴 타원상 달걀모양이고 9~10월에 성숙한다.

줄기

높이 10m, 지름 60cm이고 1년생 가지는 회암갈색이며 황갈색 별 모양털로 덮여 있다. 가지가 많이 나온다. 둥근 껍질눈이 많다.

분포

남부지방

생태

상록 활엽 교목. 해안가 건조한 암석지대에서 자란다.

이용방안

정원수, 녹음수, 풍치수, 방풍림, 생울타리용으로 쓰이며 동해안지대의 울진까지는 시험식재할 가치가 있다. 목재는 땔감 및 목탄제조용으로 쓰인다.
열매는 식용할 수 있고, 잎은 차의 대용으로 사용한다.

좀굴거리

잎

잎은 가지 끝에 모여서 어긋나기하며 긴 타원형이고 점첨두 예저이며 길이 5~10cm로서 표면은 녹색이고 뒷면이 회록색으로서 털이 없으며 12~17쌍의 측맥이 있고, 맥 사이의 거리가 5~8mm로 좁아 굴거리(10~15mm)와 구별한다. 엽병은 길이 3~4cm로서 홍색, 연한 홍색 또는 녹색이다.

꽃

꽃은 5~6월에 피며 일가화로서 녹색이 돌고 화피가 없으며 길이 2.5cm의 액생하는 총상꽃차례에 달리고 수꽃은 8~10개의 수술이 있으며 암꽃은 약간 둥근 씨방에 2개의 암술대가 있고 씨방 밑에 퇴화된 수술이 있다.

🍒 열매

열매는 핵과로서 긴 타원형이며 지름 1cm이고 10~11월에 암벽색으로 성숙한다.

🌳 줄기

높이가 10m에 달하고 1년생 가지는 굵으며 녹색이지만 어린 것은 붉은빛이 돌고 털이 없다.

🗺 분포

남부 지방, 제주도

🌱 생태

바닷가 숲 속에 자라는 상록 작은키나무이다.

💡 이용방안

잎과 껍질은 약용으로 쓰고 정원이나 공원에 심을 만한 관상수이다.

좀작살나무

🍁 잎

잎은 마주나기하며 거꿀달걀형이고 점첨두 예형이며 길이와 폭이 각 3~9cm × 1.5~4cm로, 표면의 주맥 위에 별모양 털이 발달하였고, 뒷면에 샘이 있으며 맥 위에 별모양 털이 있고 가장자리 밑부분 1/3부터 톱니가 있으며 잎 자루 길이는 2~4mm이다.

꽃

취산꽃차례로 잎겨드랑이에 10~20개의 꽃이 피며, 꽃대 길이 1~1.5cm로 별모양 털이 있고, 양성꽃이며 길이 2mm로 연한 자주색이고, 꽃받침은 털이 없고 수술은 4개로 길이는 5mm이며, 암술대와 길이가 같으며 8월에 개화 한다.

열매

열매는 핵과로 둥글고 지름 3~4mm로 보라색이며 10월에 성숙한다.

줄기

줄기는 네모지며 별모양 털이 있다.

분포

경기도, 충청남도 해안과 전라남도, 경상남도

생태

숲 속의 바위지대에 자라는 낙엽 떨기나무이다.

이용방안

도시공원에서는 열매가 야생조류의 유치에 큰 도움이 되며 정원이나 공원에 생태조경용이나 경계식재용으로도 식재한다.

좀참빗살나무

🍁 잎

잎은 마주나기하고 타원상 달걀모양 또는 타원상 피침형이며 점첨두이고 넓은 예저이며 길이 5~10cm로서 가장자리에 잔 톱니가 있고 엽병은 길이 8~25mm이다.

✿ 꽃

꽃은 액생하는 취산꽃차례에 달리며 지름 1cm정도이고 화경은 길이 1~2cm로서 꽃이 3~7개씩 달리고 꽃은 6월에 피며 4수성으로서 황색이다.

🍒 열매

열매는 삭과로 붉은빛이 돌고 깊은 4개의 홈, 4개로 갈라짐. 씨는 노란색 육질씨껍질에 싸임. 10월에 성숙한다.

🌳 줄기

낙엽관목이지만 간혹 높이가 5m에 달하는 소교목도 있으며 1년생 가지가 둥글다.

분포

제주도 및 전라남도

생태

낙엽 관목 또는 소교목. 토심이 깊고 보수력이 있는 비옥한 땅이 좋으며 중용수로 양지에서 잘 자란다.

💡 이용방안

정원수 및 신탄재. 뿌리, 수피 및 과실을 사면목이라 하며 약용한다.

좀풍게나무

잎
탁엽은 좁고 길며, 일찍 떨어진다. 긴 가지의 잎은 달걀모양·긴달걀모양이고, 첨두이며 원저 또는 아심장저로서 좌우가 서로 같지 않고 길이 7~12cm, 나비 3.4~5.7cm이며 노목의 잎은 길이 2~7.5cm, 나비 1~4.5cm로서 가장자리 상반부에 몇 개의 톱니가 없으며 표면과 뒷면 주맥에 털이 있고, 측맥은 3쌍이다. 엽병은 긴 가지의 것은 길이 8~12mm, 과지(果枝)의 것은 길이 5~10mm로서 털이 있다.

꽃
꽃은 잡성주로 수꽃은 기산꽃차례, 암꽃은 잎겨드랑이에 달리고 꽃대는 길다.

🍒 열매

열매는 둥글며 지름 6~7mm로서 자흑색으로 익고 기부에 백색 털이 밀생하며 열매자루는 길이 10~20mm로서 털이 없다.

🌳 줄기

교목으로서 키가 작은 관목같은 것도 있고 1년생 가지는 털이 있거나 없다.

분포

제주도를 제외한 전국에 분포

생태

낙엽 활엽 교목. 산기슭, 골짜기에 분포한다.

💡 이용방안

열매는 식용한다. 수피, 수간 또는 가지를 봉봉목이라 하며 약용한다.

줄댕강나무

잎

잎은 마주나기하며 달걀형의 피침형 또는 넓은 피침형이고 첨두 예형이며 길이와 폭은 3~7cm×1.5~2cm로, 표면 맥 위와 뒷면 맥 위의 가장자리에 털이 있고 잎자루 길이 2~7mm로 털이 있고, 마주나는 2개의 잎자루가 줄기를 완전히 둘러싼다.

꽃

양성꽃으로 5월에 햇가지 끝에 편평꽃차례에 달리고, 주홍색의 꽃봉우리가 맺으며 꽃은 연한 우유빛으로 피는데, 꽃에는 은은하고 달콤한 향기가 있다. 꽃대 3개씩 꽃이 달리며 털이 있고 길이 2~3mm이며, 꽃받침 길이는 5~10mm이고 4

개의 열편은 거꿀피침형 무딘형이며 길이 5~17mm로 가장자리에 털이 있다.

열매

4개의 날개가 달린 종자는 9월에 익는다.

줄기

높이 1m에 이르며 원줄기에 여섯줄의 홈이 있으며 1년생 가지에 털이 있다.

분포

평안북도, 황해도, 충청북도.

생태

낙엽 활엽 관목. 석회암 지대의 바위 틈에서 자란다.

이용방안

도로변이나 절사면(切斜面)같은 곳에 식재하거나 관상용으로 이용하면 좋다. 어린 순을 나물로 한다.

줄딸기

잎

잎은 어긋나기하며, 깃모양겹잎으로 소엽이 5~9개이고, 달걀꼴이며, 예두 또는 둔두, 예저이고, 가장자리에 이중 거치가 있고, 표면에 잔털이 있으며, 뒷면 맥 위에 털이 있다.

꽃

꽃은 4~5월에 새가지 끝에 1개씩 달리며 꽃받침조각은 피침형, 첨두로서, 가시털이 있고 꽃잎은 타원형이며, 길이 1cm로서, 꽃받침보다 길고, 연한 분홍색이다. 꽃대 길이는 3~ 4cm이고, 가시가 있다.

🍒 열매
열매는 공처럼 둥글며 붉은색이고 7~8월에 성숙한다.

🌳 줄기
1년생 가지는 털이 없거나 있으며 붉은빛이 돌고 백분으로 덮여있다.

분포
전라남북도를 제외한 전역에 분포.

🌱 생태
낙엽 활엽 덩굴식물. 산록 및 계곡에서 자생한다.

💡 이용방안
황폐지나 절사지 등에 지피 보존식생으로 적합하다. 과실은 비타민과 각종 영양소가 많아서 생식하거나 잼, 파이를 만든다.

중국굴피나무

🍁 **잎**

홀수 깃모양겹잎으로서 정엽(頂葉)이 없는 것도 있고 9~25개의 소엽으로 구성되며 길이 20~40cm로서 엽축에 날개가 있다. 소엽은 긴 타원형이고 길이 4~12cm로서 예두 또는 첨두이며 넓은 예저이고 가장자리 잔톱니가 있으며 표면은 털이 없고 뒷면은 맥 위에 털이 있다.

 꽃

암수한그루로서 꽃은 4~5월에 피고 밑으로 처지는 꼬리모양꽃차례로 달린다. 수꽃은 1~4개의 화피와 6~18개의 수술이 있고 전년지에서 액생하는 길이 5~10cm의 꽃차례에 달린다. 암꽃차례 정단부에 나오며 밀모가 있고 유착된 화피로 싸여 있으며 암술대는 짧고 암술머리는 3개이며 씨방은 1실이다.

열매

시과는 길이 20~30cm의 과수에 달리고 달걀모양으로서 양쪽에 날개가 있으며 길이 1.5~2cm이고 9월에 성숙한다. 종자는 특히 건조에 약하므로 견과의 날개가 진한 갈색으로도 되기전에 과지를 끊어 채종하면 좋다.

줄기

높이가 30m에 달하지만 우리나라에서는 10m정도 자란다. 나무껍질은 홍갈색이고 1년생 가지와 잎자루는 털이 있거나 없으며 1년생 가지의 속은 계단상이고 동아는 대가 있으며 나출된다.

분포

경기도 이남

생태

낙엽 활엽 교목. 비옥하고 습기가 많은 토양을 좋아하며, 내한성이 크고 양지나 음지에서 모두 잘 자란다.

이용방안

아까시아나무와 잎이 비슷하여 차광효과가 뛰어나며, 웅대하면서도 귀족적인 멋을 느끼게 한다. 목재는 기구재나 조각재로 쓰인다. 잎은 살충제나 제지원료로 사용한다. 정원수, 가로수, 풍치수 등으로 심는다.

중산국수나무

잎

잎은 어긋나기하며 길이 2~6cm로, 아원형 또는 달걀형이며 둔두이고 원저 또는 예저로 가장자리에 둔한 겹톱니가 있고 흔히 결각상이지만 간혹 얕게 3갈래로 갈라지기도 하며, 3출맥이 있고 뒷면의 맥위에만 털이 있다.

꽃

양성꽃으로 5~6월에 피며, 새가지 끝의 산방상 총상꽃차례에 달리고 작은꽃대에는 가는 털이 약간 있다. 꽃받침통에도 털이 있으나, 꽃받침 안쪽에는 밀모가 있으며 꽃잎은 백색이고 지름은 1cm정도로 수술보다 짧다.

열매

열매는 골돌로서 4~5개의 씨방으로 되어있고 9월에 성숙한다.

줄기

높이가 2m에 달하고 나무껍질은 황갈색인데 오래 되면 벗겨지며 1년생 가지에는 종모양의 돌기가 나있다.

분포

전국적으로 분포한다.

생태

낙엽 활엽 관목. 화단이나 정원에 심어 기른다.

이용방안

생울타리용으로 적합하다. 뜰에 심기도 한다.

쥐다래

잎

잎은 어긋나기로 달걀형의 긴 타원형이고 점첨두 또는 예두이며 원저 또는 심장저이고 길이 10~12cm, 나비 4~8cm로서 표면에 흔히 경모(硬毛)가 드문드문 있거나 양면, 특히 맥 위에 연한 갈색 털이 있으며 맥의 겨드랑이에 다발로 된 백색 털이 있고 가장자리에 불규칙한 침상의 톱니가 있다. 수나무 잎의 상반부가 흰색 또는 연한 붉은색으로 변하는 것이 많으며 잎자루는 길이 5cm정도이고 털이 있다.

꽃

꽃은 암수딴그루로 5월 말~6월 초에 피며 지름 1.5cm정도이고 백색이며 향기가 있고 암꽃과 수꽃이 딴 그루의 1년생 가지 아랫부분의 잎겨드랑이에 1~3개씩 달려 핀다. 꽃받침조각은 3~5개로 달걀형이며 흰색 연모가 있고 꽃잎은 백색이며 각각 5개이고 씨방은 원통형이며 털이 없다. 수꽃에는 많은 수술과 헛암술이 있고 암꽃에는 1개의 암술과 헛수술이 여럿 있다.

열매

장과는 긴 달걀형 또는 타원형이고 길이 2~2.5cm로서 9월 중순~9월 말에 노란색으로 익으며 맛이 좋다.

줄기

덩굴성으로 길이가 5m에 달하고 1년생 가지에 연한 갈색 털이 있으며 속은 갈색이고 계단모양이다.

분포

전국 각처에 분포한다.

생태

낙엽 활엽 덩굴성. 해발 500~1000m의 숲속 음지에서 자란다.

이용방안

관상용으로 심을만 하며 밀원식물로 이용된다. 열매는 식용하거나 약용으로 번갈, 산통, 괴혈병, 기침, 폐결핵에 쓴다.

쥐똥나무

🍁 잎

잎은 마주나기하며 긴 타원형이고 무딘형이며 넓은 예형이고 길이와 폭이 각 2~7cm×7~25mm로, 뒷면 맥 위 에 털이 있으며 톱니가 없고, 잎자루의 길이는 1~2mm 정도 된다.

꽃

꽃은 암수한그루로 5~6월에 피며, 총상 또는 복총상꽃차례이며 길이 2~3cm로 많은 꽃이 달리고 잔털이 많으며, 꽃받침은 녹색으로 4개의 톱니와 잔털이 있고, 꽃부리는 통형으로 길이 7~10mm로 흰색이며 4갈래로 갈라지고 수술은 2개로 화통에 달린다.

열매

열매는 핵과로 달걀형의 원형이고 길이 5~7mm로 검은색이며 10월에 성숙한다.

줄기

가지가 가늘고 잔털이 있으나 2년지는 털이 없으며 회백색이고 많이 갈라진다.

뿌리

잔근성이다.

분포

전국 각처에 분포한다.

생태

낙엽 활엽 관목. 산과 들에 흔하게 자란다.

이용방안

생울타리용으로 심으며, 전정이 잘되어 조형수로 이용된다. 쥐똥나무/왕쥐똥나무의 과실을 수랍과라 하며 약용한다.

진달래

🍁 잎

잎은 어긋나기하며 긴타원상이고 점첨두, 예형이며 길이와 폭이 각 4~7㎝ × 1.5~2.5㎝로 톱니가 없으며, 표면에 비늘조각이 약간 있고, 뒷면에 비늘조각이 밀생하며 털이 발달하였고, 잎자루 길이는 6~10mm이다.

🌼 꽃

꽃은 3월 말~4월 말 개화하며 잎보다 먼저 피고, 꽃부리는 벌어진 깔때기모양이고 지름이 3~4.5㎝로 보랏빛의 붉은색 또는 연한 붉은색이고, 겉에 잔털이 있다.

🍒 열매

열매는 삭과로 원통형이고 길이 2cm로 11월에 성숙한다.

🌳 줄기

줄기는 연한 갈색으로 비늘조각이 존재한다.

🌱 뿌리

굵은 뿌리를 뻗는다.

🗺 분포

전국 각처에 분포한다.

🌾 생태

낙엽 활엽 관목. 저지대나 고산, 계곡변, 암석 위, 황폐지, 비옥지 등을 가리지 않고 어디서나 잘 자란다.

💡 이용방안

정원 또는 공원용수로 좋으며, 단식 또는 군식한다. 꽃잎은 생식하거나 술을 담근다. 꽃, 뿌리 또는 경엽을 백화영산홍이라 하며 약용한다.

쪽동백나무

🍁 **잎**

잎은 어긋나기하며 타원형 또는 달걀형의 원형이고 급한 점첨두, 원저이며 길이는 7~20cm로, 상반부에 잔톱니가 있고 표면의 맥 위에 털이 있으며 뒷면은 흰빛이 돌며 별모양 털이 있고, 가장자리에 예리한 톱니가 있거나 없으며, 잎자루 길이는 5~20(30)mm이다.

 꽃

총상꽃차례는 길이 10~20cm로 처지고, 꽃대 길이는 8~10mm이며 꽃은 흰색으로 꽃받침은 5~9개이며 꽃부리는 지름이 2cm이고 5개로 깊게 갈라지며, 5~6월에 개화한다.

🍒 열매

열매는 핵과로 타원형이며 길이 2cm로, 별모양의 털이 밀생하고, 과피가 불규칙하게 갈라지며, 9월에 성숙한다.

줄기

나무껍질은 검은색이며 굴곡이 생기고 매끈하다

뿌리

원뿌리와 곁뿌리가 있다.

분포

전국 각처에 분포한다.

생태

낙엽 활엽 소교목. 토심이 깊고 비옥한 사질양토의 다소 습하고 배수가 좋은 곳에서 잘 자란다.

💡 이용방안

다른 나무보다 경쟁력은 떨어지나 관상가치가 커서 독립수나 가로수로 이용된다. 목재는 기구재나 단판으로 쓰이고 푸른 열매는 농촌에서 물고기 잡는데 이용되기도 하고 기름을 뽑아 쓰기도 한다. 나무껍질에서 나오는 수지는 향료, 방부제 원료로 쓰인다.

쪽버들

잎

잎은 넓은 피침형 또는 긴 타원상 피침형이고 점첨두이며 원저 또는 넓은 예저이고 길이 10~15cm, 폭 3~5cm로서 잔톱니가 있으며 표면은 털이 없고 윤채가 있으며 뒷면은 흰빛이 돌고 털이 없다. 엽병은 길이 5~15mm이며 탁엽은 귀모양으로 된다.

꽃

웅화수는 밑으로 처지고 길이 3~4cm이며 꽃대축에 털이 없고 꿀샘은 2개, 꽃은 4월에 피고 수술은 5개이다. 자화수는 길이 4~6cm로서 밑으로 처지며 꽃대축에 털이 없고 꿀샘은 보통 2개이다. 씨방은 1실로서 털이 없으며 대가 있고 긴 타원형이며 암술대는 3개로 갈라지고 꽃은 4월에 핀다.

열매

과수(果穗) 길이 5~10cm이며 삭과는 길이 5mm정도로서 털이 없다. 열매는 5월에 익는다.

줄기

나무껍질은 회갈색이며 세로로 갈라지고 1년생 가지는 녹색으로서 털이 없으며 동아는 난상 긴 타원형이다.

분포

강원도 이북

생태

낙엽활엽교목. 냇가에서 자란다.

이용방안

쇠죽 바가지를 만들거나 신탄재로 이용된다.

참가시나무

🍁 잎

잎은 어긋나기로 피침형 또는 긴 타원상 피침형이고 점첨두 예저이며 길이는 10~14cm×2.5~3.5cm로서 위쪽에는 예리한 톱니가 있고 양면에 처음에는 털이 있으며 특히 뒷면에 처음에는 융털이 있으나 모두 없어지고 납질이 생겨 백색으로 되며 9~12쌍의 측맥이 있다. 잎자루는 길이 1cm정도이다.

꽃

암수한그루로 꽃은 5월에 피고 수꽃차례는 이삭꽃차례로, 3~4개씩 달리고 새가지의 기부에서 밑으로 처지고, 암꽃 차례은 햇가지의 잎겨드랑이에서 3~4송이의 꽃이 달린 이삭꽃차례처럼 곧게 선다. 수꽃은 화피 3~4장이고, 수술 4~6개이고 암꽃은 총포로 싸여 있으며 3개의 암술머리가 있다.

열매

깍정이는 접시 모양으로 7~9개의 둥근 원이 있고, 겉에 털이 밀모한다. 열매는 견과로 타원형 또는 넓은 타원형이고 길이 18mm정도로서 끝에는 잔털이 있으며 이듬해 10월에 진갈색으로 익는다.

줄기

높이가 10m에 달하고 1년생 가지는 처음에는 털이 있으나 점차 없어진다.

분포

전라남도, 제주도

생태

상록 활엽 교목. 바닷가 산기슭에서 자란다.

이용방안

목재는 건축재, 가구재, 기계재, 차윤재, 선박재 등으로 쓰이고, 표고버섯나무로도 쓰인다. 견과는 전분자원으로 식용한다.

참개암나무

🍁 잎

잎은 어긋나기며 난상 원형 또는 거꿀달걀형이며 짧은 점첨두고 원저 또는 아심장저이며 길이 5~12cm, 폭5~12cm로서 가장자리에 뚜렷하지 않은 결각과 잔톱니가 있고 표면의 맥 사이와 뒷면의 맥 위에 털이 있으며 측맥은 9~10쌍이다. 잎자루는 길이 1~2cm로 털이 있고 샘털이 섞여 있으며 어린 잎의 표면에 자주색 무늬가 있다.

꽃

꽃은 암수한그루로서 3월에 피고, 수꽃차례는 전년도에 생겨 밑으로 처지고, 암꽃차례는 10여개의 암술대 겉으로 나온다.

🍒 열매

열매는 견과로서 2개의 포가 잎처럼 발달하였고 총포 끝 거치가 2~8mm, 길이 2~5cm이고 열매가 들어 있는 부분부터 급격히 좁아지며 표면은 갈색털이 밀생하고 자모(刺毛)가 밀생하여 손으로 만지면 잘 찔리고 찔린 가시는 잘빠지지 않는다. 견과는 지름 15~29mm로 달걀모양이며 털이 없고, 9월에 성숙한다.

🌳 줄기

높이가 4m에 달하고 나무껍질은 회갈색이며 1년생 가지는 잔털이 있고 흔히 샘털이 섞여 있다.

분포

전국 각처에 분포한다.

생태

낙엽 활엽 관목. 전국 산지의 중턱이하에서 자란다.

💡 이용방안

열매의 모양이 특이하므로 관상수나 정원수로 심을 만하다. 난티잎개암나무/개암나무/물개암나무/참개 암나무의 종인을 진자라 하며 약용한다.

참골담초

🍁 **잎**

잎은 홀수깃모양겹잎으로 2쌍씩 붙어 있고 어긋나기하며 엽축 끝은 대개 가시로 되고 소엽은 4개로서 거꿀달걀모양 또는 타원형이며 두껍고 미요두 또는 원두이며 길이 1~3cm로서 표면은 진록색이고 광택이 나며 뒷면은 회록색에 털이 없다. 탁엽은 길이가 4~8mm로 가시로 변한다.

 꽃

꽃은 5월에 피고 단생하며 길이가 2.5~3m로서 처음에는 황색으로 피어 후에 적황색으로 변하고, 아래로 늘어져 핀다. 화경은 길이 1cm정도로 중앙부에 한 개의 환절이 있다. 꽃받침은 종 모양으로 갈색 털이 약간 있다. 기꽃잎은 좁고 긴 거꿀달걀모양이며 미요두이고 상반부는 황적색, 하반부는 연한 황색이며 날개꽃잎은 황색이고 용골꽃잎은 연한 황색 또는 연한 황갈색이다.

열매

협과는 길이가 3~3.5cm로서 원주형이고 털이 없으며 9월에 익지만 결실이 드물다.

줄기

위를 향한 가지는 사방으로 늘어져 자란다. 가지는 5개의 능선이 있고 회갈색이며 털이 없고 가시가 있다.

뿌리

잔뿌리가 길게 자란다.

분포

전국 각처에 분포한다.

생태

석회암지대 산지에 자라는 낙엽 떨기나무이다.

이용방안

꽃이 아름답고 잎의 모양이 기이하여 정원수나 공원수로 이용하고 생울타리로 유망한 수종이다. 도로변 절개지용 으로도 좋다. 뿌리는 술에 담궈 신경통약으로 이용한다. 골담초, 참골담초의 꽃은 금작화, 근피는 금작근이라 하며 약용한다.

참빗살나무

🍁 잎
잎은 마주나기하며 피침상 긴 타원형이고, 첨두, 원저이며 길이와 폭이 각 5~15cm×2~8cm로, 고르지 않은 둔한 잔톱니가 있고, 잎자루 길이는 7mm이다.

꽃
취산꽃차례(길이 3~6cm)는, 전년지의 잎겨드랑이에 달리고, 꽃대의 길이는 2~2.5㎝로 꽃이 3~12개씩 달리고, 연한 녹색이며 지름은 10mm로 5월에 피며, 4수성이다.

🍒 열매

열매는 삭과로 도삼각상 심장형이고 4개의 능선이 있으며 밑으로 갈수록 좁아지고, 길이와 폭이 각 8~10mm×8~10mm로 붉은색이며 4갈래로 갈라지고 날개가 없으며, 종의는 주황색으로 10월 중순~11월 초에 성숙한다.

🌳 줄기

높이가 8m에 달하고 가지가 둥글며, 나무껍질은 회백색이고 매끄럽고, 평활하다.

분포

전국 각처에 분포한다.

생태

낙엽 활엽 소교목. 산기슭, 산 중턱, 하천 유역에 자란다.

💡 이용방안

둥근 수형과 가을 단풍, 나무를 덮는 붉은 열매가 특징으로 조경수나 관상용으로 식재한다. 목재는 기구재나 도장재, 신탄재, 세공재로 쓰인다. 가지와 나무껍질은 구충, 진통, 진해등의 약으로 쓰이거나 암 치료제로 민간에서 많이 사용한다. 목재는 활 제조에 쓰였다.

참조팝나무

🍁 잎

잎은 어긋나기하며 긴 타원형으로, 첨두, 예저이고, 길이와 폭은 각 3~8cm× 3~4cm로, 중앙 이하에 단거치 또는 겹톱니가 있으며, 양면에 털이 없고 잎자루는 길이가 5~10mm이고, 털이 없다.

꽃

꽃은 5~6월경에 피고 새가지 끝에 달리는 겹편평꽃차례며 지름이 7~8(10)cm이고 꽃지름은 7~9mm로, 백색으로 피는데 중앙부는 연한 홍색이다. 꽃받침조각은 뒤로 젖혀지며 꽃잎은 둥글고 지름 3mm이고 수술이 꽃잎보다 2배 길다.

열매

열매는 골돌과로서 지름 3mm, 복봉선에만 털이 있고, 9월에 성숙한다.

줄기

높이가 1.5m에 달하며 가지는 능각이 있고 털이 없으며 자갈색이나, 1년생 가지에는 연한 털이 있다.

분포

중부 이북

생태

낙엽 활엽 관목. 산중턱 절사면이나 다른 식물들이 잘 자라지 못하는 메마른 땅에 군생한다.

이용방안

키작은 관목으로 꽃이 아름다워 공원이나 화단의 경계목으로 식재해도 좋고 분에 모아 심어 분물로도 이용할 수 있다. 겨울철에 마른 꽃대를 꽃꽂이 소재로 사용한다.

철쭉

🍁 잎

잎은 어긋나기하고 가지 끝에서는 5개씩 모여나기하며 거꿀달걀형이고 작은 오목형이며 예형으로 길이와 폭이 각 5~8(10)cm×3~6cm로, 뒷면은 연한 녹색이고, 맥 위에 털이 있으며 가장자리는 밋밋하고 잎자루 길이는 2~5mm이다.

꽃

꽃은 4월 말~6월 초에 개화하며, 잎과 더불어 피고 향기가 있으며 꽃부리는 연한 붉은색으로 지름이 5~8cm이고, 윗부분의 꽃잎은 적갈색 반점이 있고, 깔때기모양이다.

🍒 열매

열매는 삭과로 긴 타원상 난원형이고 길이 1.5cm로 샘털이 있고, 10월~11월에 성숙한다.

줄기

나무껍질은 연황갈색으로 털이 없고, 1년생 가지에 샘털이 있으나 없어지며 회갈색이다.

뿌리

긴 뿌리가 있다.

분포

전국 각처에 분포한다.

생태

낙엽 활엽 관목. 반그늘에서 잘 자라나 양지에서도 잘 자라고 내건성과 환경내성이 약하다. 노지에서 월동하고 16~30℃에서 잘 자란다.

💡 이용방안

정원이나 공원 등 조경용으로 이용된다.

청가시덩굴

잎

잎은 어긋나기하며 난상 타원형, 난상 심장형이고 털이 없으며 길이 5~14cm, 폭 3~9cm로서 가장자리가 물결모양이고 끝이 뾰족하며 밑부분은 약간 심장저이고 표면은 녹색으로서 털이 없으며 뒷면은 연한 녹색이고 약간 윤채가 있으며 밑부분에서 나온 5~7맥이 다시 그물맥으로 된다. 엽병은 길이 5~15mm로서 중앙부에 탁엽이 변한 1쌍의 덩굴손이 있다.

꽃

꽃은 이가화로서 6월에 피며 황록색이고 길이 2~3mm로서 넓은 종같으며 잎겨드랑이에 우상모양꽃차례로 달리고 꽃대는 길이 15mm이다. 화피열편은 6개로서 타원형이며 다소 육질이고 길이 2~3mm이며 6개의 수술과 1개의 암술이 있다.

열매

열매는 장과로 둥글며 지름 7~9mm로 9~10월에 흑색으로 성숙한다.

줄기

길이가 5m에 달하며 원줄기는 녹색이고 능선과 곧은 가시가 있으며 가지는 녹색으로서 흑색 반점이 있고 털이 없다.

분포

전국적으로 분포한다.

생태

낙엽활엽의 덩굴성 관목. 산야에서 흔히 자란다.

이용방안

봄에 새순과 어린 잎은 나물로 식용한다. 관상용으로도 이용되며 철조망 울타리 같은 곳에 식재하여 생울타리를 만들면 경관이 아름답다. 근경과 뿌리를 점어수라 하며 약용한다.

청시닥나무

🍁 잎

잎은 마주나기하고 넓은 달걀형으로 5개로 갈라지며 점첨두, 아심장저 또는 절저로, 길이와 폭은 각 5~10cm×5~8cm로서, 표면에 털이 거의 없으며 가장자리에 겹톱니가 있으며, 열편 끝에 톱니가 있고 잎자루 길이는 4~13cm로 잔털이 있고, 노란 단풍이 진다.

❀ 꽃

꽃은 암수딴그루로 6월에 피며, 4~7개씩 달리고 총상꽃차례로 가지 끝에 정생하며 꽃대에는 털이 드문드문 존재한다. 암꽃은 새가지 정단에서 나오고 수꽃은 전년도 가지 끝에 나오고 꽃잎은 4장으로 도란상 타원형이며 황록색이다.

🍒 열매

열매는 시과로 둔각 또는 직각으로 벌어지며, 길이와 폭이 각 3~3.5cm × 8~12mm로, 주름살이 많고 날개가 피침형이고 작은 열매자루 길이는 1.5~2cm로 9월 중순~10월 초에 성숙한다.

🌳 줄기

높이 10m에 이르며 나무껍질은 회갈색이며 평활하고 1년생 가지는 누른빛이 돌지만 간혹 붉은색인 것도 있으며 털이 있다.

분포

전국 각처에 분포한다.

🌱 생태

낙엽 활엽 소교목. 깊은 산 숲 밑에 난다.

💡 이용방안

관상용으로 이용하기도 하며 줄기와 가지는 약제로 사용한다.

칠엽수

🍁 잎

잎은 어긋나기하며 손바닥모양의 겹잎이고, 소엽은 5~7개이며 긴 거꿀달걀형으로, 밑부분의 것은 작으나 중앙부의 것은 점첨두이고 예형이며, 길이와 폭이 각 30cm×12cm로, 뒷면에 적갈색의 부드러운 털이 있으며, 가장자리에 이중둔한톱니가 있다.

꽃

원뿔모양꽃차례는 가지 끝에 달리고, 길이와 폭이 각 15~25cm×6~10cm로, 짧은 퍼진 털이 있으며, 꽃은 잡성 주로 수꽃에 7개의 수술과, 1개의 퇴화된 암술이 있고, 암수한꽃은 7개의 수술과 1개의 암술이 있다. 꽃받침은 종형으로 불규칙하게 5갈래로 갈라지고 꽃잎은 4개로 갈라지며 6월에 개화한다.

🍒 열매

열매는 도원추형이고 황갈색이며, 지름이 5cm로 3개로 갈라지며, 종자는 적갈색으로 1개씩 들어 있고 10월에 성숙 한다.

🌳 줄기

통직하고 여러개가 나와 둥근수형을 만들기도 하며 나무껍질은 회갈색으로 1년생 가지는 적갈색이 나며 겨울눈은 갈색으로 접액성이 있어 끈적 거린다.

분포

전국 각처에 분포한다.

🌱 생태

낙엽 활엽 교목. 어려서 응달을 좋아 하지만 자라면서 햇빛을 좋아하며 도시 공해에 약하다. 국내에서 '마로니에'로 부르기도 한다.

💡 이용방안

꽃은 꿀샘이 깊어서 밀원식물로 유용하다. 목재는 건축재나 기구재로 이용한다. 종자는 단백질과 전분이 많아서 타닌을 제거한 후 식용할 수 있다. 과실 또는 종자를 사라자라 하며 약용한다.

콩배나무

잎

잎은 어긋나기하며 넓은 달걀모양 또는 원형이고 첨두 또는 점첨두이며 넓은 예저 또는 아심장저이고 길이 2~5cm로서 가장자리에 둔한 잔톱니가 있으며 털이 있으나 점차 없어진다. 엽병도 길이 3~4㎝로서 털이 있으나 점차 없어진다.

꽃

꽃은 흰꽃이며 4~5월경에 피고 짧은 가지끝에 5~9개가 모여 달리며, 꽃자루는 길이 1.5cm이고 잔털이 있으며, 꽃부리는 지름 1.7~2.2cm로 연한 홍색이고, 꽃받침조각은 달걀모양으로 톱니가 없고 둔두로서 양면에 백색털이 밀생하며, 꽃잎은 원형, 거꿀달걀모양 또는 넓은 달걀모양이며 길이 1cm정도이고 꽃밥은 자줏빛이 도는 적색이며 암술대는 2~3개로서 털이 없다.

열매

열매는 둥글고 지름 1~1.5cm로서 10월에 녹갈색에서 흑색으로 익으며 소과경은 길이 3cm이다.

줄기

줄기는 다각형인데 짧은가지는 갈색으로 가시처럼 생겼으며 껍질눈은 희고 뚜렷하며 털이 있으나 점차 없어진다.

분포

경기도 이남

생태

낙엽 활엽 관목. 내한성이 강하고 양지에서 잘 자란다.

이용방안

관상용으로 식재하고 맹아력이 좋아서 생울타리용으로도 사용된다. 열매는 식용한다. 과실은 녹리, 지엽은 야리지엽, 근피는 녹리근피라 하며 약용 한다.

콩버들

🍁 잎

잎은 원형 또는 타원형이고 원두, 둔두 또는 미요두이며 원저 또는 예저이고 길이 0.8~2cm로서 표면은 녹색이며 털이 없고 윤채가 있으며 뒷면은 회록색이고 잔털이 있으나 점차 없어진다. 엽병은 길이 1~6mm로서 털이 없으며 표면에 홈이 있다.

꽃

꽃은 암수딴그루로 새가지 끝에 꼬리모양꽃차례로 달린다. 수꽃화서는 길이 2~5mm이며 포는 원형 또는 넓은 달걀 모양으로서 잔털이 있고 꿀샘과 수술은 각 2개이다. 암꽃화서는 길이 5~6mm이며 포는 거꿀달걀모양으로 잔털이 있고

1개의 꿀샘은 씨방의 대와 길이가 비슷하다. 씨방은 원통상 달걀모양으로서 털이 없으며 암술대는 짧고 암술머리는 4개이며, 7월 상순에 개화한다.

열매

열매는 삭과로 긴 달걀모양이며 길이 7~8mm정도이고 털이 없으며 윤채가 있고 7월 중·하순에 성숙한다.

줄기

가지에서 뿌리가 내리기 때문에 지면으로 퍼지고 가지는 많이 갈라지며 털이 없다.

분포

강원도 이북

생태

낙엽활엽소관목. 높은산의 정상부근에서 자란다.

이용방안

야생동물의 먹이, 관상용으로 쓰인다.

태산목

🍁 잎

잎은 어긋나기로 길이 12~23㎝, 폭 5~10㎝로서 긴타원모양 또는 긴 거꿀달걀모양이고 둔두 예저이다. 표면은 짙은 녹색이고 광택이 있으며 두텁고 뒷면은 다갈색의 털이 밀생하며 가장자리가 밋밋하고 잎자루는 길이 1~2cm로서 털이 없다.

꽃

양성꽃으로서 5~6월에 가지 끝에서 피며 백색이고 지름 12~15cm의 대륜화이며 짙은 향기를 풍긴다. 꽃받침조각은 3개이며 꽃잎보다 짧고 꽃잎은 6개이나 드물게 9~12개로서 넓은 거꿀달걀모양이며 수술은 많고 수술대는 자주색이다.

🍒 열매

열매는 붉은색의 골돌과로서 길이 7~9㎝이고 타원형이며 녹백색이고 짧은 털로 덮여 있으며, 익으면 터져서 주머니에 있던 적색 종자가 2개씩 나오며 10월에 성숙한다.

🌳 줄기

나무껍질은 암갈색이나 1년생 가지, 동아는 적갈색으로 털이 나있다.

분포

남부 지방

🌱 생태

상록 활엽 교목. 토심이 깊고 비옥하며 따뜻한 난대지역에서 자란다.

💡 이용방안

주로 공원이나 유원지 등의 조원목으로 많이 쓰이며, 아름다운 수형을 살려 군식하는 것보다 단식하는 것이 좋다.

털조장나무

🍁 잎

잎은 어긋나기로 긴 타원형 또는 난상 타원형이며 예첨두 또는 첨두이고 예저이며 길이 6~15cm, 나비 2~6cm로서 양면에 잔털이 있고 특히, 표면 주맥과 뒷면 맥 위에 긴 털이 밀생하며 뒷면은 회백색이고 소맥은 돌출하였고 6~9쌍의 측맥이 뚜렷하게 두드러져 있으며 가장자리는 밋밋하다. 엽병의 길이는 1~1.8㎝이다.

꽃

꽃은 암수딴그루로서 4월에 피며 황색이고 우상모양꽃차례로 달린다. 작은꽃대는 후에 윗부분이 약간 비후해지며 길이 15~18mm로서 털이 있다. 꽃받침조각은 6개이고 수꽃에는 수술 9개, 퇴화한 암술이 있다. 암꽃은 1개 암술과 몇 개의 헛수술이 있다.

🍒 열매
열매는 지름 8㎜정도의 핵과로서 둥글고 10월에 검은색으로 익는다.

🌳 줄기
높이가 3m에 달하고 나무껍질은 연한 녹색이며 직립성이고 1년생 가지는 황록색이며 털이 있으나 차차 없어지고 동아에도 털이 있다. 나무껍질은 연한 녹색이며 직립성이다.

🗺 분포
전라남도, 전라북도

🌱 생태
난대성 낙엽 활엽 관목. 산지의 계곡에서 자란다.

💡 이용방안
목재는 고급 이쑤시개로 사용한다. 곧은 수형과 연한 녹색의 수피, 그리고 봄에 힘차게 돋아나는 새눈과 꽃이 아름다워 관상가치가 높으며 산울타리용으로도 이용한다.

털진달래

🍁 잎

잎은 어긋나기하며 긴 타원상 피침형 또는 거꿀피침모양이고 첨두 또는 점첨두이며 예저이고 길이 4~7cm, 폭 1.5~2.5cm로서 톱니가 없으며 표면에 비늘조각이 약간 있고 뒷면에 비늘조각이 밀생하며 잎에 털이 있다. 엽병은 길이 6~10mm이다.

🌼 꽃

꽃은 잎보다 먼저 피고 가지끝의 겨드랑이눈에서 1개씩 나오지만 2~5개가 모여 달리기도 하며 꽃부리는 벌어진 깔때기모양이고 지름 3~4.5cm로서 자홍색 또는 연한 홍색이며 겉에 잔털이 있다. 수술은 10개로서 수술대 기부에 털이 있고 암술대가 수술보다 길다. 개화기는 5~6월이다.

열매
삭과는 원통형이고 길이 2cm정도이다.

줄기
높이 2~3m이고 1년생 가지는 연한 갈색이며 비늘조각이 있고 털이 있다.

분포
설악산, 지리산, 한라산

생태
낙엽활엽성관목. 햇빛이 잘 들고 배수성이 좋은 사질토양이나 바위틈에서 자란다.

이용방안
암석원의 바위틈에 식재하거나 분재용 소재로도 개발하여 이용이 가능하다. 적절한 장소에 군식하여도 좋다.
꽃은 식용한다.

팽나무

🍁 **잎**

잎은 어긋나기로 길이 4~11cm, 폭 3~5cm로서 달걀모양, 타원형 또는 긴 타원형이며 첨두 예저이고 좌우가 약간 비틀어져 있다. 상반부에 거치가 있으며 양면에 털이 있으나 점차 없어지고 표면이 거칠며 측맥은 3~4쌍이다. 잎자루는 길이 2~12mm로서 털이 있다.

 꽃

꽃은 잡성주로서 5월에 피고 수꽃차례는 새가지의 겨드랑이에서 나오는 취산꽃차례로 수술은 4개이다. 암꽃은 새가지 윗부분에 1~3개씩 달리고 수꽃은 하부에 맺힌다. 4개의 화피열편, 4개의 작은 수술, 1개의 암술이 있으며 암술대는 2

개로 갈라져 뒤로 젖혀진다.

열매

핵과는 둥글고 지름 7~8mm로서 약간 붉은색이 강한 노란색이며 10월에 성숙한다. 과육은 달고 먹을 수 있다. 열매 자루는 길이 6~15mm로서 잔털이 있다.

줄기

높이 20m, 지름 1m이며 줄기가 직립하고 가지가 넓게 퍼지며 나무껍질이 흑갈색이다.

뿌리

원뿌리가 있으며, 곁뿌리가 사방으로 뻗는다.

분포

전국적으로 분포한다.

생태

낙엽활엽교목. 평지에서 자란다.

이용방안

방풍수, 공원이나 정원의 녹음수, 조풍(潮風)에도 견디는 힘이 있어 바닷가의 녹지조성용으로 이용된다. 분재로도 이용된다. 목재는 건축재, 가구재로 쓰인다. 나무껍질에서 섬유를 얻기도 한다. 열매는 조류의 먹이가 되기도 한다. 나무껍질은 박수피, 잎은 박수엽이라 하며 약용한다.

푸조나무

🍁 잎

어긋나기로 잎은 얇고 달걀모양 또는 좁은 달걀꼴이고 가장자리에 예리한 톱니가 있으며 표면은 매우 거칠고 뒷면에 짧은 복모가 있으며 잎의 맥은 팽나무보다 더 많으며 곧게 뻗어서 톱니에 완전히 닿는다. 팽나무속의 나무는 측 맥이 거치에 도달하지 못한다. 잎자루는 길이 5~10mm이다. 잎이 거칠기 때문에 건조시킨 잎으로 기물의 표면을 닦아 광택을 내기도 한다.

꽃

꽃은 암수한그루로서 5월경에 핀다. 수꽃은 새가지의 잎겨드랑이에서 나오는 취산꽃차례로 암꽃은 새가지의 윗부분 잎겨드랑이에서 1~2개씩 나오고 녹색이며,

화피는 5개로 갈라지며 1개의 암술이 있는데 미모가 있고 암술머리는 2개이다. 꽃자루는 가늘고 길이 0.5~5mm로서 회색의 미모가 나있다.

열매

열매는 핵과이며 난상구형이고 짧은 복모가 있으며 지름 7~8mm로서 그 해 9~10월에 흑색으로 익고 미모가 나있다. 과육이 달기 때문에 어린이들이 먹으며 열매자루는 길이 7~8mm이다. 핵은 대체로 둥글고 그물 같은 무늬가 없는 것이 팽나무와 다르다.

줄기

높이20m, 지름 1m이며 나무껍질은 담회갈색이고 세로 방향으로 작은 껍질눈이 배열되어 얕은 줄로 되며, 그 줄에 따라 갈라져서 나무껍질 조각이 떨어진다. 1년생 가지에는 작고 둥근 갈색의 껍질눈이 많고 털이 있다.

분포

전라남도, 경상남도, 울릉도, 제주도

생태

낙엽 활엽 교목. 산기슭이나 강가에서 자란다.

이용방안

사원의 경내에 심기도 하고 공원수, 풍치목으로서의 가치가 높다. 방풍효과가 특히 높다. 목재는 연하면서도 단단해서 세공재, 건축재, 가구재, 조각재 등의 귀한 용도로 사용된다. 신탄재로도 이용한다. 과육은 단맛이 있으며 식용할 수 있고 새들이 즐겨 먹는다.

풍년화

🍁 잎

잎은 어긋나기로 약간 찌그러진 마름잎과 비슷한 타원형 또는 거꿀달걀모양이고 예두이며 절저 또는 다소 심장저이고 길이 12cm, 폭 5~7cm로서 중앙 이하에는 톱니가 없으나 윗부분에는 물결모양의 톱니가 있고 질이 두껍고 표면에 털이 없으며 주름이 약간 있고 뒷면이 평활하며 짧은 엽병에 성모가 있다.
측맥은 6~9쌍이고 어릴때 털이 있으나 곧 없어진다.

꽃

4월에 잎보다 먼저 황색꽃이 만발하기 때문에 일본에서는 만작(滿作)이라고도 하며 꽃은 전년지 가지의 잎겨드랑이에서 1개씩 또는 여러 개가 모여 달린다. 꽃받침조각은 4개이고 달걀모양으로서 뒤로 젖혀지며 안쪽은 암자색이고 털이 없으며 겉에 융털이 밀생하고 꽃잎도 4개로서 선형이며 길이 1cm이다. 수술은 4개고 극히 짧으며 씨방에 2개의 암술대가 있다.

열매

열매는 삭과로서 길이 8~10mm이며 난상 구형이고 겉에 짧은 샘털이 밀포하며 10~11월에 황갈색으로 성숙하면 2개로 갈라져서 윤채가 있는 흑색 종자가 2개 나온다.

줄기

밑에서 줄기가 많이 올라와 수형을 이루며 나무껍질은 회갈색으로 매끄럽고 1년생 가지는 황갈색 또는 암갈색이다.

분포

중부 이남

생태

낙엽 활엽 관목 또는 소교목. 중부이남에서 식재하여 기른다.

이용방안

이른 봄 잎보다 먼저 피는 황색의 꽃이 아름다워, 계절감을 줄 수 있는 나무로 정원이나 공원에 식재하면 좋다. 또한 생화용으로 쓰인다.

피라칸다

🍁 잎

잎은 어긋나기하고, 두꺼우며 선상 타원형이고, 길이와 폭은 각 5~6cm× 5~10mm이다. 뒷면에 짧은 백색 융털이 밀생하며 회백색이고 끝이 둔하며 가장자리가 밋밋하다. 짧은가지에서는 속생한다.

꽃

꽃은 5~6월에 백색 또는 연한 황백색 꽃이피고 가지 윗부분의 잎겨드랑이에서 편평꽃차례가 발달하고 꽃대는 짧으며 꽃받침의 겉부분과 더불어 회백색의 짧은 털이 있다. 꽃받침은 끝이 5개로 갈라지고 열편은 넓은 삼각형이며 꽃잎은 5개로서 거꿀달걀모양이고 때로는 끝이 파진다.

열매

열매는 편평한 구형이며 지름 5~6mm로 끝이 약간 들어가고 꽃받침이 남아 있으며 10~12월에 황적색으로 성숙한다.

줄기

예리한 가시가 있으며 가지가 많이 갈라져서 엉키고 수관이 둥글며 1년생 가지에 연한 황색의 짧은 털이 밀생한다.

분포

중부이남

생태

상록 활엽 관목. 관상용을 심어기른다.

이용방안

가을에 맺어 봄까지 달리는 열매는 매우 감상가치가 높다. 정원수, 생울타리, 기초식재용 또는 경계식재용으로 적합하며, 꽃꽂이용으로 심는다.

함박꽃나무

잎

어긋나기로 두꺼운 잎을 가졌고 넓은 타원형, 거꿀달걀모양 또는 도란상 긴 타원형이며 길이 6~15cm, 폭 5~10cm로서 윗부분이 둔하지만 끝은 뾰족하고 원저이며 가장자리가 밋밋하고 표면에 털이 없으며 뒷면은 회록색으로서 맥을 따라 털이 있다. 잎자루는 길이 1~2cm로서 털이 있으나 점차 없어진다.

꽃

꽃은 양성꽃으로서 5~6월에 잎이 핀 다음 나와서 밑을 향해 피고 지름 7~10cm로서 흰색이며 향기가 있다. 화경은 길이 3~7cm로서 털이 있고 꽃잎은 6개이며 거꿀달걀모양 또는 타원형이고 꽃밥과 수술대는 붉은 빛이 돈다.

🍒 열매

열매는 달걀상 원형이고 붉은 구형의 육질로 되어 있으며, 길이는 3~4cm로서 9월에 검은색으로 익는다. 종자는 타원형이며 길이는 8~9mm로 적색으로 익으며 육질이 익으면 터져 나와 백색 줄에 달린다.

🌳 줄기

높이가 7m에 달하고 나무껍질은 잿빛이 도는 황갈색이며 속은 백색이고 1년생 가지 및 동아에 복모가 있다.

뿌리

보통의 뿌리가 길게 뻗어 자란다.

분포

전국 각처에 분포한다.

🌱 생태

낙엽활엽소교목. 산골짝 숲속에서 자란다.

💡 이용방안

무궁화처럼 매일 몇 송이씩 피는 꽃의 향기가 좋아 조경수나 정원수, 공원수로 적합한 관상수이다.

향나무

🍁 잎

잎은 돌려나기 또는 마주나기하고, 나무가 어릴 때에는 바늘잎이지만 10년만 되면 비늘잎이 붙어나고, 큰 나무가 되면 모두 비늘잎으로 되지만 오래된 나무라 할지라도 돋아나는 힘찬 움가지 위에는 바늘잎이 흔히 나타난다. 따라서 향나무는 잎의 모양이 이형성(二型性)이다.

꽃

암수딴그루로서 수꽃차례는 지난해 동안 자란 가지의 끝쪽에 모여 나는데 길이 3mm쯤 되는 타원형이며 연한 자갈 색이고 14개의 비늘조각은 안쪽에 4~6개의 꽃밥이 있다. 암꽃차례도 지난해 가지의 끝에 모여나며 모양은 둥글고 길이

1.5mm쯤으로서 바깥쪽에 4장의 황록색의 비늘조각이 있으며 안쪽에는 서로 마주보는 두쌍의 연한 보라색 씨앗 바늘이 있다. 밑씨는 보통 4(3~6)개이다. 4월에 개화한다.

🍒 열매

구과는 구형 또는 편구형이며 익으면 자흑색 장과와 비슷하지만 동합된 씨앗바늘은 소돌기를 남긴다. 과린은 서로 붙어 있고 기부의 포는 6장으로 9장인 노간주나무와 서로 구별이 된다. 구과는 이듬해 10월에 성숙하고 한 구과에 평균 3개의 종자가 들어있다. 종자는 1~6개로서 희미한 2개의 능선이 있고 달걀모양 둔두로서 다갈색이고 제는 연하다.

줄기

높이 23m, 지름 1m에 달하고 가지가 상하로 향하며 오래되면 나무껍질이 세로 방향으로 얇게 갈라진다. 1~2년생 가지는 녹색, 3년생 가지는 암갈색이며 7~8년생부터 비늘잎이 생기지만 맹아에서는 바늘잎이 나온다. 가지에는 고사한 비늘잎이 붙어 있다. 원줄기가 상처를 받으면 뿌리목 부근에서 움싹이 잘 돋아난다.

뿌리

뿌리는 깊게 들어가는 편이나 수평적으로도 넓게 확장된다.

분포

중부 이북

생태

상록 침엽 소교목. 양지 바른 곳에서 잘 자란다.

💡 이용방안

목재는 조각재나 가구재로 사용되며 향료로 이용된다. 분재로 키우기도 한다.

호두나무

🍁 잎

홀수 깃모양겹잎이고 잎자루는 길이 25cm로서 털이 거의 없거나 샘털이 있다. 소엽은 5~7개이며 타원형이고 길이 7~20cm, 넓이 5~20cm로서 위로 갈수록 커지며 첨두이고 일그러진 넓은 예저 또는 아심장저이며 가장자리는 밋밋 하거나 뚜렷하지 않은 톱니가 있고 털이 거의 없다.

🌸 꽃

암수한그루이며 수꽃차례 길이는 15cm이고, 수술은 6~30개이며 암꽃차례 1~3개 꽃으로 구성되며, 5월 개화한다.

🍒 열매

열매는 둥글고 털이 없으며, 핵은 거꿀달걀형으로서 연한 갈색이고 봉선(縫線)을 따라 주름살과 쑥 들어간 곳이 있으며 껍질안의 공간은 연속되어 있고 핵내부는 4실이다. 9월에 익는다.

🌱 줄기

높이가 20m에 달하며 수관이 퍼지고 가지는 성글게 나오며 나무껍질은 회백색이고 밋밋하지만 점차 깊게 갈라진다. 1년생 가지는 털이 없고 윤채가 있으며 녹갈색으로 껍질눈이 산재하며 동아는 검은 빛이 돌고 윤채가 있으며 잔털이 있다.

분포

중부 이남

🌾 생태

낙엽 활엽 교목. 민가 주변에서 심어 기른다.

💡 이용방안

열매는 식용과 약용으로 쓰며, 나무껍질에서 타닌을 채취한다. 단백질이 풍부한 고급 식품으로서 수익성이 높은 경제조림수종이다. 기구, 건축내장, 가구, 기계, 관재, 조각, 선반, 공예, 총대, 운동구, 악기 등을 만드는데 쓰인다.
녹음수나 독립수로 알맞다. 호두나무의 각 부분을 약용한다.

호랑버들

잎

잎은 어긋나기로 긴 타원형 내지는 넓은 타원형이며 길이 5~17cm, 폭 3~7cm로 첨두이고 원저 또는 예저이며 가장자리가 밋밋하거나 뚜렷하지 않은 톱니가 있고 표면은 녹색이며 주름이 많고 털이 없으며 뒷면에 끝까지 백색 융털이 밀생한다. 잎맥 8~12개가 있으며 턱잎은 달걀형이고 길이가 7mm이며 파상거치로 두텁다.

꽃

꽃은 유이꽃차례로서 3월 말~5월 초에 잎보다 먼저 전년지에서 줄기와 잎자루 사이에서 피며 암수딴그루이다. 수꽃차례는 길이 2~3cm로서 타원형이고 꽃대축에 털이 있으며 포는 거꿀피침모양이고 길이 2~3mm로서 털이 있으며 꿀샘은 1개, 수술은 2개이고 수술대 기부에 털이 없다. 암꽃차례는 길이 4~7cm로서 긴 타원형이며 포는 거꿀 피침모양이고 길이 2mm정도로서 털이 있으며 꿀샘은 1개이다. 씨방은 대와 털이 있고 암술머리는 4개로 갈라지며 암술머리와 암술대 사이에 턱이 지고 화수전체는 연한 황록색이 난다.

열매

열매는 삭과이며 긴 달걀형으로 견모가 있고, 4월 말~6월에 성숙한다.

줄기

높이 6m, 지름 15cm정도로서 1년생 가지에 견모가 있고 동아는 달걀모양이며 적색으로서 뚜렷한 광채가 있다. 줄기가 자라면서 가지가 굵게 발달하며 나무껍질은 회흑색이 난다.

뿌리

원뿌리보다는 곁뿌리가 더 발달해 있다.

분포

전국 각처에 분포한다.

생태

낙엽 활엽 소교목 관화식물. 산복 이하의 습지 또는 이와 가까운 곳에서 자란다.

이용방안

겨울을 지나면서 붉은 색으로 빛나는 꽃눈이 부풀기 시작하여 봄이 오면 노란 버들개지가 피어나게 되며 꽃꽂이 소재와 정원수로 이용된다. 외국에서 간혹 정원수로 심겨진 경우를 볼 수 있다.

호자나무

🍁 잎
잎은 마주나기하며 달걀형, 넓은 달걀형 또는 긴 달걀형이고 예두이며 원저 또는 심장저로 길이와 폭이 각 1~2.5cm×7~20mm이고, 표면에 윤채가 있고 가장자리가 밋밋하며, 잎자루는 짧거나 없고 가시 길이가 8~20mm로 곧으며 잎과 거의 같은 길이이다.

꽃
꽃은 4월~5월에 피고 백색이며 길이 15mm로 잎겨드랑이에 1~2개씩 달리고, 꽃대가 짧으며 꽃받침 길이는 1.5mm이고 열편이 뾰족하다. 꽃부리는 통형으로 끝이 4갈래로 갈라지고 판통 안쪽에 털이 있으며 열편은 판통 길이의 1/6~1/5이다.

🍒 열매

열매는 핵과로 빨간색이며 둥글고 지름 5m로 11월 혹은 이듬해 9월에 성숙한다.

🌳 줄기

줄기에 0.5~2cm의 긴 가시가 있고, 1년생 가지에 털이 있다.

분포

제주도와 전라남도

생태

상록 활엽 관목. 배수가 잘 되고 습기가 있는 사양토로 비옥한 곳에서 잘 자란다.

💡 이용방안

관상용으로 이용하거나 난대지방에서는 큰 나무 아래 식재하거나 화분에 재배한다. 호자나무/수정목의 전초 또는 뿌리는 호자, 꽃은 복우화라 하며 약용한다.

홍가시나무

🍁 잎

잎은 어긋나기하고 가죽질이며 거꿀피침상 긴 타원형이고 점첨두 예저이며 길이 5~12cm, 폭 2.5~4cm로서 표면은 녹색이고 평활하며 윤채가 있고 뒷면은 황록색으로서 주맥이 두드러지며 가장자리에 좁고 예리한 톱니가 있다. 엽병은 길이 10~17mm로서 어릴때 기부 내면에 털이 약간 있는 것이 있고 턱잎은 침형으로서 일찍 떨어진다. 잎이 새로 나올 때와 단풍이 들때 붉은 빛이 돌기 때문에 홍가시나무라고 한다.

 꽃

원뿔모양꽃차례는 새가지 끝에 달리며 지름 7~13cm로서 5~6월에 백색꽃이 많이 달리고 화경에 털과 껍질눈이 없다. 꽃부리는 지름 7~8mm이며 백색이고, 꽃받침통은 짧은 거꿀원뿔모양이며 꽃받침조각은 삼각형이고 꽃잎은 넓은 타원형 또는 원형이며 기부에 샘털이 있다. 수술은 20개이고 씨방은 중위이며 2실이고 2개의 암술대는 밑부분이 유착되며 황색 꿀샘이 있다.

열매

열매는 타원상 구형이고 지름 5mm정도로서 끝에 꽃받침이 달려 있으며 9~10월에 적색으로 성숙한다.

줄기

가지는 흑회색이다.

분포

남부지방

생태

상록 활엽 소교목. 정원이나 화단에 심어 기른다.

이용방안

가로수, 정원수, 생울타리용으로 심을 만하다.

홍월귤

🍃 잎

잎은 어긋나기하고 줄기 윗부분에서는 모여나기하며 거꿀피침모양 또는 거꿀달 걀모양이고 둔두 예저이며 엽병과 더불어 길이 2~5cm, 폭 6~13mm로서 가장자리에 잔톱니가 있고 엽병에 잔털이 있다.

꽃

꽃은 5~6월에 피며 길이 6mm로서 푸른빛이 도는 연한 황색이고 잎겨드랑이에 2~3개씩 짧은 홍상으로 달린다. 꽃받침은 작고 4~5개로 갈라지며 꽃부리는 짧은가지 모양으로 길이 4~5mm이고 끝이 4~5개 치아로 얕게 갈라졌다. 수술은 10개이며 수술대에 털이 있다.

🍒 열매

장과는 둥글고 지름 9~13mm로 8~9월에 적색으로 익으며 과육은 달고 새콤한 맛이 난다.

🌳 줄기

원줄기가 땅속으로 기면서 뻗고 지상으로 나온 것은 지의류 사이에서 갈라지며 가지끝이 잎 밑부분으로 싸여 있다. 가지는 암갈색이고 나무껍질은 얇은 조각으로 벗겨진다.

분포

강원도 양양군, 인제군

🌿 생태

낙엽관목이다.

💡 이용방안

관상용으로 식재하며, 열매는 식용한다.

화살나무

잎
잎은 마주나기하며 잎자루가 짧고, 타원형 또는 거꿀달걀형이고 첨두 예형이며 길이가 3~5cm로, 가장자리에 예리한 잔톱니가 있다.

꽃
취산꽃차례로 잎겨드랑이에 달리고, 보통 3개씩 꽃이 달리며 꽃은 황록색으로 5월에 피며, 꽃받침조각과 꽃잎 및 수술이 각각 4개씩 있다.

열매
열매는 붉은색이며 종자는 흰색이고 10월에 성숙하여 12월까지 달려있다.

줄기
줄기와 가지에는 2~4줄의 뚜렷한 콜크질의 날개가 있다. 가지는 녹색이다.

뿌리
많은 뿌리가 있다.

분포
전국 각처에 분포한다.

생태
낙엽 활엽 관목. 산기슭과 산 중턱의 암석지에서 자란다.

이용방안
가을에 붉게 물드는 단풍과 꽃으로 착각할 정도로 아름다운 주홍색의 루비같은 열매 그리고 전저 같은 가지에 쌓이는 설화가 아름다워 단목식재, 하층식재, 생울타리용, 차폐식재 등에 적합하다. 새순은 나물로 식용한다. 최근에 암(癌)을 치료하는 치료제로 알려지면서 수난을 겪고 있는 수종이다. 코르크질의 날개 또는 그 부속물을 귀전우라 하며 약용한다.

황벽나무

🍁 잎

잎은 마주나기하며, 홀수깃모양겹잎이고 소엽은 5~13개이며 피침상 달걀형, 미상 첨두이며 원저 또는 예형이고, 길이와 폭은 각 5~10cm×3~5cm로, 표면에는 윤채가 있으며 뒷면은 흰색으로 맥 아랫부분에 털이 약간 있다.

꽃

꽃은 암수딴그루로 6월에 개화하며, 황록색으로 길이는 6mm이고 원뿔모양꽃차례는 잔털이 있으며, 지름 5~7cm이며, 꽃대는 짧고 화피는 5~8개이다.

열매

핵과는 둥글고 흑색으로 익으며 겨울 동안 나무에 그대로 달려 있고 종자는 5개씩 들어 있으며 7~10월에 성숙한다.

줄기

가지는 굵고 사방으로 퍼지며, 나무껍질은 연한 회색으로 코르크질이 잘 발달하여 깊이 갈라지고 내피는 황색이다. 내피를 건위제로 이용하고 황벽이란 이름은 황색 내피에서 온 것이다.

분포

전국적으로 분포한다.

생태

낙엽 활엽 교목. 토심이 깊고 비옥한 곳에서 잘 자란다.

이용방안

나무껍질의 노란색 내피는 귀한 염료로 사용한다. 꽃은 밀원식물로 중요하며 새의 먹이가 되고 공원수, 가로수, 녹음수, 독립수로 식재해도 좋다. 목재는 무늬목, 기구재, 목공예재로 쓰인다. 황벽나무, 털황벽, 넓은잎황벽, 섬황벽의 나무껍질을 황백이라 하며 약용한다.

황산차

🍁 잎

잎은 어긋나기하고 가지 끝에 모여 나며 타원형 또는 장 타원형으로 길이 5~20mm이고 가죽질이며 끝은 둔하고 밑은 쐐기모양이며 가장자리는 밋밋하고 표면은 짙은 녹색으로 인모가 있으며 뒷면은 갈색 비늘조각으로 덮여 있고 엽병은 길이 1~2mm이다.

꽃

꽃은 5~6월에 적자색으로 피고 가지 끝에 2~5개가 산형으로 달리며 밑부분에 눈껍질이 남아있다. 꽃부리는 넓은 깔때기 모양으로 지름 1.5~2cm이고 5열하며 수술은 10개이고 기부 가까이에 털이 있으며 암술대보다 짧다.

🍒 열매
과실은 삭과로 달걀모양이다.

🌳 줄기
가지가 잘 갈라지며 1년생 가지는 적갈색이나 뒤에 회색으로 된다. 전체에 둥근 선린편이 밀포한다.

분포
북부 지방

생태
상록활엽 관목. 높은 산의 풀밭에서 자란다.

💡 이용방안
잎은 드물게 차대용으로 이용한다.

황철나무

🍁 잎

잎은 어긋나기하며 두껍고 짧은 가지의 것은 타원형 또는 넓은 타원형이며 길이 3~8cm로서 첨두 아심장저이고 물결 모양의 잔톱니가 있으며 표면은 녹색이고 뒷면은 흰빛이 돌며 전체에 털이 있거나 맥위에만 털이 있다. 엽병은 길이 1~4cm로서 짧은 융털이 있고, 긴 가지의 잎은 달걀모양 또는 넓은 타원형이며 길이 12~20cm로서 첨두 원저이고 표면은 녹색, 뒷면은 백색이다.

꽃

꽃은 꼬리모양꽃차례고 암수딴그루이다. 수꽃은 길이 5~10cm로서 30~40개의 수술이 있으며, 암꽃은 길이 10~20cm로서 4월에 잎보다 먼저 핀다.

🍒 열매

열매는 삭과로서 넓은 달걀모양이고 5월에 성숙하며 길이 3~6mm이고 늘어지며 털이 없다.

🌳 줄기

높이 30m, 지름 1m로서 줄기가 통직하고 나무껍질은 회색이지만 점차 터지면서 흑갈색으로 되며 가지는 둥글고 털이 있으며 동아에 털이 있다.
가지가 많이 나와 원뿔모양의 수형을 이룬다.

분포

중부 이북

🌱 생태

낙엽활엽교목. 계곡주변의 비옥하고 적윤한 토양과 습윤한 곳에서 자란다.

💡 이용방안

내후 보존성은 약한 편이나 가공건조가 용이하며 표면 마무리는 털거스름이 일어나기 쉬우며, 성냥축목, 젓가락, 단판, 상자로 쓰인다. 호수주변이나 습기가 많은 지역의 조림수로서, 그리고 농·산촌의 환경개선 조림에 좋은 수종이다.

회나무

🍁 잎

잎은 마주나기하고 난상 긴 타원형, 타원형 또는 거꿀달걀모양이며 첨두이고 원저이며 길이 8~12cm로서 가장자리에 둔한 잔톱니가 있고 양면에 털이 없으며 엽병은 길이 4~10mm이다.

꽃

취산꽃차례는 액생하고 많은 꽃이 달리며 화경은 길이 5~7cm로서 갈라져서 퍼지고 꽃은 6~7월에 피며 자주색이고 꽃받침조각, 꽃잎 및 수술은 각 5개이다.

🍒 열매

열매는 둥글고 5개의 날개가 있으며 날개는 나비 1㎝이고 날개를 합한 열매의 지름은 3cm이며 소과경은 길이 1㎝이고 9월에 자주색으로 성숙한다.
열매 속에는 진분홍색의 종자가 매달린다.

🌳 줄기

줄기는 직립하나 윗부분은 아래로 처지고 1년생 가지는 갈색을 띤다.

분포

전국적으로 분포한다.

🌱 생태

낙엽활엽소교목. 전국 산야의 표고 200~1,450m 에서 자생한다.

💡 이용방안

정원수로 이용하거나 줄기의 나무껍질은 섬유질이 강해서 새끼 대용으로 한다.

흰산철쭉

🍁 잎

잎은 어긋나기하고 좁고 긴 타원형 또는 넓은 거꿀피침모양이며 양끝이 좁고 길이 3~8cm, 폭 1~3cm로서 가장자리에 톱니가 없으며 표면에 털이 드문드문 있고 뒷면, 특히 맥 위에 갈색털이 밀생하며 엽병은 길이 1~5mm로서 갈색 털이 많다.

꽃

꽃은 4~5월에 피며 대에 털이 있고 가지끝에 2~3개씩 달리며 꽃받침은 5개로 갈라지고 갈색털이 있으며 열편은 좁은 달걀모양이고 길이 4~8mm로서 둔두 또는 예두이며 꽃부리는 백색이고 지름 5~6cm로서 깔때기 모양이며 4개로 갈라지고 내면 윗부분에 짙은 반점이 있다. 수술은 10개이며 수술대는 털이 없거나 하반부에 포상의 돌기가 있고 암 술대는 털이 없거나 기부에 복모가 있다.

열매

달걀모양의 삭과는 9월에 익으며 길이 8~10mm로서 긴 털이 있다.

줄기

1년생 가지에 갈색털이 있으며 1년생 가지와 화경에 점성이 있다.

뿌리

천근성 수종으로 잔뿌리가 많다.

분포

전라남도 불갑산과 제주도 한라산에 분포

생태

낙엽활엽관목. 내한성과 내조성, 내공해성이 강하다.

이용방안

꽃은 호화롭고 화사하여 정원이나 공원, 절개사면의 녹화조경으로 훌륭하다. 꽃은 식용할 수 없으며 먹으면 두통, 구토를 일으켜 위험하다.

흰진달래

🌸 잎

잎은 어긋나기하며 긴 타원상 피침형 또는 거꿀달걀모양이고 첨두 또는 점첨두이며 예저이고 길이 4~7cm, 폭 1.5~2.5cm로서 톱니가 없으며 표면에 비늘조각이 약간 있고 뒷면에 비늘조각이 밀생하며 엽병은 길이 6~10mm이다.

🌸 꽃

개화기는 4~5월로 가지끝에서 백색꽃이 잎보다 먼저 핀다. 꽃은 가지끝의 겨드랑이눈에서 1개씩 나오지만 2~5개가 모여 달리기도 하며 꽃부리는 벌어진 깔때기 모양이고 지름 3~4.5cm로서 곁에 잔털이 있다. 수술은 10개로서 수술대 기부에 털이 있고 암술대가 수술보다 길다.

🍒 열매
열매는 삭과로 원통형이고 길이 2cm로서 10월경에 익는다.

🌳 줄기
높이 2~3m이고 1년생 가지는 연한 갈색이며 비늘조각이 있다.

분포
전국 각처에 분포한다.

🌱 생태
낙엽활엽성관목. 특별히 장소를 가리지 않고 다양한 환경조건에서 자란다.

💡 이용방안
꽃이 독특하므로 진달래와 혼식하면 경관형성에 좋다. 분재용소재 또는 정원수로 좋다.

히어리

잎

잎은 어긋나기로 달걀상 원형으로 길이 5~9cm, 나비 (4.5)7~10.5cm이며 단첨두 심장저이고 뾰족한 톱니가 있으며 표면은 녹색, 뒷면은 회백색이고 측맥이 현저하며 잎자루 길이는 1.5~2.8cm이고, 잎맥 7~8개이다.

꽃

꽃은 3월 말~4월 중에 밝은 노란색으로 피고 총상꽃차례로 달려 늘어지고 화기에 꽃대축은 길이 3~4cm이고 8~12개의 꽃이 달린다. 꽃받침조각과 꽃잎, 수술은 각각 5개이고 털이 없으며, 꽃잎은 거꿀달걀형이고 예저이며 작은 오목형 또는 둔두이다. 기부의 포는 장란형으로 막질이고 양면에 견모가 있으며 꽃의 포는 장란형으로 내면과 가장자리에 융털이 있다.

🍒 열매

열매는 삭과로 구형이며 2실이고 2개로 갈라지며 종자는 검은색으로 9월에 성숙한다.

🌳 줄기

1년생 가지는 황갈색 또는 암갈색이다. 2년지는 회갈색이다.

📍 분포

전국 각처에 분포한다.

🌱 생태

낙엽 활엽 관목. 산기슭에서 자란다.

💡 이용방안

관상용으로 심는다.

봄에 피는 꽃

1판 1쇄 발행 2016년 04월 15일
1판 2쇄 발행 2023년 05월 15일
저　　자 국립생물자원관
발 행 인 이범만
발 행 처 **21세기사** (제406-2004-00015호)
　　　　 경기도 파주시 산남로 72-16 (10882)
　　　　 Tel. 031-942-7861　　Fax. 031-942-7864
　　　　 E-mail : 21cbook@naver.com
　　　　 Home-page : www.21cbook.co.kr
　　　　 ISBN 978-89-8468-657-1

이 책의 일부 혹은 전체 내용을 무단 복사, 복제, 전재하는 것은 저작권법에 저촉됩니다.
저작권법 제136조(권리의침해죄)1항에 따라 침해한 자는 5년 이하의 징역 또는 5천만 원 이하의
벌금에 처하거나 이를 병과(併科)할 수 있습니다. 파본이나 잘못된 책은 교환해 드립니다.